RÉCRÉATIONS

CHIMIQUES

PAR A. CASTILLON

Professeur au collège Sainte-Barbe

OUVRAGE ILLUSTRÉ DE 34 VIGNETTES

PAR H. CASTELLI

ET FAISANT SUITE

AUX RÉCRÉATIONS PHYSIQUES

DU MÊME AUTEUR

——

CINQUIÈME ÉDITION

——

PARIS

LIBRAIRIE HACHETTE ET Cie

79, BOULEVARD SAINT-GERMAIN, 79

—

1882

RÉCRÉATIONS

CHIMIQUES

RÉCRÉATIONS CHIMIQUES.

PREMIÈRE PARTIE.

CORPS INORGANIQUES.

CHAPITRE PREMIER.

Entrée en connaissance.

Un train express, lancé à toute vapeur, arrivait, comme un ouragan, à la gare de la jolie petite ville de Lunéville, à son heure réglementaire; l'exactitude, on le sait, est à la fois la politesse des rois et des chemins de fer. La puissante machine, après avoir exhalé ses dernières bouffées de fumée et fait retentir ses formidables hennissements, avait serré ses freins et s'était enfin arrêtée.

A qui de nos jeunes lecteurs n'est-il pas arrivé de se trouver ainsi à l'arrivée d'un train, et d'attendre avec impatience, ou le retour d'une bonne mère, ou la joyeuse arrivée de bons camarades de collége au premier jour des vacances?

1

Là, que de scènes plaisantes ou sérieuses, grotesques ou émouvantes ne voit-on pas? Ici c'est un bon gros papa que vient de réveiller le sifflet de la locomotive et qui, étendant avec effort ses bras et ses jambes engourdis par le sommeil et la fatigue du voyage, descend tout d'une pièce de son wagon mollement capitonné, et demande, en plein midi, s'il fait jour. Plus loin, c'est un pauvre petit écolier de huitième, deuxième division, *très-peu fort en thème*, et débarquant au pays natal, les mains vides de prix et de couronnes, mais l'esprit tourmenté, en pensant aux moyens oratoires qu'il lui faudra employer pour persuader à son père et à sa mère, qui l'attendent, que c'est par pure amitié qu'il a laissé prendre tous les prix à ses camarades.

Nous ne parlerons pas des nourrices, avec leurs poupons qui crient; des militaires et des étudiants qui chantent et de mille autres bigarrures de ce genre; jetons plutôt les yeux sur ces deux beaux enfants, Eugène et Ernest B***, qui descendent si prestement sur le quai de l'embarcadère, et cherchent à travers cette foule compacte leurs bons parents, qu'ils supposent être là pour les recevoir et les embrasser.

C'est qu'ils sont tout heureux et tout fiers ces deux chers enfants; car l'un revient enfin avec son diplôme de bachelier ès sciences, et l'autre avec une très-honnête moisson de prix bravement et loyalement conquis à la dernière distribution.

Pour eux, c'est de la gloire qu'ils rapportent; pour leurs parents, c'est du bonheur.

Ceux de nos jeunes lecteurs qui ont consacré quelques moments de loisirs à lire nos *Récréations physi-*

ques[1], se rappelleront probablement les divers personnages qui y sont mis en scène. C'est d'abord M. B***, excellent père de famille, ancien officier supérieur retraité et habitant avec la bonne Mme B*** une charmante villa à quelques pas de Lunéville ; puis ses deux charmants enfants : Eugène, ce bachelier de fraîche date, dont nous venons de parler, et Ernest, l'heureux lauréat de cette année. Puis Mme de Monterey, sœur de Mme B***, laquelle, après la perte de son mari, s'était retirée avec la gentille Rosine sa fille, âgée de quatorze ans, dans la bonne famille de M. B***.

Enfin, c'est Pierrot, un drôle de petit personnage en vérité, jadis tourne-broche dans la maison, et aujourd'hui promu au grade de sous-aide jardinier, poste qu'il doit à son talent tout particulier pour la culture des fraises des quatre saisons. De plus, comme il était frère de lait de notre jeune Ernest, on lui laissait une certaine liberté qui le faisait furieusement jalouser par ses confrères.

Pierrot, du reste, par son caractère bon, naïf et franc, par son dévouement à ses maîtres, avait su si bien se concilier l'intérêt et l'affection de toute la famille, qu'il en était venu à être le compagnon indispensable des enfants dans leurs promenades, dans leurs jeux et même dans leurs études. Aussi le petit bonhomme s'en donnait-il à cœur joie, en babillant souvent, — et trop souvent peut-être outre mesure, — donnant son avis avant qu'on le lui demandât, lançant un mot joyeux au milieu d'une conversation sé-

1. 1 volume. Librairie L. Hachette et Cie.

rieuse, jouant en un mot grandement et largement son rôle d'enfant gâté....

Mais hâtons-nous de faire d'avance appel à toute l'indulgence de nos lecteurs, pour le cas, — malheureusement très-probable, — où cet éternel petit bavard retomberait encore dans son péché d'habitude. Il ne faut pas être, — on le sait, — trop sévère envers tous les enfants en général, et en particulier pour ceux de la pâte de ce petit Pierrot.

Mais revenons à nos jeunes voyageurs qui en ce moment sont embrassés, fêtés, comblés d'éloges par leurs excellents et heureux parents. D'un côté, c'est leur bonne mère qui s'extasie sur leur bonne mine, sur les progrès que leur taille a faits en une année, etc., etc. ; de l'autre, c'est M. B***, qui, tenant en souriant l'indiscret *Journal officiel*, leur laisse voir avec une joie mal dissimulée qu'il connaît déjà leurs succès et leurs triomphes.

Et par cet accueil plein d'intérêt et d'affection nos jeunes et studieux écoliers demeurent plus que jamais convaincus que le bonheur d'un père et d'une mère peut toujours être l'œuvre de leurs enfants. Voilà donc nos jeunes gens bien installés dans cette délicieuse villa, surnommée par les villageois reconnaissants du pays la *Mahonbonne*[1] (la bonne maison) ; les voilà à la tête de deux grands mois de vacances, et tous parfaitement disposés à en bien profiter.

Eugène, notre jeune bachelier, a retrouvé là sa chère bibliothèque, qu'il se promet bien de visiter souvent ; car il n'oublie pas qu'au mois d'octobre il doit se pré-

---

1. *Mahon*, en patois lorrain, veut dire maison (l'*h* s'aspire fortement).

senter à l'examen de l'École centrale, pour devenir un jour ingénieur des mines, son point de mire, sa vocation bien arrêtée.

Ernest, de son côté, ne s'est pas embarqué non plus sans biscuit : il a apporté ses *devoirs de vacances*, utile et sage prévision de son professeur, qui lui a rappelé plusieurs fois, à son départ du collége, que la devise de tout bon écolier en vacances était : *utile dulci*[1].

Quant à Rosine, son intelligence, sa précocité, son charmant caractère avaient hâté la besogne : ses études étaient finies ; elle n'avait plus qu'à se perfectionner en faisant un peu de littérature avec sa mère, Mme de Monterey, femme d'un esprit distingué et d'une solide instruction, puis à étudier, comme c'était déjà convenu d'avance, avec son cousin Eugène, l'histoire naturelle avec toutes les branches qui s'y rattachent.

Enfin Pierrot, l'heureux Pierrot, avait à cette époque ses coudées franches : la terre, fatiguée par les généreux efforts du printemps, se reposait jusqu'à la *séve d'août*, et notre petit jardinier avait du bon temps jusqu'à la récolte des pommes, des poires et du raisin ; aussi se promettait-il d'user *in extenso*[2] de la permission, qu'on lui accordait bien volontiers, de se mêler au groupe joyeux de nos jeunes écoliers.

La devise, la phrase sacramentelle de M. B*** au commencement de toutes les vacances, était invariablement celle-ci :

« Tout est observation, tout est étude dans la vie. Dans tout ce que vous voyez, dans vos jeux mêmes, recherchez toujours la *raison des choses*. Certes le grec,

1. Joindre l'utile à l'agréable.
2. Dans toute sa plénitude.

le latin, les mathématiques ont leur bon côté et leur
but, je n'en disconviens pas; mais l'étude des phénomènes de la nature est tout à la fois un délassement,
une nécessité et un hommage rendu à l'auteur de la
nature. »

Et ces sages paroles faisaient chaque fois une telle
impression sur ces petites têtes enthousiastes, qu'il ne
se passait pas de promenades, de jeux ou d'incidents,
même indifférents en apparence, .où l'utile et inces-
sant besoin de connaître cette *raison des choses* ne do-
minât.

L'emploi des journées, pendant tout cet heureux
temps des vacances, fut donc réglé dès le premier jour
avec les enfants et leurs parents, et chacun, de son côté,
s'engagea à observer religieusement ce programme, lequel comprenait en somme ces trois points : études,
promenades et causeries en famille.

Quelques jours cependant furent réservés pour rendre certains devoirs de politesse dans le voisinage.

Le bon M. de Saint-Martin avait droit avant tout à
la première visite. On se rappelle peut-être que cet excellent ami de la famille B*** est un ancien professeur
de l'Université, qui, après quarante années de bons
et loyaux services dans la laborieuse carrière de l'ensei-
gnement, avait enfin compris que l'heure du repos était
sonnée pour lui. Il habitait un petit domaine contigu à
celui de M. B***, et les deux familles n'en faisaient pour
ainsi dire qu'une.

On courut avec empressement revoir la charmante
famille de Bouville, dont les deux enfants, Adolphe et
Jules, étaient les *intimes* de nos jeunes écoliers. M. de
Bouville était un des industriels les plus éminents du

département. Maître de forges au joli petit hameau de
Sainte-Anne, à quelques kilomètres de Lunéville, il
était la providence du canton, en ce sens que l'aisance
qu'il répandait parmi les habitants était le résultat, non
des aumônes qu'il faisait, mais du travail qu'il donnait
à tous. La pensée de cet homme intelligent était en
effet que « l'aumône dégrade et le travail ennoblit. »

Enfin, Eugène, Ernest, Rosine, et surtout Pierrot,
ne pouvaient, dans leurs visites, oublier le brave
Guillaume et sa famille. Guillaume était le fermier de
M. B*** et, de plus, anciennement brigadier dans son
escadron. Comme son commandant, Guillaume avait dû
aussi dire adieu à son cher drapeau, à la suite de blessures reçues au champ de bataille. Le vieux soldat habitait une petite ferme située à la Butte-aux-Grives, à
peu de distance de Mahonbonne, et quand il avait le
bonheur de recevoir la visite de *ses jeunes messieurs*, il
avait toujours à leur offrir ces bonnes galettes de pâte
ferme, cette crème double que nos enfants aimaient
tant, et des fraises en abondance.

Ces devoirs remplis, on entama bravement et joyeusement le programme des vacances.

La joyeuse caravane.

CHAPITRE II.

Causerie en plein champ (corps simples et corps composés). Petit Jacques et son âne Gris-Gris.

Un beau matin donc, le ciel se montrant d'un bleu d'azur irréprochable, la brise étant douce et fraîche, la joyeuse caravane commença sa première promenade aux environs. Chacune de ces excursions devait avoir pour but exercice, santé, plaisir, puis, selon là teneur rigoureuse du programme, « observations sur toutes choses. »

M. B*** appelait cela la chasse aux idées. Et, en effet, la fameuse sentence déjà citée, *utile dulci*, y trouvait toujours une large application.

Chacun se munissait du bagage le mieux approprié à son goût. Eugène avait son herbier, Ernest ses *pêchettes* ou balances à prendre des écrevisses, Rosine son filet à papillons, et enfin Pierrot.... tout comme le page de M. Malbrouk, « suivait et ne portait rien. »

De plus nos promeneurs avaient en poche un petit carnet pour y inscrire au besoin les remarques, pensées et faits divers dignes d'être pris en note. Ajoutons toutefois qu'habituellement le petit jardinier négligeait de se munir de cet accessoire, d'après cette judicieuse réflexion faite par lui-même : qu'il se connaissait une trop bonne mémoire pour rien oublier, et une trop mauvaise écriture pour se permettre ce genre d'exercice.

Eugène, qui était le cicerone et le mentor de la petite troupe, s'était dirigé ce jour-là vers la jolie route de Bénaménil, gros bourg dans la direction de Blamont. Là, le sol accidenté, montueux, semble faire pressentir déjà la série des montagnes des Vosges, et laisse voir à chaque pas les sites les plus variés, les plus charmants que puisse désirer le promeneur qui aime à contempler une nature agreste et une végétation luxuriante.

Après une bonne demi-heure de marche, on s'arrêta près d'un ruisseau qui serpentait sous de frais ombrages. Ernest s'installa sur le bord avec ses engins de pêche, Eugène chercha des insectes dans la mousse, Rosine courut après les sveltes libellules (ou demoiselles) qui rasaient la surface de l'eau, et Pierrot fit la chasse aux *moigneaux*, dont toutefois pas un n'eut la délicate attention ne se laisser attraper, bien qu'ils passassent souvent d'un air narquois à deux doigts de son nez; aussi le petit jardinier se lassa-t-il bientôt des mille zigzags qu'il faisait à la poursuite de ces impertinentes petites bêtes, et alla-t-il s'étendre paresseusement sur le gazon auprès de son frère de lait.

« Frérot, lui dit-il en manière de conversation, qu'est-ce qui colore donc ces gentils petits cailloux bleus, blancs, bruns, rouges, que je vois au fond de cette eau claire?

— Mais, répondit Ernest, c'est..... c'est..... je ne sais en vérité trop, moi. » Puis, se ravisant tout à coup : « C'est un caprice de la nature.

— La nature n'a point de caprices, interrompit aussitôt Eugène, qui se trouvait derrière lui en se moment : elle est régie par des lois sages, rigoureuses, immuables. La science a bien pu en constater quelques-unes, mais le secret de la création n'appartient qu'à Dieu.

— Ainsi je ne puis savoir, dit Pierrot, qui a coloré mes petits cailloux?

— L'intérieur de la terre, mon cher ami, est un puissant laboratoire; là le fer, le cuivre, tous les métaux en général sont en fusion; les pierres, également liqué-fiées, ont dû par des agrégations fortuites, lors de leur solidification, s'imprégner et par conséquent se colorer de ces substances étrangères.

— C'était pas si malin à deviner, s'écria Pierrot avec un gros rire : c'est l'histoire des glaces panachées qu'on fait au *Grand-Café* à Lunéville.

— La comparaison de Pierrot, dit le jeune bachelier,

approche un tout petit peu de la vérité; au moins elle donne une idée des corps composés.

— En effet, ajouta Ernest, l'eau, qui bien certainement est un corps simple, et le sirop dont les glaces sont....

— Eh! qui t'a dit, interrompit vivement Eugène, que l'eau est un corps simple?

— Comment! s'écrièrent les enfants, cette eau limpide et pure est composée de quelque chose?

— Certainement. Elle est formée d'*hydrogène* et d'*oxygène;* or l'hydrogène est un gaz et l'oxygène en est un autre.... Comprenez-vous maintenant? ajouta Eugène, en souriant malignement.

— Pas trop, dirent Ernest, ainsi que Rosine qui s'était approchée.

— Et moi pas du tout, déclara carrément Pierrot; du reste je veux bien que le loup me croque, si j'ai jamais entendu prononcer ces deux drôles de mots-là. Bien sûr qu'ils ont été inventés en Cochinchine.

— Eh bien! l'*air?* demanda Rosine en hésitant, je pense bien que c'est ce qu'il y a de plus pur?...

— C'est bien pire que l'eau, ma chère cousine. On trouve dans cet air, que tu crois si innocent de tout mélange, de l'*oxygène,* de l'*azote,* de l'*acide carbonique,* de la *vapeur d'eau,* de l'*hydrogène carboné.* Qu'en dis-tu maintenant?

— Pas possible! s'écria encore l'incorrigible bavard de Pierrot, pas possible que j'avale tout cela quand je respire.

— Plus tard je pourrai, si vous le désirez, vous expliquer ces mots, qui, soit dit entre parenthèses, ne viennent pas du tout de la Cochinchine, et vous intéresser peut-être par l'explication des admirables phénomènes qu'ils produisent. Mon but aujourd'hui est de vous faire comprendre d'abord qu'il y a dans la nature beaucoup plus de corps composés que de corps simples. Les métaux, par exemple, sont des corps simples. Ainsi l'*or* n'est que de l'or et pas autre chose; le *fer*, le *cuivre*, le *plomb*, etc..., sont de même, et quelle que soit l'analyse qu'on en voudrait faire, on ne trouvera toujours en eux qu'une seule et unique substance.

— Je comprends parfaitement, dit Rosine, ce que c'est qu'un *corps simple;* mais je crois qu'il n'est pas toujours facile de retrouver la composition des corps composés.

— Bien certainement, répondit Eugène, car les atomes qui les forment en vertu d'une puissance nommée *affinité* ou mieux *attraction chimique*, engendrent souvent un composé qui n'a plus rien des propriétés des corps composants. Ainsi le *sel*....

— Ah! oui, le sel de cuisine, dit Pierrot, avec quoi le bon Dieu a-t-il fait cela?

— Avec du *chlore*, corps gazeux d'une odeur forte et assez désagréable, puis avec du *sodium*, corps métallique, mou comme de la cire.

— Bon! s'écria Pierrot, voilà maintenant que du sel ce n'est plus du sel; bientôt on me fera croire que mes cheveux, mes propres cheveux ne sont....

— Tes cheveux! s'écria Eugène, dans une comique indignation, et en ébouriffant la chevelure du petit jardinier; mais si je les regarde avec mes yeux de chimiste, je n'y vois qu'un horrible composé de fer, de soufre, de chaux, de silice [1]....

1. On retrouve effectivement toutes ces substances dans l'analyse des cheveux.

— Ah mon Dieu! exclama Pierrot, en faisant un bond en arrière, j'ai toute cette ferraille et tous ces cailloux sur ma tête.... je ne m'étonne plus si, les jours de fêtes carillonnées, j'ai beau mettre des masses de pommade, mes entêtés de cheveux frisent comme des chandelles! »

Un éclat de rire général accueillit cette bouffonnerie du petit jardinier, et l'hilarité se serait prolongée encore longtemps si elle n'avait été interrompue tout à coup par des cris d'enfants qui se firent entendre à quelques pas.

Tout le monde y courut.

Un singulier spectacle frappa les regards des enfants.

Un petit paysan, de sept ans à peine, se tenait penché sur le bord d'une mare et tirait de toutes ses forces par la bride un âne qui était enfoncé dans la vase jusqu'au ventre, et qui, sans avoir l'air de beaucoup s'inquiéter de cette très-équivoque position, se prélassait paresseusement dans cette boue épaisse et fétide comme un sybarite sur un lit de roses. Il promenait à droite et à gauche sa grosse tête aux longues oreilles, attrapant çà et là du bout des dents ou des feuilles de nénuphar ou quelques touffes de cresson sauvage.

« Mais veux-tu bien sortir de là, monsieur Gris-Gris! lui criait l'enfant à tue-tête. Tu ne sais donc pas que grand'mère nous attend et que tu as notre dîner dans les paniers! Nous allons être joliment grondés tous les deux.

— Mais, mon pauvre enfant, dit Eugène au petit paysan, tu vas tomber toi-même dans la mare si tu t'approches autant du bord : qui a donc conduit là cette vilaine bête? »

L'enfant cessa un instant sa lutte avec le baudet; mais regardant avec une petite moue toute drôle ce nouveau venu :

« Gris-Gris n'est pas une vilaine bête, dit-il, c'est l'ami à grand'mère et à moi, et s'il est tombé dans ce trou, c'est que la berge, vous le voyez bien, s'est éboulée sous ses pas au moment où il passait. Mais tenez, reprit le petit paysan en radoucissant sa voix, aidez-moi à tirer la bride, car je crois que vous êtes plus fort que moi. Et grand'mère, qui est dans son lit depuis quatre jours, ne peut pas attendre.

— Ta mère est malade mon pauvre petit? demanda Rosine avec intérêt.

— Vous ne le saviez donc pas, mademoiselle? répondit l'enfant avec une naïveté charmante. Eh bien oui, la pauvre grand'mère ne peut plus se tenir sur ses jambes.... Aussi, reprit le petit bonhomme, en se donnant un certain air d'importance, elle ne veut pas m'écouter.

— Ah bah!... fit Eugène, en cessant pour un instant ses exercices gymnastiques avec l'âne. Mais cela ne s'est jamais vu! une grand'maman ne pas écouter son petits-fils, même quand il a six à sept ans; car il me semble que ce doit être à peu près ton âge.

— Sept ans trois mois, s'il vous plaît, dit le petit bonhomme en portant la main militairement à son front.

— Et cette grand'mère te désobéit toujours? demanda Rosine en souriant.

— C'est-à-dire, mademoiselle, qu'elle me laisse les gros morceaux, en disant qu'elle n'a pas faim; et moi j'ai beau lui glisser en cachette les meilleurs, elle s'en

aperçoit toujours.... C'est de là que viennent nos dis-
putes, car je vois bien qu'elle change et qu'elle s'affai-
blit.

— Hâtons-nous donc d'en finir au plus vite avec cet

Hâtons-nous donc d'en finir avec cet obstiné baudet.

obstiné baudet, dirent les enfants en se remettant à tirer
la bride de Gris-Gris.

— C'est désespérant ! s'écria Ernest, nous n'en vien-
drons jamais à bout. Ce gros paresseux de bourriquet
veut donc coucher là ?

— Attendez, attendez, dit Pierrot, je vais bien le faire déguerpir de son lit; s'il est paresseux, il doit être gourmand. »

Et aussitôt le petit jardinier alla cueillir au buisson voisin une énorme brassée de chardons.

La vue de ce mets appétissant fit un effet merveilleux sur les instincts tout matériels de maître Aliboron, car en deux ou trois enjambées il fut hors de sa vase verte et gluante, et bientôt attablé au festin qui lui était offert.

Ainsi, — pourquoi donc ne nous permettrions-nous pas aussi cette fleur de rhétorique qu'on appelle *comparaison* et dont usent et abusent si souvent certains écrivains, — ainsi tout a sa pente ici-bas : le tournesol cherche le soleil, l'alouette monte au zénith, l'aimant va au pôle.... et l'âne au chardon.

Enfin Gris-Gris était sorti de son bourbier.... Mais devons-nous l'appeler encore Gris-Gris à voir sa robe empreinte de la teinte olivâtre du bourbier d'où il vient de se tirer? Ne devrions-nous pas lui donner plutôt le nom de ce fameux perroquet de Nevers, de ce *Vert-Vert* de friande mémoire?

« Eh bien! te voilà gentil, te voilà propre comme cela, mon pauvre ami, dit le petit paysan en regardant piteusement son âne. Et mes provisions, dans quel état sont-elles maintenant? Ce bon pain de seigle, ce lard, ces couëtches [1] que je rapportais pour régaler grand'-mère? Voyons donc un peu. »

Hélas! hélas! oserons-nous le déclarer ici? tout était vert, boueux, perdu!

1. Sortes de prunes longues, cultivées spécialement dans le pays.

A l'aspect de cet affreux dégât, le petit paysan poussa un cri de désespoir.

« Et grand'mère qui n'a pas encore déjeuné ! » dit-il, en sanglotant.

Le généreux et excellent enfant ne disait pas que lui aussi était dans le même cas ; mais il avait affaire à d'autres enfants non moins bons ni moins généreux que lui : aussi tout spontanément et par une convention tacite toutes les bourses se vidèrent en une seule main, et voici ce qui fut convenu : Rosine irait tout de suite à Bénaménil qui n'était qu'à deux pas, elle serait accompagnée par Ernest, Pierrot et l'âne, et achèterait là tout ce qu'il faudrait pour restaurer convenablement la pauvre famille.

Ajoutons bien vite qu'en un tour de main notre habile petit jardinier eut lavé et bouchonné le coupable Gris-Gris, qui, déclarons-le encore pour rendre hommage à la vérité, était redevenu fort présentable, après cette toilette.

Eugène et le petit paysan devaient se rendre en toute hâte chez la grand'mère (dont on voyait la cabane à une portée de fusil) pour la rassurer sur l'absence prolongée de son petit-fils.

Tout s'exécuta comme il venait d'être arrêté ; on se sépara, en se promettant de se rejoindre bientôt, et Eugène et son petit compagnon, que nous allons suivre, prirent le chemin de la cabane de la pauvre vieille.

CHAPITRE III.

**Commencement d'asphyxie par l'acide carbonique.
Un consommé fait à la minute.**

Le jeune B*** et le petit paysan furent en moins de
cinq minutes devant le logement de la grand'mère.…
Mais quel logement, bon Dieu! Le terrier de Jeannot-
Lapin (dans la fable que vous connaissez si bien, mes
bons petits lecteurs) devait être un palais auprès de
celui-ci.

A quelques centaines de pas du lieu où la scène que
nous venons de décrire s'était passée, commençait un
ravin profondément encaissé qui se perdait dans les
anfractuosités de la montagne; une des parois de ce
ravin, faisant saillie sur la plaine, se trouvait taillée à
pic ou par le fer ou par la mine ou par quelque ébou-
lement subit, et dans cette espèce de muraille de pierre
tendre et de sable on avait entaillé un enfoncement de
huit à dix mètres de long sur trois de profondeur; c'é-
tait probablement l'œuvre de quelque bûcheron néces-
siteux qui jadis, dans la pensée d'avoir un gîte à lui,

s'en était façonné un ainsi dans la montagne. Un toit de chaume et une devanture en planches avaient complété ce modeste logement.

. C'était là que demeuraient notre petit paysan, sa grand'mère, l'âne Gris-Gris, plus deux chats demi-domestiques, demi-sauvages, infatigables chasseurs de lapereaux,. de rats et même d'oiseaux, et par conséquent hôtes fort peu coûteux à leurs maîtres.

En route, Eugène avait appris de son jeune guide qu'il se nommait Petit-Jacques et que la grand'mère s'appelait Bertaud, qu'ils habitaient ce lieu depuis plusieurs années, et que c'était en faisant des fagots l'hiver, en vendant des fraises des bois, du cresson de fontaine ou du mouron pour les oiseaux, qu'ils vivaient paisiblement tous les deux.

Gris-Gris leur était bien à charge quelquefois; mais c'était un héritage (le seul hélas! qu'avait laissé le père Bertaud en mourant). Et puis il était si sobre, il savait si bien trouver sa nourriture tout seul en paissant dans la montagne, qu'on s'était décidé à le garder.

A quelques pas de la pauvre cabane, Petit-Jacques, qu'un vague pressentiment tourmentait, courut en avant et ouvrit vivement la porte.

Mais aussitôt on le vit reculer avec effroi, trembler et s'écrier :

« Mon Dieu! qu'a donc grand'mère? Vite, vite, monsieur, secourez-la. »

Eugène se précipita dans la cabane et vit en effet la bonne femme étendue sur le sol. Elle était pâle et sans mouvement; ses yeux cependant, encore ouverts et vifs, témoignaient par l'énergie qu'on y lisait que la vigueur de la constitution de cette femme luttait par la seule force de la volonté contre la mort qui semblait la menacer.

Le jeune B*** n'eut pas de peine à trouver la cause de ce malaise : une forte odeur de charbon répandue

Eugène se précipita dans la cabane.

dans ce réduit clos de toutes parts, un réchaud sur lequel bouillait à grand bruit de l'eau dans une vaste marmite, tout faisait voir que cette femme éprouvait les premières atteintes de l'asphyxie.

Sans hésiter davantage, Eugène, qui malgré sa jeunesse était doué d'une force musculaire remarquable, enleva la pauvre grand'mère sur ses bras et courut la déposer au grand air.

Tout danger, toute inquiétude cessèrent aussitôt. La mère Bertaud se releva bientôt toute seule, porta ses regards vers le ciel dans un mouvement de pieuse reconnaissance, en murmurant tout bas : « Pauvre enfant, je vivrai encore pour t'aimer ! »

Puis saisissant la main d'Eugène :

« Brave et bon jeune homme, lui dit-elle, c'est à deux personnes que vous venez de sauver la vie ; car sans moi, que serait devenu mon pauvre Petit-Jacques ? »

Elle voulut en dire davantage ; mais l'enfant, qui s'était remis de son effroi, se précipita dans ses bras et l'accabla de caresses.

Eugène contemplait avec bonheur ce tableau attendrissant et pour la première fois de sa vie il était fier de lui ; car il venait d'être véritablement utile à son semblable. C'était bien en effet à son esprit intelligent, ou plutôt à un élan spontané de son cœur qu'il devait la bonne œuvre qu'il venait de faire. De telles actions portent toujours en elles une bien douce récompense, et c'est dans sa conscience, dans la satisfaction de soi-même qu'on les trouve.

La mère Bertaud se remit peu à peu du choc violent qu'elle venait d'éprouver. Cette femme du reste paraissait douée d'une vigoureuse constitution. A sa taille élevée, à ses membres robustes, à son regard énergique, on pouvait reconnaître le type lorrain, et comme un souvenir de ces rudes Austrasiens qui eurent jadis Pépin d'Héristal et Charles-Martel pour maîtres.

Toutefois une pâleur extrême et une sorte d'hésitation dans la marche trahissaient le courage apparent qu'affectait cette femme.... Hélas! c'étaient les longues privations, c'était la faim, qui la torturaient, qui la minaient sourdement ainsi.

« Mais où donc est Gris-Gris? » dit tout à coup la grand'mère qui venait de jeter un coup d'œil autour d'elle.

Elle n'avait pas achevé ces mots que Rosine, Ernest, Pierrot et enfin Gris-Gris arrivaient.

« Voici des provisions! s'écria Ernest, et je pense, mon frère, que tu seras content de nous, car Rosine a fait cela en véritable femme de ménage, choisissant, dégustant les denrées et ne les admettant qu'autant que cela lui paraissait de première qualité; moi, je marchais en tête du convoi pour dépister les meilleures boutiques et magasins de Bénaménil, — et je te dirai en passant que j'ai recueilli çà et là les renseignements les plus favorables sur la grand'mère et l'enfant qui vivent bien péniblement, mais très-honorablement de la vente de leurs fagots et de leur mouron. — Quant au rôle de Pierrot en tout ceci, oh! va.... on peut avouer qu'il a été rude à remplir! car le maudit bourriquet lui en a fait voir des grises! têtu, volontaire, regimbant à chaque pas, brayant et pleurnichant comme s'il avait perdu père et mère. Toutefois Pierrot en est sorti avec honneur, et bien que, pour revenir, sa bête nous ait fait aller tambour battant, nous voici sains et saufs et convenablement approvisionnés pour les premiers besoins. »

En quelques mots Eugène mit nos petits pourvoyeurs au fait de ce qui venait de se passer : « C'était, ajouta-t-il, un commencement d'asphyxie par le charbon, mais tout danger est passé maintenant; cette femme est d'une constitution à toute épreuve ; toutefois elle a besoin de secours immédiats, car elle se meurt presque d'inanition, et son petit Jacques est presque dans le même état. Voyons donc au plus vite à rendre un peu de forces.

— Un bon bouillon gras leur ferait sans doute le plus grand bien? dit Ernest.

— Oui, ajouta Pierrot; mais je me rappelle bien que l'année dernière, quand j'avais l'emploi d'aide-cuisinier, je n'étais pas moins de cinq heures à soigner le pot-au-feu.... Mais aussi comme c'était délicat, comme on me faisait des compliments!

— Et, si moi, dit Rosine en riant, moi qui ne puis pourtant pas me vanter d'avoir jamais occupé un poste de confiance, comme M. Pierrot, je vous disais que je réponds de vous servir un consommé en moins d'une heure!

— Ah bah! s'écrièrent les enfants, ce n'est pas possible.

— Vous allez voir. Allons, vite à la besogne! Qu'on m'épluche ces jolies petites carottes, qu'on me pèle ces appétissants oignons. Je me charge de faire le reste. »

Il y avait encore sur le feu cette vaste marmite dans laquelle bouillait d'une façon désordonnée la même eau que la mère Bertaud avait voulu préalablement faire chauffer à grand renfort de charbon, en attendant ce fameux lard que devait rapporter son petit-fils.

Eugène eut toutefois la précaution de porter la marmite et le réchaud en plein vent et de faire aérer la cabane, portes et fenêtres ouvertes, pour éviter tout nouvel accident. Puis il se rapprocha de Rosine qui était déjà à l'ouvrage, et lui demanda s'il n'y avait pas d'indiscrétion à s'enquérir de sa recette.... à moins, ajouta-t-il, que l'inventrice n'ait un brevet avec garantie du gouvernement.

« Voici tout mon secret, répondit la gentille cuisinière, et je l'ai déjà mis plus d'une fois en œuvre avec maman, quand nous allions visiter *nos pauvres*, du temps que mon bon père vivait.

— Pour faire un bouillon gras, prenez du bœuf!

— Oui, interrompit Eugène, comme pour faire un civet il faut prendre un lièvre.

— Hachez cette viande menu menu, continua la jeune fille, faites mijoter un quart d'heure avec carottes, oignons, persil, le tout dans un demi-verre d'eau. Puis; quand cela est près de s'attacher, versez dessus un demi-litre d'eau bouillante.... et en moins de trois quarts d'heure le tour est fait.....

— Et servez chaud! dit Pierrot, avec son gros rire d'habitude.

— Avant toutes choses, reprit le jeune bachelier, il faut songer à rappeler un peu de forces chez nos pauvres pensionnaires, que je vois encore tout tremblants d'émotion et de besoin. »

Et disant cela il leur fit à chacun un bon verre de vin chaud bien sucré. Cela fit merveille : la mère Bertaud déclara qu'elle ne s'était jamais trouvée si vaillante, et Petit-Jacques retrouva toute sa gaieté et son babil d'enfant.

Enfin, environ au bout d'une heure, le potage étant fait, et deux petites côtelettes qu'on avait mises sur les charbons s'étant trouvées rissolées et cuites à point, le couvert fut mis sur le gazon, et nos quatre charmants

Pour faire un bouillon gras, prenez du bœuf.

enfants de Mahonbonne eurent l'ineffable plaisir de voir
deux pauvres abandonnés jouir d'un moment de bonheur qui était leur propre ouvrage.

Avant de se quitter, on se donna mille témoignages
affectueux, d'une part de reconnaissance et de dévouement, d'autre part d'assurance d'une protection perma-
nente et complète.

« J'espère bien, dit Eugène au petit paysan, que dorénavant tu regarderas notre maison comme une pratique assurée pour la vente de vos produits.... la cuisine et nos oiseaux les acueilleront toujours avec
plaisir. »

A cette offre obligeante, Pierrot se frappa la tête
comme si une idée lumineuse lui eût surgi tout à coup
au cerveau.

Puis il entraîna à l'écart Petit-Jacques, à qui il mar-
motta vivement quelques mots que celui-ci purut comprendre et approuver très-fort; car quelques minutes
après on voyait écrit en grosses lettres au charbon sur
la devanture de la cabane :

MÈRE BERTAUD ET Cie, FOURNISSEURS DE FAGOTS
ET DE MOURON DE MAHONBONNE.

CHAPITRE IV.

**Composition de l'air (oxygène et azote). — Expériences.
Fonction de l'air dans la respiration.**

Les enfants, tout heureux de cette aventure, s'en retournèrent en devisant joyeusement sur les moindres incidents de ce drame, qui du reste s'était fort heureusement terminé.

« Vous voyez bien, leur dit Eugène, qu'il y a toujours un très-grand danger à se trouver dans un lieu saturé de vapeur de charbon, ou encore d'émanations trop abondantes de fleurs... je n'en excepte même pas les roses.

— Comment ! s'écrièrent les enfants, l'odeur d'un lis, d'une tubéreuse, d'une rose peut donner la mort ?

— Oui, si ces fleurs sont en grande quantité, et surtout dans une chambre bien close.

— Mais pourtant, ajoutèrent Ernest et Rosine, on dit que le parfum des roses est si suave, si doux, si innocent !

— De même que les mets que l'on sert dans un

lestin de cérémonie ; ils sont savoureux, exquis, engageants surtout...

— Oui, ajouta Pierrot, mais gare aux indigestions !

— Explique-moi donc cela, mon frère, dit Ernest, car voilà toutes mes idées bouleversées.

— Je le veux bien, si toutefois vous pensez que cela ne vous ennuiera pas trop.

— Oh ! par exemple ! s'écrièrent les enfants.

— Avant de parler de ces gaz délétères, si préjudiciables à la santé, je dois vous dire quelques mots de l'air, de cet *oxygène* surtout qui joue un si grand rôle dans la nature.

— Bon ! murmura tout bas Pierrot, nous voici retombés dans cet original d'oc... d'occis... au diable le mot ! je ne pourrai jamais le prononcer sans l'écorcher affreusement.

— Qu'importent les mots, lui dit le jeune bachelier, pourvu que tu connaisses la chose ?

— Au fait c'est vrai, fit Pierrot, honteux d'avoir été surpris dans son aparté ; si j'allais jamais en Allemagne ou en Cochinchine, j'en aurais de bien plus coriaces à avaler.

— L'air, continua Eugène, est composé de deux gaz : l'*oxygène* et l'*azote* ; le premier y est compris pour 1/5 à peu près (ou 21 p. 100), le second pour 4/5 (ou 79 p. 100), plus....

— Attends, mon frère, interrompit Ernest en tirant son cahier de notes qu'il portait toujours sur lui, voici des chiffres assez difficiles à retenir, je vais les écrire.

— Ajoute donc que l'oxygène se nomme aussi *air vital* et l'azote *air mortel*. Il y a en plus un très-petit peu d'*acide carboniqne* et une quantité variable de *vapeur d'eau.*

— Air mortel, air vital ! fit Pierrot, voilà deux individus qui doivent vivre ensemble comme chien et chat.

— Pas du tout, monsieur le mauvais plaisant, ces deux gaz vivent dans la meilleure intelligence possible, et sont même indispensables l'un à l'autre, car si l'oxygène est trop énergique, trop pressé de nous mener la vie grand train, son confrère l'azote est là pour modérer cette fougue, pour rétablir en un mot un juste et convenable équilibre.

— A la bonne heure ! fit Pierrot d'un air convaincu, et je vois que cela ressemble comme deux gouttes d'eau à mon café du matin : quand je m'avise de le prendre un peu trop fort, ça m'éveille , ça m'agite, ça me fait gigotter toute la nuit comme un vrai pantin ; mais si j'y mets assez de lait, ça rétablit tout de suite l'équilibre. Ainsi, votre azote c'est le lait, et le café c'est l'oc... l'oc... enfin l'autre.

— Allons, fit Eugène, la comparaison, pour être un tant soit peu... originale, me prouve au moins que tu m'as un peu compris.

— Moi aussi, j'ai bien compris, dit Ernest... mais ce qui me semble bien extraordinaire, c'est qu'on puisse constater qu'il y a deux sortes de gaz dans cet air qui apparaît aux yeux si limpide et si pur.

— Rien n'est plus facile cependant que de s'en assurer. Un peu de baryte (sorte de pierre alcaline), mise dans un alambic, puis chauffée et refroidie brusquement à plusieurs reprises, dégage bientôt de l'oxygène pur qu'on peut parfaitement recueillir dans un flacon au moyen d'un tube.

— Et qu'est-ce qui prouve que c'est de l'oxygène?

— Une expérience qui va pleinement vous convaincre, monsieur l'incrédule. Si dans ce flacon on introduit un petit morceau d'amadou allumé et suspendu à un fil de fer, non-seulement l'amadou jettera une clarté tellement vive que les yeux en seront éblouis, mais le fil de fer lui-même rougira et tombera en fusion dans le vase.

— Allons! je suis battu, dit Ernest en riant; vraiment, là, je n'aurais jamais cru qu'on aurait pu couper de l'air en deux.

— Mais tu n'en tiens encore qu'une partie, interrompit Rosine sur le même ton de plaisanterie. Et l'azote? que devient-il maintenant tout seul?

— Dame! fit Eugène, il fait ce que font les gens sournois, il fait des méchancetés à tous ceux qui l'approchent.

— Comment! reprit Rosine, étonnée de n'avoir pas pris son cousin dans le piége qu'elle lui tendait. Tu peux nous faire voir de l'azote à part?

— Voir, ce serait difficile; mais vous en faire constater la présence, oh! rien de plus aisé. Je regrette même que nous ne soyons pas en ce moment dans le cabinet d'étude de notre excellent M. de Saint-Martin; le tour serait fait en une minute. Mais du reste, tenez, figurez-vous que j'aie là une cloche de verre posée bien soigneusement sur une surface plane et lutée tout à l'entour, c'est-à-dire mastiquée de manière que rien ne puisse ni y entrer ni en sortir. J'y introduis un morceau de phosphore auquel j'ai mis le feu.

— Et puis?... dirent les enfants qui étaient tout oreilles.

— Ah! d'abord je vous préviens que le phosphore

est extrêmement friand d'oxygène... chacun a son goût dans la nature, n'est-ce pas?

— C'est juste, fit Pierrot, c'est comme moi qui mangerais toute la journée du nougat... ou des pommes de terre frites.

— Eh bien, ce phosphore, continua le jeune bachelier, une fois en train d'absorber de l'oxygène, n'en démord pas qu'il n'ait tout avalé.

— Et l'on est sûr, dit Ernest avec une petite nuance d'incrédulité, que sous cette cloche il ne reste plus que de l'azote?

— Mets-y un oiseau, ou une grenouille, ou un chat, si tu veux, et tu seras bientôt convaincu que les pauvres bêtes ne trouveront là que de l'air *mortel*... ou de l'*azote*.

— Mon Dieu! mon Dieu! que vous savez de belles choses! monsieur Eugène, s'écria Pierrot. En un tour de main vous faites fondre des barres de fer, vous assassinez une grenouille!... Peste! ça donne joliment envie de devenir savant, cela!

— Écoute, réfléchis, travaille, et tu le deviendras.

— Dame! je sais déjà deux choses : que l'air se compose d'azote et d'ox... d'oxy... vous savez; mais je ne serais pas encore de force à les débrouiller l'un de l'autre.

— Et pourtant, l'année dernière, tu en faisais une furieuse consommation dans ta cuisine; tu ne te servais que de cela.

— Comment! moi?

— Et c'était par le trou de ton soufflet que tu en envoyais des quantités fabuleuses au bois et au charbon, qui sans cela n'auraient jamais brûlé.

— Hein! Pierrot, fit Ernest, tu vas joliment l'aimer

maintenant, cet oxygène, puisque sans lui plus de fourneaux ni de cuisine. Quant à moi, je me sens déjà pris d'une tendresse toute particulière pour ce gaz si utile, si obligeant, si doux...

—Pas si doux que tu le penses, interrompit Eugène en riant; tu ne sais pas le vilain trait qu'il t'a joué le jour où tu t'es si cruellement brûlé la main.

— Comment! l'oxygène y était pour quelque chose? demanda le petit écolier tout étonné.

— Hélas ! c'était lui qui te faisait endurer de si poignantes souffrances jusqu'au moment où l'on a couvert la plaie d'une couche d'huile d'olive ou de pommes de terre râpées, ou encore de confitures, je ne sais ?

—Je ne comprends pas, fit Ernest.

— Et moi, je crois avoir deviné, s'écria Rosine. De même que le phosphore est avide d'oxygène, de même l'oxygène, comme l'ogre du Petit-Poucet, court après la chair fraîche, et c'est ce gaz, si bien nommé *comburant*, qui mordait à belles dents ta pauvre main endolorie. Comprends-tu maintenant, mon petit cousin, que ta douleur a dû disparaître, ou du moins s'amoindrir beaucoup, quand, par cette application d'huile ou de confitures, ou de pulpe de pommes de terre, tout contact entre l'oxygène et ta plaie vive a cessé.

— C'est un fait constant, fit Pierrot, en élevant la voix d'un air d'importance, que les confitures, — surtout celles de groseilles, — quand elles sont bien réussies, — sont excellentes pour une infinité de choses...

— Surtout pour mettre en tartines, n'est-ce pas? ajouta Rosine.

— Nous retrouvons encore, continua le jeune B***, l'action, ou pour mieux dire les ravages de l'oxygène dans une foule de cas : la rouille, le vert-de-gris, le blanc de plomb, la litharge, ne sont que des combinaisons de l'oxygène avec le fer, le cuivre, le plomb. Et vous comprendrez parfaitement maintenant qu'en recouvrant légèrement ces mélanges d'une couche d'huile ou de vernis, on les soustrait à l'influence des morsures de l'oxygène.

— Mais, objecta Ernest, après avoir médité quelque temps l'observation qu'il allait faire, si cet oxygène s'impose ainsi en tout et partout, pourquoi n'occasionne-t-il pas aussi des désordres dans notre corps, puisque à chaque aspiration nous en avalons une certaine quantité ?

— Qui de vous, demanda Eugène, en s'adressant aux trois enfants, se rappelle avoir vu de son sang?

— Moi! dit vivement Rosine, hier encore je me suis maladroitement piquée avec mon aiguille, et il en est sorti quatre ou cinq gouttes de sang rose comme du sirop de groseille.

— Et moi donc, ajouta Pierrot, je n'oublierai de longtemps la belle culbute que j'ai faite du haut de ce cerisier de guignes. A preuve que lorsqu'on m'a ramassé, j'étais déjà tout bleu, et quand on m'a saigné, mon sang était noir comme de l'encre.

— Sang rose, sang noir! reprit Eugène, voilà deux teintes bien opposées, et cela demande explication, ce me semble.

— Pardine! fit le bavard de Pierrot, c'est facile à expliquer, cela : Mlle Rosine venait sans doute de manger des fraises et des groseilles, et moi c'étaient des guignes, et vous savez comme ces cerises-là ont le jus noir.

— Vous me permettrez, cher monsieur Pierrot, de

donner au phénomène qui nous occupe en ce moment une tout autre explication, et dans laquelle, je vous assure, ni les groseilles ni les guignes n'auront rien à voir. — Notre cœur, ce point central où vient affluer notre sang et d'où il s'éloigne alternativement, est le plus occupé et le plus important de tous les organes des êtres vivants. — Chez nous le cœur pousse, à chaque contraction (qu'on appelle *battement*), le sang dans les *artères*, sortes de vaisseaux ou conduits qui de là divergent dans toutes les parties du corps; puis ce même sang, recueilli par les *veines* (autres tubes de plus petite dimension), revient par un mouvement pour ainsi dire circulaire jusqu'au cœur. son premier point de départ; mais auparavant il va imbiber, inonder ces deux masses spongieuses qu'on appelle *poumons*, et là il se purifie sous l'influence de l'air atmosphérique que nous lui envoyons par l'acte de la respiration. Il s'opère donc là un véritable phénomène de combustion où l'oxygène joue le plus grand rôle. Ainsi purifié. le sang repasse au cœur et reprend sa route par les artères, et ce mouvement de circulation dure tant que dure notre vie.

— Alors, dit Rosine, c'est le sang *artériel* qui doit être rose, puisqu'il arrive au cœur tout purifié, et le sang *veineux* doit être noir ou plutôt brun rouge.

— C'est précisément cela, ma bonne Rosine.

— Hi! hi! hi!... fit tout à coup Pierrot en partant d'un grand éclat de rire, tout cela me fait penser à une drôle d'histoire que me racontait dernièrement le père Grandménil, mon patron le jardinier. Il me disait que les plantes respiraient aussi, qu'elles avaient des veines, des poumons, est-ce que je sais moi? En voilà une fière bê... une fière originalité!

— Mais le père Grandménil n'avait pas tort du tout, reprit Eugène ; les veines des plantes, ce sont les conduits ou vaisseaux où circule la séve ; leurs poumons, ce sont ces pores microscopiques (ou stomates) répandus sur l'épiderme des tiges ou des feuilles des arbustes ; c'est par là qu'ils aspirent cet indispensable oxygène qui les fait croître et vivre.

— Puisque vous, monsieur Eugène, et le père Grandménil vous dites cela... *je vous crois.* »

Ces derniers mots, par l'inflexion de voix qui les accompagna, avaient tout l'air de signifier bien plutôt : Je ne le crois guère. Notre jeune bachelier le comprit ainsi :

« Dites-moi un peu, monsieur l'incrédule, fit-il en prenant Pierrot par un bout de sa cravate, comment vous y prenez-vous pour faire blanchir vos chicorées?

— Dame, répondit le petit jardinier, je... je les couvre.

— Et pour faire blanchir votre céleri?

— Je l'enterre dans des fosses, depuis le collet jusqu'aux feuilles.

— Et dans quel but, s'il vous plaît?

— Pour les cacher à l'air.

— Ou mieux pour les priver de cet oxygène qui donne une belle teinte ou de riches nuances roses, rouges, bleues, jaunes aux plantes et aux fleurs.

— C'est pourtant vrai ! fit Pierrot enfin convaincu et voilà encore l'oc.... l'oc.... l'oxy.... vous savez, qui montre le bout de son nez là-dedans. Il se fourre donc partout, ce cadet-là. Enfin, reprit le petit jardinier, en faisant un bond de joie, s'il y a des airs de toutes les façons, il y en a qui ne sont pas à dédaigner : témoin

celui qui nous apporte en ce moment le son de la cloche
de Mahonbonne, pour nous annoncer que l'heure du
déjeuner de midi est arrivée. »

Cette facétie fit rire tout le monde, et en effet on
était à quelques pas du logis, et tous nos enfants, le
cœur content.... et ajoutons, la bourse vide, y firent
joyeusement leur entrée.

CHAPITRE V.

**Probité d'un petit marchand de fagots. — Acide
carbonique. — Respiration.**

Le déjeuner ne pouvait manquer d'être gai, car nos
heureux jeunes gens éprouvaient, pour la première fois
peut-être, cette ineffable satisfaction qui remue si déli-
cieusement le cœur à la suite d'une bonne et noble pensée accomplie. Aussi les voyait-on tous les quatre
rire, babiller et montrer un visage tout épanoui de
bonheur.

Et selon cette belle sentence de morale que : « Une
bonne œuvre perd les trois quarts de son mérite si
elle est divulguée, » personne ne disait mot de l'aventure de la cabane de Bénaménil. Cet entrain inaccou-
tumé, ces rires, ces coups d'œil significatifs, en un mot
cette joie mal contenue, ne manquèrent pas cependant
d'intriguer un peu les parents de nos enfants.

« Mais qu'y a-t-il donc? demanda enfin M. B***; que
veut dire cette joie folle que je vois sur vos visages? Je
parierais presque, ajouta-il en riant, que vous avez joué

quelque mauvais tour, petits bandits que vous êtes.
N'auriez-vous pas encore laissé échapper exprès le petit
poulain, pour avoir le plaisir de le voir caracoler, et pour
courir après dans la plaine?

— Non, dit Mme B***; mais je pense, moi, qu'ils
auront renouvelé la comédie d'hier; ils ont encore affu-
blé ce pauvre Moustache du chapeau rose et des défro-
ques de la dernière poupée de Rosine, pour l'envoyer
ainsi fagoté courir après les moutons?

— Moi, dit à son tour la mère de Rosine, je crois
plutôt que notre grave Eugène sera venu à bout, à
force de recherches, de trouver la solution d'un pro-
blème de hautes mathématiques, qu'Ernest aura fait
un devoir d orthographe sans l'ombre d'une faute, que
Rosine aura terminé la robe de première communion
qu'elle fait pour la petite fille de la pauvre mère Catiche [1], et qu'enfin Pierrot nous aura découvert un melon
bien mûr et bien parfumé qu'il nous servira ce soir à
dîner. »

A toutes ces suppositions, les enfants se regardèrent
en souriant, et se faisant en même temps un signe de
tête négatif qui signifiait : « Ce n'est pas cela. »

On cherchait le mot de ce mystère, quand tout à coup
on entendit une sorte d'altercation assez vive qui se passait dans la cour.

Tout le monde courut aux fenêtres.

C'était Françoise la cuisinière aux prises avec un petit
individu qui, malgré sa taille de pygmée, portait haut
la tête et la parole.

« Mais je te répète encore, disait Françoise, drôle

____

[1] Abréviation de Catherine.

de petit bonhomme que tu es, que je n'ai besoin ni de tes fagots ni de ton mouron; j'ai mes marchands de Lunéville.

— Oui, mais moi, je vous dis, madame la cuisinière, que, comme il y a fagots et fagots, il y a marchand et marchand; et que vous ne pouvez pas m'empêcher d'exercer mon petit métier; d'ailleurs je suis *patenté*. »

A ce dernier mot la servante partit d'un bruyant éclat de rire.

« En voilà un petit entêté, dit-elle : ne veut-il pas me faire prendre sa marchandise de force? Est-ce que tu n'as pas aussi un brevet d'invention?

— J'ai.... j'ai.... répliqua Petit-Jacques, — certes nos lecteurs ont déjà reconnu le petit-fils de la mère Bertaud, — j'ai ce qu'il y a de mieux en fagots, et du mouron de première qualité, et malgré vous, et tous ceux qui y trouveront à redire, je laisserai ici ma marchandise, c'est grand'mère qui le veut. Allons, Gris-Gris, tourne que je te décharge.

— Ah çà mais! .. s'écria la cuisinière exaspérée, petit impudent, petit effronté! est-ce que tu crois que tu seras le maître ici?—Attends, attends, que je trouve un manche à balai, et je vais un peu vous étriller, toi et ta bourrique.

— Non pas, non pas ! crièrent en chœur les enfants, ne touchez ni à l'âne ni à son maître, nous répondons d'eux.

— *C'est* des associés de la maison de commerce Bertaud et compagnie, ajouta Pierrot.

— Ah çà! que signifie cette comédie? demanda M. B***. Est-ce que, par exemple, mes fils ont des connaissances dans les marchands de mouron du pays? »

En voilà un petit entêté.

Nos jeunes gens, riant aux éclats de la singulière cacophonie que produisait cette scène, finirent par dire : « Nous allons tout vous conter; mais qu'on n'ôte pas un cheveu de la tête de Petit-Jacques.

— Alors, dit la cuisinière, puisque toi et ton baudet vous êtes inviolables, voilà ton argent, prends et file...

— Non pas! » répliqua le petit bonhomme, en se rehaussant encore de toute sa taille; puis repoussant avec un geste superbe l'argent que lui présentait Françoise, il s'éloigna d'elle ni plus ni moins fièrement que Phocion quand il repoussa les présents d'Alexandre le Grand. « Grand'mère Bertaud, dit-il, a des dettes à acquitter ici, et voici le premier payement.

— Mais non.... mais non.... s'écrièrent encore les enfants, prends donc ton argent.... »

Leurs instances furent inutiles, car Petit-Jacques était déjà à califourchon sur son âne, et tous deux s'élançant dans le vaste horizon n'étaient déjà plus qu'un point, qu'une ombre, qu'un rien.

Il fallut bien alors conter toute l'histoire et nous ajouterons, en narrateur impartial, que pendant ce récit plus d'une larme vint briller sous la paupière de ces heureux parents qui ne savaient pas ce qu'ils devaient le plus admirer, ou de la bonté de cœur de leurs enfants ou de leur discrétion à faire ainsi le bien.

Au milieu des chaleureuses félicitations et des embrassades qui se succédaient sans interruption, M. de Saint-Martin, ce respectable et fidèle ami de la maison, entra.

« Il paraît qu'il y a fête ici! dit-il en riant, car je vois tout le monde en liesse.... Pourrais-je savoir, sans indiscrétion, ajouta-t-il, quel est le saint qu'on honore aujourd'hui, et à qui je dois présenter mon bouquet?

— Il y a en effet grande cérémonie, mon vieil ami, répondit M. B***. J'octroie en ce jour officiellement et à tous présents et à venir le brevet, — sans garantie du gouvernement, bien entendu, — de fournisseur spécial de fagots et de mouron de ma maison à grand'mère Bertaud, à Petit-Jacques et leurs descendants jusqu'à la génération la plus reculée. »

M. de Saint-Martin ne comprenait pas.

On lui renarra l'aventure, et l'on pense bien que les félicitations et .es encouragements recommencèrent de nouveau.

Quand enfin cette effusion du cœur fut calmée, on en revint aux causeries favorites, c'est-à-dire aux questions sur ce qui avait pu frapper l'esprit et exciter la curiosité.

« Mais quelle est donc, monsieur, demanda Ernest au bon professeur, la cause de cet accident terrible et presque mortel dont cette pauvre femme a été si promptement victime? L'oxygène ou l'azote ne jouaient-ils pas un rôle malfaisant là-dedans?

— Non, mon petit ami, répondit M. de Saint-Martin; mais un autre gaz, bien plus redoutable en vérité : l'*acide carbonique.*

— Voilà deux mots que je ne comprends pas; mais je chercherai dans les livres de chimie de mon frère et je....

— Chercher.... chercher! ce n'est pas, croyez-moi, se donner une satisfaction suffisante que de savoir ce qu'on n'a pas au moins un peu deviné. Voyons, étudions d'abord à nous deux ces deux mots. Que peut signifier le premier?

— *Acide!*... Je crois me rappeler qu'en grec *acis* signifie une pointe, un piquant.... et en effet chaque fois qu'on met un fruit, un liquide ou une substance quelconque sur la langue, on dit qu'elle est *acide*, c'est-à-dire piquante, si elle a en effet cette saveur.

— C'est bien cela. Et *carbonique* maintenant?

— Tout objet qui a reçu les atteintes du feu est *carbonisé*.

— Très-bien encore. — Alors retenez bien qu'un acide est un corps susceptible de se combiner avec un autre corps, qui devient la base de cette combinaison. — Eh bien! voyons si vous trouverez la signification de quelques combinaisons. Quel nom donnerez-vous à un acide dont l'oxygène joue le rôle acidifiant?

— Oxyge.... oxa.... oxacide peut-être?

— Précisément. — Et avec le soufre? — le chlore? le brome?

— Sulfacide, chloracide, bromacide.

— Vous voyez que cela va tout seul. Eh bien, contentons-nous de ces données premières, et revenons-en à notre *acide carbonique*, qui est?... voyons?...

— Un acide produit par la combustion du charbon au moyen de l'oxygène, puisqu'en effet c'est au moyen de l'air insufflé sur le charbon allumé que la combustion s'opère.

— Il n'est pas besoin même que certaines autres matières d'où se forment les *oxacides* soient préalablement carbonisées; ainsi la putréfaction, la fermentation, exhalent abondamment de l'acide carbonique.

— Il se trouve donc en permanence çà et là, cet acide
si traître et si dangereux?... dit Rosine.

—Vous le traitez bien sévèrement, ma chère enfant,
répondit M. de Saint Martin ; mais certes, votre mauvaise opinion à son égard va, je pense, se modifier, quand
je vous dirai que ce délicieux vin de Champagne dont
vous avez bu avec tant de plaisir un demi-verre.... à la
fête de votre maman....

—Y compris la mousse ! se hâta de dire la jeune fille,
en riant, qui, je vous assure, pouvait bien compter pour
les trois quarts de ce demi-verre.... Il y avait en tout à
peine de quoi remplir une coquille de noix.

— Bien, bien, défendez-vous tant que vous pourrez,
mais convenez cependant que l'*acide carbonique* est une
douce chose, car c'est lui que vous retrouviez dans ce
petillant breuvage.

— Comment, je buvais de l'acide carbonique! s'écria
Rosine étonnée.

— Et la limonade gazeuse, ajouta Eugène, qu'en
dis-tu?

— Oh ! c'est délicieux, dirent les enfants tous ensemble.

—Eh bien! reprit M. de Saint-Martin, c'est grâce
encore à l'acide carbonique, de même que cette eau de
Selz qu'on ajoute au vin pour le rendre plus piquant,
plus rafraîchissant l'été.

— Mais.... fit Rosine, après avoir consulté ses souvenirs géographiques, *Selz* est un tout petit village du
duché de Nassau près Mayence ; ce n'est donc pas une
source, c'est un fleuve qui doit se trouver là ; car l'eau
de Selz est partout si commune....

— Et à si bon marché, n'est-ce pas? Pour moins de

cinq centimes on en a une bouteille. Voici le secret de cette abondance qui vous étonne. La chimie s'est dit : Qu'est-ce donc que l'eau de Selz? — De l'eau saturée d'acide carbonique. Eh bien, pourquoi ne mettrait-on pas dans l'eau de nos fontaines et de nos rivières de l'acide carbonique?...

— Mais ce ne serait plus qu'une eau artificielle.

— Qu'importe, si le résultat est le même? Alors on a cherché, on a fait des essais, — et sans beaucoup de peine on a trouvé qu'une pincée d'acide tartrique mélangée avec autant de bicarbonate de soude, et le tout jeté dans une bouteille d'eau, donnait au liquide à peu près les mêmes propriétés et la même vertu que l'eau naturelle de votre petit village du duché de Nassau près Mayence.

— Et le tout revient à un sou! dit Pierrot; c'est magnifique... et ce n'est pas cher.

— Du reste, il y a en Europe des grottes, des marnières qui renferment de l'acide carbonique, répondit M. de Saint-Martin.

— En effet, dit Ernest, je me rappelle tout ce que papa m'a raconté de singulier sur cette fameuse grotte du Pausilippe près de Naples, dans laquelle l'acide carbonique est à l'état de nuage permanent à la hauteur d'un demi-mètre du sol, de sorte que si l'on introduit un chien dans cette grotte, le pauvre animal est aussitôt asphyxié.

— Ce redoutable *feu grisou*, dit le vieux professeur, ce gaz qui s'enflamme parfois dans les mines soit à la flamme des lampes des mineurs, soit au contact des étincelles qui jaillissent de leurs outils, est un peu cousin germain de l'acide carbonique, car il asphyxie, il tue tous ceux qu'il atteint Mais revenons à l'accident dont votre bonne femme de mère Bertrand a failli être victime. Comme elle avait allumé une certaine quantité de charbon dans cette cabane où l'air n'arrivait que difficilement, le charbon en ignition s'est combiné avec l'oxygène de l'air et a produit une énorme quantité d'*acide carbonique* qui a vicié l'air au point de le rendre irrespirable. Cette transformation de l'air est encore activée par la respiration même de l'individu qui change autant d'air vital aspiré en air mortel (ou acide carbonique) par l'expiration.

— Eh bien ! fit Rosine, qui écoutait ces détails avec grand intérêt, même sans ce charbon enflammé, ne pourrait-on pas s'asphyxier en restant un certain temps dans une chambre parfaitement close ?

— Sans doute, mon enfant, répondit M. de Saint-Martin, et l'on pourrait même, dans ces conditions-là, prédire l'heure à laquelle la mort arriverait. Un simple calcul suffirait pour cela.

— Comment donc cela ?

— On n'a qu'à chercher, par exemple, combien une chambre contient de mètres cubes d'air ; — puis sachant qu'on respire de 18 à 20 fois par minute et qu'à chaque expiration on émet 655 centimètres cubes d'acide carbonique, on arriverait à savoir mathématiquement combien il faut d'heures pour changer l'air *vital* en air *mortel*.

— C'est cela ! dit Pierrot, et pour aller plus vite en besogne, celui qui est assez bête pour se faire mourir lui-même, en vient à bout à l'aide d un boisseau de charbon.

— Et la morale de tout ceci, dit M. B*** qui était entré pendant la conversation, c'est qu'il faut préférer

des appartements vastes et aérés à de petits logements
bas et étouffés; qu'il ne faut jamais enfouir des masses
de fleurs dans sa chambre, et surtout dans celle où l'on
couche; et qu'enfin, si l'on reçoit grande compagnie, il
faut autant que possible recevoir son monde portes et
fenêtres ouvertes.

— Et moi, j'ajouterai, — avec la permission de la

J'aurai soin de laisser Moustache à la porte.

compagnie, — dit le petit Pierrot, en ôtant son bonnet
de coton rose et bleu, — j'ajouterai que si jamais on me
mène dans cette grotte empestée du Pausilippe, j'aurai
soin de laisser Moustache à la porte. »

CHAPITRE VI.

**Les fils de M. de Bouville. — Aventure avec Jean le Têtu.
Explosion d'une machine à vapeur.**

Nous avons parlé, au commencement de ce récit, de
l'excellente famil'e de M. de Bouville, ce maître de
forges dont l'importante usine était située aù joli village
de Sainte-Anne, sur la Meurthe. Or les deux maisons
de Sainte-Anne et Mahonbonne étaient trop près l'une
de l'autre pour que leurs habitants, et surtout les enfants, ne se visitassent pas souvent.

Un dimanche matin donc, Adolphe et Jules de Bouville s'étaient mis en route, sur une pressante invitation de M. B***, pour venir passer la journée avec leurs
bons amis Eugène et Ernest, et de part et d'autre on
se faisait une fête de cette réunion amicale.

Pendant que les deux heureux collégiens cheminent
gaiement vers Mahonbonne, faisons connaître à nos
jeunes lecteurs les fils de M. de Bouville. Bien qu'é-
levés avec les mêmes soins, avec la même sollicitude,
ils étaient d'un caractère assez différent. Car, s'il est

vrai que l'éducation a une immense influence sur les enfants au début de la vie, il se rencontre quelquefois des natures rebelles qui semblent plus fortement sollicitées vers le mal, tandis que certaines prédispositions innées rendent à d'autres la vertu facile.

Adolphe, l'aîné des Bouville, avait quinze ans. Il était fort grand pour son âge; mais son teint était pâle, ses allures nonchalantes, et déjà dans son regard on lisait une certaine tendance, nous ne dirons pas à l'orgueil, mais à cette fatuité de l'adolescent qui veut qu'on le croie un homme. — Adolphe savait son père immensément riche. Quelqu'un sans doute le lui avait sottement appris, en négligeant d'ajouter que cette fortune avait été acquise par toute une vie d'intelligence, de labeur et d'honorabilité.... Et M. Adolphe pensait naïvement qu'il pouvait sans scrupule partager avec son père le bénéfice de la considération dont son nom était entouré. Ajoutons toutefois que ce n'était dans ce jeune homme qu'un léger travers, et le seul du reste qu'on lui connût.

Jules, au contraire, avait toute la bonhomie, toute l'insouciance de l'enfant, — il était alors âgé de neuf ans à peine, — liant avec tout le monde, ne faisant distinction dans ses affections ni de la fortune, ni de l'instruction, — du reste enthousiaste et brouillon comme on l'est à son âge, et mettant au-dessus de tout, — une fois ses devoirs faits, — une bonne partie de barres, ou une course à travers les champs et les bois.

Voyez-le du reste arpentant gaiement en ce moment avec son frère cette route qui doit les mener à Mahonbonne : tantôt il saute après un hanneton qui passe, tantôt il fauche les bluets et les coquelicots dans le blé qu'il côtoie; ou bien il croque une noisette qui pend

sur la route ou se barbouille les lèvres avec le jus violacé des mûres dont sont chargés tous les buissons de
la route.

Adolphe au contraire a pris le haut du pavé, afin de
ne pas ternir dans la poussière le noir irréprochable de
ses souliers vernis. Il s'étudie à donner toute la grâce
possible aux plis de sa veste marron d'une coupe anglaise délicieuse. Il ne tourne pas follement sa tête à
gauche et à droite, afin de ne pas déranger les plis et
le nœud si artistement fait de sa cravate; il évite surtout — oh surtout! — de froisser ce gilet de piqué blanc
dont l'éclat et la pureté rivalisent avec la blancheur de
la neige.

Aussi les domestiques de la maison disent-ils tous :
« C'est un plaisir avec M. Adolphe, il n'y a jamais ni
tache ni poussière sur ses effets.... et vraiment, s'il
était un peu moins *fiéret*, ce serait un jeune homme
charmant; mais quant à M. Jules, c'est bien autre
chose vraiment : il faut sans cesse épousseter, brosser,
recoudre ou détacher. Ce petit brouillon n'a réellement
pour lui que d'être bon, affectueux et le meilleur enfant
de toute la contrée. »

Les deux frères côtoyèrent ainsi la Meurthe pendant
un bon quart d'heure, puis prirent à droite une voie
qui conduisait, en faisant un léger circuit, jusqu'à Mahonbonne ; mais hélas! ce chemin n'était plus pavé et
n'offrait dans tout son parcours qu'une affreuse couche
de poussière fine et blanche dans laquelle on entrait
jusqu'à la cheville.

« Mais nous ne pouvons passer par là! dit Adolphe,
en s'arrêtant tout court.

— Bah! bah! répondit son frère, risquons-nous tout

de même ; car, après tout, ce n'est que de la poussière,
et nous en serons quittes pour nous épousseter avant
d'entrer chez nos amis.

— Si nous coupions en ligne droite par ce champ,

Adolphe au contraire a pris le haut du pavé. (P. 52.)

fit Adolphe, en mettant le pied dans une pièce de terre
où poussait et verdoyait un semis de maïs.

— Mais tu n'y penses pas ! mon cher. Et le propriétaire du champ, que dirait-il, s'il nous voyait ?

— S'il nous dit quelque chose, répondit le jeune
homme avec un ton superbe qui sentait le millionnaire
d'une lieue, je lui répondrai que je suis le fils de M. de
Bouville, maître de forges et officier de la Légion
d'honneur... qu'est-ce qu'il aura à dire à cela ?

— Dame! fit Jules, il aura à dire que son champ est à lui, et qu'il y a une loi pour tout le monde, même pour les maîtres des forges et les officiers de la Légion d'honneur... et voilà ! »

Mais sans tenir compte de cette très-logique et très-judicieuse raison, le fils aîné de M. de Bouville entra résolûment dans le champ, écrasant sans pitié les jeunes et tendres pousses de maïs qui se trouvaient sous ses pieds.

« Eh là-bas !... » cria aussitôt une voix qui paraissait sortir d'un épais buisson de mûres sauvages.

Et en même temps apparut un jeune paysan de dix-huit à vingt ans qui se contenta de faire de la main un signe qui complétait sa phrase, c'est-à-dire qui invitait notre fourrageur de maïs à rétrograder.

Adolphe cependant ne tint pas compte de l'avertissement et continua de marcher en avant.

« On ne passe pas là, je vous dis, » cria le paysan en s'avançant à son tour.

Jules, qui était resté sur le bord de la route, et qui redoutait un conflit, engagea son frère à revenir.

« Eh! que me fait à moi la défense de ce rustre? dit Adolphe avec hauteur. Il me plaît de passer et je passerai.

— Je ne sais pas si le mot que vous venez de dire est une injure, fit le gardien du champ, en se campant carrément devant notre jeune homme ; mais ce qu'il y a de sûr maintenant, c'est que vous ne ferez pas un pas de plus.

— Je suis le fils de M. de Bouville! dit Adolphe avec hauteur et en agitant avec une fébrile impatience la petite badine de jonc à pomme d'or qu'il tenait à la main.

— Et moi, fit l'autre, je me nomme Jean le Têtu, et je suis ici chez moi. Allons, vite, qu'on se dépêche et qu'on sorte de mon champ. Assez de dégâts comme cela ! »

A cette injonction significative faite d'un ton quelque peu narquois, Adolphe, exaspéré et se sentant blessé dans son amour-propre de fils d'un officier de la Légion d'honneur, leva sa badine sur l'impudent..

Mais en un tour de main le jeune paysan enleva l'arme provocatrice, et la brisa en trois morceaux qu'il jeta au loin.

A cette vue, Jules ne calculant ni les droits ni les torts de l'un et de l'autre, ni les chances d'une lutte inégale, s'élança sur le lieu de la scène et se mit bravement entre les deux antagonistes.

Mais ce Jean, qui se surnommait lui-même *le Têtu*, ne paraissait pas plus ému que ne le serait un coq en face de deux poulets de la dernière couvée. C'était un jeune gars à la figure basanée, aux yeux noirs et vifs et dont tous les traits portaient l'empreinte de cette assurance calme et aisée que donnent à la fois le bon droit et la conscience d'une supériorité physique incontestable.

« Tenez, fit Jules, dont la droiture d'esprit ne se démentait jamais, mon frère a tort, j'en conviens. Combien vous faut-il pour le dommage qu'il vous a fait, en écrasant ces pousses de maïs? »

Et il tira sa bourse.

« Gardez votre argent, vous, dit Jean, vous êtes, je crois, un bon gars ; mais cet autre-là m'a dit un mot... un mot qui me fait l'effet d'être une grosse sottise. *Rustre, rustre,* qu'est-ce que c'est que cela, *rustre?*

— C'est le nom qui convient à un manant de ton espèce, s'écria Adolphe, indigné de voir son frère parlementer avec le paysan, et je te le jette de nouveau à la figure.

— Eh bien! moi, fit Jean le Têtu, je vous écris le mien sur votre petite personne blanchette et musquée. »

Et en disant cela, il tira de sa poche une poignée de mûres noirâtres et juteuses, et par un mouvement aussi prompt qu'avait été sa parole, il en bariola en zigzags le magnifique gilet, les coins de la cravate, le beau pantalon lilas et jusqu'au bout du nez du malheureux Adolphe, qui, ahuri, éperdu de voir ces horribles dessins qui le transformaient en arlequin, bondit comme un lion jusque sur la route pour chercher un échalas, une branche d'arbre, une arme quelconque enfin, pour se venger de l'affreux, de l'exécrable attentat commis sur sa personne.

L'intervention du pacifique petit Jules paraissait dès lors devoir être bien insuffisante pour conjurer la rixe qui ne pouvait manquer d'avoir lieu, et qui certes aurait pris des proportions fâcheuses, si plusieurs personnages ne fussent arrivés tout à coup.

C'étaient Ernest, Eugène et Pierrot, qui, pour voir plus tôt leurs amis de Bouville, étaient venus au-devant d'eux en se promenant.

Mais dans quel état, bon Dieu! M. Adolphe se présentait-il devant eux! C'était à lui demander son nom; c'était à le prendre pour un échappé de la maison des fous.

« Qu'y a-t-il? mais qu'y a-t-il donc? demanda vivement Eugène, tout effrayé de voir son ami Adolphe les

Adolphe, éperdu de voir ces horribles dessins....

cheveux hérissés, la figure rouge comme un coquelicot
et les vêtements couleur de lie de vin.

— C'est, répondit Adolphe, cet indigne paysan.... ce
butor... ce rustaud qui... que... »

Mais l'animation du pauvre jeune homme était montée à un si haut paroxysme que ses paroles sortaient
sans suite et presque inintelligibles ; et tout en vomis-
sant un torrent d'épithètes malsonnantes, il cherchait à
briser une grosse branche d'arbre dont il voulait se faire
une arme pour se venger.

Pendant ce temps Jules, toujours en face du paysan,
faisait bonne contenance, et menaçait de lui griffer la
figure s'il faisait un pas.

Ernest, qui avait compris le danger que couraient ses
amis, jetait les yeux de tous côtés, cherchant sans doute,
comme l'intrépide petit berger David, une mâchoire
d'âne pour exterminer ce nouveau Philistin qui se faisait nommer Jean le Têtu ; mais malheureusement il
n'eut pas la même chance que le vainqueur de Goliath,
car il ne trouva qu'une méchante racine tortue, chevelue,
menue et plutôt propre à assommer un rat qu'un géant.
Néanmoins notre intrépide écolier, quoique si mal armé,
n'en courut pas moins se ranger, comme troupe auxi-
liaire, auprès de son ami Jules.

Enfin, Pierrot, non moins brave que les autres, se
tenait sur la route, à portée du trait, et bourrant ses
poches de munitions, c'est-à-dire de cailloux, tout prêt
à commencer la bataille au premier signal.

Cependant Jean le Têtu, impassible et presque souriant, regardait avec un suprême mépris ces belliqueuses
dispositions. Il s'était contenté, afin d'être prêt à toute
éventualité, de ramasser un échalas, — d'une honnête

grosseur, il est vrai, — et s'appuyait négligemment dessus, dans le laisser-aller de l'Hercule Farnèse accoudé
sur sa massue.

Telle était l'attitude *des deux armées*. Quant à Eugène,
sa position était plus perplexe, plus difficile qu'on ne le
suppose. Il ne savait encore rien du *casus belli*[1], il
ignorait donc ainsi de quel côté étaient les torts. Toutefois, d'après l'agression brutale dont son ami Adolphe
paraissait avoir été victime, il rejeta spontanément
toute idée d'arrangement diplomatique, et s'élança d'un
bond sur le paysan qu'il saisit au nœud de sa cravate
avant que celui-ci eût eu le temps de se mettre sur la
fensive....

Mais un incident bien plus grave en vérité vint en ce
moment même jeter l'effroi dans le cœur de nos jeunes
combattants. Une épouvantable détonation ébranla l'air
tout à coup, et bientôt des cris de détresse se firent entendre à très-peu de distance de là.

La chaudière d'un train de marchandises qui passait
sur le chemin de fer entre Lunéville et Saint-Dié, venait
d'éclater.

Le conducteur-mécanicien, encore novice dans son
emploi, avait sans doute ou trop poussé sa vapeur, ou
négligé de consulter le tube régulateur ; toujours est-il
qu'une énorme fissure s'était faite à la chaudière, et
que le train, composé de quinze à vingt wagons chargés
de balles de coton, avait été brisé et jeté hors de la voie.

Par un bonheur providentiel, le mécanicien, le chauffeur et les trois hommes d'équipe qui composaient tout
le personnel de ce train, bien que lancés hors de leur

____

1. Du motif de la guerre.

poste, n'avaient pas été atteints par les éclats de cette chaudière brisée seulement en un point ; mais ils s'étaient trouvés rejetés et enfouis sous les débris des wagons et des ballots, meurtris et contusionnés.

Tout sentiment de haine et de vengeance s'éteignit aussitôt, on doit bien le penser, dans le cœur de nos six jeunes gens, qui tous, d'un commun accord, volèrent sur le théâtre de la catastrophe.

Et c'était une chose vraiment curieuse et touchante que de les voir, s'animant de la voix, s'aidant l'un l'autre à se hisser sur le talus élevé et glissant qui les séparait du lieu du sinistre.

Là, chacun trouva bientôt un devoir à remplir : Eugène, Ernest et Jules s'occupèrent de transporter sur le gazon les hommes contusionnés ou évanouis; Pierrot courait à la mare voisine chercher de l'eau, pour rafraîchir le visage des malheureux blessés.

Quant à Adolphe et à Jean le Têtu, ils étaient fort occupés ensemble, — ensemble comme une paire d'amis, — à retirer de dessous les wagons le pauvre chauffeur enseveli sous les débris.

Qu'importait alors au fils aîné de M. de Bouville qu'aux nombreuses taches de mûres qui maculaient son habillement, se mêlassent encore des taches de houille et de cambouis? Qu'était-ce que cela auprès du service qu'il rendait aux malheureux ouvriers?

Et vous conviendrez avec nous, n'est-ce pas, jeunes amis, que M. Adolphe, avec ses habits tachés et mis en lambeaux, était mille fois plus beau que dans sa fraîche toilette du matin?

Heureusement, le cantonnier, dont le poste n'était pas éloigné de là, était accouru et avait pu faire les

signaux d'usage pour demander du secours à Lunéville,
et en effet, peu d'instants après plus de cent personnes
étaient occupées à compléter l'œuvre de sauvetage et
d'humanité si énergiquement, si noblement commencée
par nos excellents jeunes gens.

On reprit donc le chemin de Mahonbonne; mais
n'oublions pas de dire qu'Adolphe et Jean le Têtu ne
se séparèrent pas sans se donner une bonne poignée de
mains; et, oubliant leur querelle passée pour ne penser
qu'à leur union dans le devouement, ils se jurèrent
une éternelle amitié

CHAPITRE VII.

La vapeur. — Mécanisme d'une locomotive.

La petite caravane, arrivée à la maison de M. B***,
se garda bien, comme on peut le croire, d'entrer par la
grille principale. Que serait devenu, hélas! le pauvre
Adolphe dans le pitoyable état où il se trouvait? son
ami Eugène, qui avait tout prévu, le fit discrètement
passer par une petite porte de service, et, l'introduisant
dans sa chambre à coucher, lui donna de quoi changer de toilette des pieds à la tête. Tout le monde, du
reste, avait à faire disparaître l'affreux désordre où se
trouvaient les vêtements, les mains et les figures, par
suite de ce travail de sauvetage opéré avec tant de dévouement.

Et tous pouvaient, en vérité, paraphraser ainsi la fameuse parole de François Ier : *Rien n'est sauvé*, fors
l'honneur.

Lorsque les toilettes furent faites et que tous nos
jeunes gens, — M. Adolphe surtout, — se crurent

dans un état présentable, on se rendit au salon, où M. B*** et les dames étaient réunis L'accueil fait aux jeunes de Bouville fut des plus affectueux. Cependant M. B***, tout en adressant de gracieux compliments aux jeunes gens, regardait Adolphe dans tous les sens avec une curiosité et une attention toutes particulières. Celui-ci, qui se doutait bien que cette inspection s'a-dressait plutôt aux habits qu'à la personne, jouissait de son embarras et affectait d'étaler devant lui les basques par trop étroites de son paletot d'emprunt, les jambes trop courtes du pantalon, le col de chemise et les boutons du gilet qui ne pouvaient joindre, etc., etc.

Mme B*** et sa sœur faisaient avec surprise les mêmes remarques et n'osaient encore rien dire. Enfin, M. B*** s'écria tout à coup :

« Ah! çà, mon cher ami, je vous demande pardon de l'observation, mais jamais, au grand jamais je ne vous ai vu fagoté de la sorte. »

Un immense éclat de rire parti de toutes les bouches accueillit ce singulier compliment.

Il fallut raconter alors toute l'histoire du train brisé et du sauvetage des blessés ; ce fut Eugène qui se chargea d'en donner tous les détails, et il n'en omit aucun, pas même l'altercation entre Adolphe et Jean le Têtu.

« Voilà, s'écrièrent ensemble Mme B*** et Mme de Monterey, quand le narrateur eut fini, voilà de char-mants et nobles enfants. Qu'en dites-vous, comman-dant? (C'est de ce nom qu'on appelait habituellement M. B***.)

— Moi, fit celui-ci, je dis qu'ils ont tous accompli

là purement et simplement un devoir d'humanité. Tout homme de cœur en eût fait autant; mais ce que j'admire le plus dans toute cette histoire, c'est cette bonne et loyale poignée de main qu'Adolphe a donnée à ce paysan; car l'aveu et le repentir d'une faute, voilà, à mon avis, la plus belle victoire qu'on puisse remporter. »

La conversation en resta là, et pour cause, car on sait que les éloges multipliés effarouchent la modestie, et finissent par amoindrir le mérite d'une belle action.

La journée se passa en causeries, en promenades, en divertissements de toutes sortes. Le bon M. de Saint-Martin livra très-gracieusement et de grand cœur son cabinet de physique et de chimie à nos jeunes gens, et ce fut un grand plaisir pour eux de passer en revue tant de beaux et curieux instruments dont le savant professeur leur indiquait le but et l'usage en accompagnant chaque démonstration d'expériences récréatives.

« Oh! quel bonheur! s'écria tout à coup Ernest en jetant les yeux sur un des rayons du cabinet. Voici une petite locomotive en miniature. » Puis il ajouta d'un ton câlin, en prenant la main du vieux professeur : « Comme je serais heureux, monsieur, si vous vouliez être assez bon pour m'expliquer, — ainsi qu'à nos amis, — comment ce terrible accident est arrivé! Il me semble qu'en voyant cette jolie locomotive qui a l'air de pouvoir être démontée à loisir, nous comprendrions tous bien mieux.

— Tout le monde est-il consentant? demanda M. de Saint-Martin en regardant avec un sourire le petit groupe de jeunes gens.

— Oui! oui! s'écria-t-on de toutes parts.

— Et Pierrot aussi?

—Ah! *ma fine!* fit celui-ci, je ne serais tout de même pas fâché de savoir ce que cette mécanique-là a dans le corps pour galoper si vite sans que personne la pousse.... Bien sûr qu'il y a de la magie ou de la féerie là-dedans.

— En effet, reprit le professeur, il y a de tout cela; mais le magicien, c'est le *feu*, et la fée, c'est *l'eau.*

— Et toute cette ferraille donc?

—Cette ferraille, c'est le *corps;* et la vapeur, c'est *l'âme* de la locomotive, c'est elle qui lui donne le mouvement et la vie. Essayons donc d'en saisir le mécanisme, les propriétés....

— Et les inconvénients, ajouta Mme de Monterey qui venait d'entrer avec Rosine.

— Allons! allons! fit M. de Saint-Martin en hochant la tête, ne disons pas trop de mal des locomotives. Elles ont du bon; qui pourrait le nier? Quant aux inconvénients, il y en a, et mes jeunes amis en ont vu ce matin un douloureux exemple. Mais, à côté, combien d'avantages! Nous avons parlé de la *vapeur.* Personne de vous ne connaît sans doute la force d'expansion, l'incroyable puissance de ce gaz....

— Ah! je crois bien que je connais cela, s'écria le bavard de jardinier. Voyez plutôt ma pauvre oreille gauche à laquelle il manque un petit bout : c'est pourtant cette scélérate de vapeur qui m'a joué ce tour-là.

—Comment cela, mon pauvre Pierrot? dit Jules.

— Voilà, monsieur. C'était fête à Sainte-Anne, il y a deux ans. J'avais dix sous dans ma poche. Vous savez, ou vous ne savez pas que j'ai toujours eu un faible pour les macarons. Fallait donc ne pas perdre de temps, m habiller et surtout me débarbouiller au plus vite. Alors, pour avoir plus vite de l'eau chaude, j'allume un bon feu, je mets de l'eau dans une bouteille, et pour que cela chauffe promptement, je n'en mets seulement qu'aux trois quarts et je la bouche, je la bouche tant que je peux. Je me tiens donc devant le fourneau, attendant que mon eau se décide.... mais patatras! voilà que tout à coup la bouteille, l'eau et le bouchon m'éclatent au nez, et.... et je n'ai pu aller que le lendemain tirer mes macarons.... et encore la tête tout entortillée et avec un bout d'oreille de moins. M. Eugène m'a dit plus tard que c'était la vapeur qui s'était formée dans la bouteille et qui, vexée de ne pouvoir sortir de sa prison, en avait brisé portes et fenêtres.

— Eh bien, mon pauvre ami, reprit M. de Saint-Martin, ta triste histoire est tout à fait celle de la locomotive de ce matin : — excès de vapeur, — explosion, etc....

— Mais quelle place lui faut-il donc à cette pie-grièche de vapeur pour se mettre ainsi à l'aise aux dépens du pauvre monde? demanda Pierrot.

— Une place à peu près 1400 fois plus grande que celle de l'eau dont elle a été formée, et bon gré mal gré, il la lui faut ou....

— Ou gare les éclaboussures! riposta le petit jardinier.

— Maintenant que nous connaissons les effets, reprit le vieux professeur, recherchons les moyens de les utiliser, et étudions ce mécanisme merveilleux, que le génie de l'homme a su mettre au service de ce moteur plus merveilleux encore. Plaçons-nous donc devant notre petite locomotive réduite ici à sa plus simple expression. On est convenu d'appeler *chaudière* ce gros cylindre fermé aux deux extrémités; c'est là que se met l'eau, c'est là que se forme la vapeur.

— Mais, objecta Rosine, il faut sans doute beaucoup de temps pour porter à l'ébullition une masse d'eau si considérable?

— Dans le principe il fallait des heures entières; mais pour donner plus de surface de *chauffe*, c'est-à-dire plus de points de contact à la flamme, on a réuni dans l'intérieur même de la chaudière un faisceau de tubes (il y en a parfois jusqu'à cent cinquante) dans lesquels circule la flamme du foyer, qui a bientôt échauffé l'eau qui les environne de toutes parts.

— Mais, dit encore Mme de Monterey, par quel moyen anime-t-on le feu de la chaudière; car ce foyer doit, ce me semble, être toujours incandescent et je ne vois ni haute cheminée ni système de soufflets.

— J'allais en effet omettre ce point. On a, il est vrai, supprimé les hautes cheminées, comme présentant quelques inconvénients, mais le tirage se fait au moyen d'un courant de vapeur qui passe par la cheminée et qui, entraînant ainsi avec elle une grande quantité d'air, produit le même effet qu'un puissant soufflet.

— Et une fois la vapeur formée, demanda Ernest, comment se comporte-t-elle pour faire fonctionner toute la machine?

— Dans la partie la plus élevée de la chaudière, se trouve le tube de *prise de vapeur* dans laquelle celle-ci se précipite, — ou en est empêchée au moyen du *régulateur* que le mécanicien manœuvre à volonté, soit qu'il se mette en marche, soit qu'il veuille s'arrêter. La vapeur se précipite, dis-je, dans la *boîte à vapeur* et de là va dans les cylindres où se trouve enfin le *piston....*

— Ah ! nous voilà arrivés au piston ! s'écria Ernest; je sais déjà qu'à cette pièce importante se trouve fixée une forte tige, qui elle-même communique avec la manivelle nommée *bielle*, laquelle fait tourner les roues de la locomotive.

— Et qui vous a dit tout cela? demanda M. de Saint-Martin.

— C'est tout ce que je savais du mécanisme d'une machine à vapeur, répondit Ernest, et à vrai dire c'est une leçon que je viens de réciter; maintenant ce qui me reste à savoir, c'est comment il se fait que cette vapeur arrivant ainsi dans une boîte bien close peut *pousser* et *repousser* en sens inverse ce piston.

— Eh bien, mon petit ami, écoutez-moi bien; dans cette boîte se trouve une plaque suspendue à un balancier et oscillant contre une des parois de la boîte à vapeur, qui elle-même est percée de deux trous ou tuyaux de dégagement par où s'échappe alternativement la vapeur, puis... mais vous pouvez maintenant deviner le reste.

— Ah !... voici ce que je suppose, dit vivement le petit écolier : un jet de vapeur vient d'abord pousser le piston et déplace ainsi le balancier qui met à découvert un tuyau de dégagement, en fermant l'autre; puis bientôt le jeu du même balancier fermant cette première ouverture, en laisse une autre à découvert, et ainsi il s'établit une alternative de pressions qui doit nécessairement donner des impulsions contraires au piston, lequel imprime ce mouvement de va-et-vient à la *bielle* qui fait tourner les roues de la locomotive.

— Si ce n'est pas là l'explication rigoureuse, c'est du moins le principe de la force motrice qui agit dans les machines à vapeur. Contentons-nous de ces données tout insuffisantes qu'elles soient et rendons grâces aux hommes de génie qui ont ainsi asservi la vapeur à leur volonté.

—Et quand toute la mécanique fait patatras! comme ce matin, dit Pierrot, qu'est-ce qui est cause de cela? Ça serait joliment intéressant à savoir; car pour mon compte, quand je vais de Lunéville à Nancy et de Nancy à Lunéville, on dit que je suis blanc comme un navet quand je sors du wagon... Ce n'est pas, ajouta le petit jardinier en renforçant crânement sa petite voix flûtée, que j'aie peur.... mais enfin, la, je suis plus tranquille dehors que dedans.

— Trois causes, répondit M. de Saint-Martin, peuvent concourir à provoquer l'explosion d'une locomotive; mais heureusement aujourd'hui les précautions que l'expérience a suggérées sont telles, que les accidents de ce genre ne peuvent plus arriver que dans le cas exceptionnel où un mécanicien-conducteur serait tout à fait inexpérimenté ou oublierait de surveiller la marche de sa machine.

— Ceci n'est qu'un détail, dit Mme de Monterey en souriant.

— Ne voit-on pas journellement, reprit le vieux professeur, des cochers conduire leur voiture sur un tas de pierres ou la lancer dans une courbe trop restreinte et la faire verser ainsi par maladresse, ou encore s'endormir sur leur siége et aller donner dans un fossé? Ici l'homme seul est coupable, et la question de principe n'y est pour rien. Il n'en est pas de même des appareils à vapeur. Une machine peut faire explosion, premièrement par un excès de tension de la vapeur contre ses parois.... Mais la sollicitude de l'administration a paré à cet inconvénient en n'admettant dans le service que les locomotives qui, d'après une épreuve réglementaire, peuvent supporter *trois fois* le maximum de la tension qu'elles sont exposées à supporter dans le service.

« Secondement, l'irrégularité de l'alimentation de la chaudière. Ici encore il a été pris des précautions infinies : un *flotteur*, un *manomètre*, des *plaques fusibles* qui fondent à une chaleur moindre que celle qui pourrait produire l'explosion, sont des appareils que le mécanicien doit consulter sans cesse.

« Enfin, les incrustations salines ou calcaires qu'une eau de mauvaise qualité aurait déposées sur les parois de la chaudière, peuvent concourir à sa détérioration... mais des nettoyages fréquents peuvent obvier à cet inconvénient, d'ailleurs peu à craindre.

— Et les déraillements? demanda Adolphe.

— Encore un détail, mon cher ami ; et là, la malveillance, les instincts mauvais ont largement leur part. On ne peut pas plus préserver un train contre ces tentatives coupables, que sa maison contre les incendiaires ou les voleurs. Eh bien, malgré toutes ces chances mauvaises, la sécurité est plus grande en chemin de fer qu'en voiture. En effet, on a calculé que les chemins de fer coûtent la vie à un voyageur sur un million, tandis qu'en voiture il y a un homme de tué sur dix mille. Vous voyez donc qu'on peut se confier à la vapeur sans faire son testament.

— Ah !... fit Pierrot, en poussant un gros soupir de satisfaction, j'avais besoin d'entendre tout cela. Il me semble maintenant que je vais être brave comme un César à mon premier voyage à Nancy.

— Et nous vous remercions tous, ajouta Mme de Monterey, en saluant gracieusement le vieux professeur, de cette explication, et je dirai aussi, comme Pierrot, j'avais vraiment un peu besoin de ces bonnes et rassurantes paroles. »

CHAPITRE VIII.

La journée avait été complète sous tous les rapports : ayant commencé par une bonne action, elle devait finir par une récompense. Le bon M. de Saint-Martin s'était chargé de cette dernière partie du programme : il avait organisé une sorte de fête dans le goût de nos jeunes gens, qui, ayant lu la veille la description d'une magnifique ascension exécutée par le célèbre aéronaute Godard, semblaient désireux de connaître un peu ce gaz merveilleux qui a la propriété d'enlever dans les airs des masses ausssi considérables.

« Le spectacle, avait dit M. de Saint-Martin, en accentuant comiquement sa harangue, sera composé de trois parties que nous essayerons de rendre aussi intéressantes que possible, pour la satisfaction particulière de l'honorable auditoire. Premièrement, ascensions de petits ballons captifs ; secondement, — et ce sera là la partie didactique, — narré succinct et véritable de mes impressions de voyage à la lune ; troisièmement, expériences brillantes et détonantes de bulles hydrogéniques, terminées par une splendide illumination *ejusdem farinæ*. »

A cette séduisante annonce, les cris de joie, les trépignements, les hourras ! retentirent dans tout Mahonbonne et l'on se précipita dans le jardin du bon professeur, le directeur, l'impresario de la fête.

Dans une jarre au large ventre avait été mise une certaine quantité de limaille de fer, sur laquelle on versa de l'acide sulfurique[1] étendu d'eau. A peine ces deux ingrédients furent-ils en contact, qu'il se produisit dans le vase un fort bouillonnement avec accompagnement d'une chaleur assez intense, puis un gaz d'une odeur âcre et nauséabonde s'en échappa abondamment; mais M. de Saint-Martin se hâta d'ajuster à l'orifice de la dame-jeanne quelques tubes en caoutchouc, dont l'autre extrémité allait s'adapter à de charmants petits ballons en *baudruche*[2], et quand ces légers appareils se trouvèrent suffisamment gonflés, on leur donna la liberté. On vit alors s'élever dans les airs cette flottille multicolore qui se balança gracieusement aux yeux des spectateurs émerveillés, mais qui, retenue captive au moyen de ficelles, se tint suspendue en l'air à la portée de la vue.

1. L'acide sulfurique se nommait autrefois *huile de vitriol*. On l'obtient par la combinaison du *soufre* avec l'*oxygène*. C'est un des agents les plus énergiques et les plus importants de la chimie ; on s'en sert pour la fabrication des autres acides, dans l'affinage de l'argent et dans un grand nombre d'opérations industrielles.

Il se combine dans la nature avec les oxydes métalliques ; il se retrouve dans le plâtre, le spath, etc. Enfin on constate sa présence à l'état de liberté dans des sources et des volcans.

2. La *baudruche* est une membrane fort mince qui tapisse le gros intestin du bœuf et du mouton.

Pierrot, le nez en l'air, la bouche ouverte et les bras
doctoralement croisés, semblait plongé dans une admi-
ration profonde et dans les réflexions les plus ardues.

« C'est drôle ! s'écria-t-il enfin ; dernièrement le
cuisinier m'avait donné la vessie de défunt le gros porc
noir, — qui nous a fourni de si délicieux boudin, — et
je me rappelle bien qu'après avoir gonflé cette vessie

Je ne l'ai pas vue s'enlever du tout.

en soufflant dedans de toute la force de mes poumons,
je ne l'ai pas vue s'enlever du tout, si ce n'est à grands
renforts de coups de pied et de coups de poing... Mais
voilà : faut absolument, à ce qu'il paraît, avoir de cette
drogue que l'on a mise dans la dame-jeanne, et ça doit
coûter les yeux de la tête... ou bien faut être tout à
fait sorcier.

— Eh ! mon pauvre Pierrot, dit M. de Saint-Martin, qui avait entendu cet aparté, ne te désole pas tant ; avec une poignée de paille tu seras tout aussi sorcier que moi.

— Comment cela ? s'écrièrent les enfants.

— Rien de plus facile, répliqua le vieux professeur, et votre appareil n'aura fait que changer de nom : il s'appellera alors une *montgolfière*, et pour le faire enlever aux nues, comme nos petits ballons, nous n'emploierons pas autre chose que de la paille...

— Vraiment ! s'écria le petit jardinier : je n'aurais eu qu'à bourrer de paille la vessie de notre porc et elle se serait envolée ?

— Cela n'est pas bien sûr, dit M. de Saint-Martin en souriant ; mais voici le procédé : Construisons un ballon soit avec de la toile, de la soie ou même du papier, laissons à sa base une ouverture assez large, puis suspendons au-dessous de cette ouverture, au moyen de petites chaînettes, une plate-forme en grillage ou en fer-blanc très-mince et légèrement concave.

— Bon ! je comprends, fit Pierrot, à peu près comme la planche d'une balançoire.

— Puis mettons sur cette plate-forme de la menue paille un peu humide et allumons-la. L'air chaud provenant de la combustion de cette paille remplace celui qui est dans le ballon, s'y raréfie, et, devenant ainsi plus léger, emporte avec lui la montgolfière, la plate-forme, et si l'appareil est considérable, les hardis aéronautes qui oseraient courir les chances d'un tel voyage...

— Pas possible ! fit Pierrot ébahi ; on m'avait dit qu'autrefois les sorcières s'envolaient dans les airs sur un manche à balai ; je commence à le croire, puisque je vois maintenant qu'on peut y aller à cheval sur une botte de paille.

— Tout cela est merveilleux, monsieur, dit Ernest; mais qu'est-ce donc que ce gaz si léger et si puissant tout à la fois qui peut enlever un ballon, sa nacelle et plusieurs personnes à la fois?

— C'est le *gaz hydrogène*, répondit M. de Saint-Martin, gaz qu'on nomme quelquefois *air inflammable*, et qui est quatorze fois et demie plus léger que l'air. Son nom signifie *générateur de l'eau*, et en effet...

— Comment! dit Mme B***, on ferait de l'eau avec ce gaz?

— Vous allez en faire vous-même, répondit M. de Saint-Martin. Tenez, s'il vous plaît, cette soucoupe au-dessus de ce peu de gaz, et voyez.

— En effet, s'écria-t-elle, la soucoupe est tout humide de gouttelettes de l'eau la plus pure.

— L'eau n'est donc réellement qu'une combinaison d'hydrogène et d'oxygène qui se manifeste d'abord sous forme de gaz, et qui, par le refroidissement, passe à l'état liquide.

—Eh bien, demanda Mme B***, l'hydrogène doit se trouver à peu près partout? car il y a de l'eau dans les plantes, dans les fluides et les tissus des animaux.

—Certainement, puisque la chimie constate que l'eau, je le répète, est un corps composé de deux volumes d'hydrogène et d'un volume d'oxygène... puis... mais je m'arrête, car je vois que je me laisse emporter par des réminiscences d'ancien professeur de chimie: ce sont de vieux souvenirs que je ne dois pas rappeler en cet heureux temps de vacances; réservons pour une autre époque la partie sérieuse de la science.

— C'est vrai, dirent étourdiment les enfants, le jour de la *rentrée* arrivera bien assez tôt.

— Le roses aujourd'hui, ajouta en souriant Mme B***, les épines plus tard. »

Cette dernière phrase termina la séance, car la cuisinière annonça, en faisant sa plus belle révérence, que le dîner était servi.

« Eh bien! mes bons amis, dit M. de Saint-Martin, rentrons, puisqu'il le faut, mais je ne vous tiens pas quittes de mon hydrogène. Nous y reviendrons, et vous verrez que ce gaz offre plus d'intérêt que son nom grec ne pourrait le faire croire. »

CHAPITRE IX.

Le repas fut gai et plein d'entrain; il ne pouvait pas
en être autrement dans les conditions où se trouvaient
les convives : deux bonnes familles réunies, des écoliers
en vacances, une affection franche et réciproque, en
faut-il plus pour que le contentement soit dans tous les
cœurs?

Au dessert, on rappela au bon professeur sa promesse de raconter ses impressions de voyage dans l'ascension qu'intrépide aéronaute il avait faite en ballon.

Mais, avant que M. de Saint-Martin eût ouvert la
bouche pour répondre, les questions, les exclamations
se multipliaient de toutes parts.

« Eh quoi ! disait l'un, vous avez été plus haut que
les nuages?

— Avez-vous eu froid ou chaud là-haut? disait un
autre.

— La respiration ne vous a-t-elle pas manqué lorsque vous avez été emporté avec tant de rapidité? ajoutait un troisième.

— Il me serait assez difficile de vous répondre à tous en même temps, dit M. de Saint-Martin en riant; je vous demanderai donc la permission de mettre un certain ordre dans ce que j'ai à vous dire. Et d'abord, je dois vous affirmer que je ne me suis nullement senti emporté avec cette effrayante rapidité que vous supposez.

— Comment! dit Ernest, mais un ballon, quand les cordes sont lâchées, semble être deux fois plus rapide qu'un train express.

— Je ne dis pas non, mon petit ami; mais ce qu'il y a de certain, c'est que moi, moi qui vous parle, j'étais aussi tranquille et je me sentais presque aussi immobile dans mon ballon que je le suis en ce moment sur cette chaise. »

A cette assurance, faite d'un ton calme et sérieux, une expression d'incrédulité se peignit sur la figure des auditeurs.

« Je croyais même, ajouta le bon professeur, que la machine n'avait pas encore bougé de place, quand je m'avisai de regarder au-dessous de moi. Oh! alors, ce fut bien autre chose : ce n'était plus moi qui montais, mais c'était la terre elle-même qui semblait s'enfoncer dans un abîme immense; les maisons, les arbres, les hommes, tout se rapetissait d'une manière effrayante. Bientôt Paris, l'immense cité, ne fut plus qu'une étroite enceinte, dont les rues, les places et les boulevards, confusément enchevêtrés, ressemblaient au filet d'un pêcheur. Les becs de gaz n'étaient plus à mes yeux que de petits vers luisants ; puis peu à peu l'obscurité se fit sur tout cela, et je ne vis plus rien.

« Il faisait nuit noire sur la terre.... je levai les yeux ; j'étais en pleine lumière, ébloui par les rayons du soleil.

— En effet, interrompit M. B***, j'ai joui moi-même de ce singulier spectacle, lorsque je suis monté, il y a trois ou quatre ans, au sommet du Canigou, dans les Pyrénées. La nuit était complète pour les habitants de la plaine, que j'admirais encore à l'horizon les splendides rayons du soleil couchant.

— Bientôt, reprit M. de Saint-Martin, j'éprouvai une sensation d'un autre genre, ou plutôt un malaise insupportable. Il me semblait que mes nerfs se déplaçaient, se gonflaient dans tout mon organisme ; une sorte d'étouffement me pesait sur la poitrine, et j'avais une peine extrême à respirer.

— Cependant l'air ne pouvait pas vous manquer, dit Mme de Monterey ; il devait être là-haut bien pur et bien léger, ce me semble.

— N'oubliez pas, madame, qu'il faut 760 litres d'air pour faire équilibre au poids d'un kilogramme, et qu'en mesurant bien ce que notre corps offre en superficie, nous sommes forcés de convenir que nous sommes constamment chargés d'un poids qui..., mais je vais vous effrayer..., d'un poids de 16 800 kilogrammes.

— Mais c'est impossible ! s'écrièrent tous les auditeurs à la fois ; un poids aussi énorme nous écraserait.

— Je vais tout de suite vous faire comprendre que la chose est possible. Ces 760 litres d'air, dont nous venons de parler, équivalent en poids à 1 litre d'eau ; or, lorsque vous, messieurs les jeunes gens, lorsque vous

vous baignez, parfois ne vous prend-il pas le caprice de plonger assez profondément? alors....

— Alors je comprends! s'écria vivement Ernest, l'eau, dont je dois avoir sur la tête une charge à écraser un bœuf, me pressant en même temps par-dessous et par tous les côtés, rétablit un équilibre qui m'empêche de sentir ce poids autrement que d'une manière générale, et par conséquent presque insensible.

— Il en est de même de l'air, et ces 16 800 kilogrammes passent, pour ainsi dire, inaperçus, car ce poids, loin d'être gênant, nous est même nécessaire, indispensable. Mais là-haut, dans mon ballon, j'avais rudement à lutter et énormément à souffrir de la raréfaction de l'air. Les couches d'air des hautes régions, subissent une pression moindre que celles qui sont voisines du sol, et je nageais pour ainsi dire dans un vrai récipient de machine pneumatique.

— Qu'est-ce donc, demanda Jules, qu'une machine pneumatique?

— Venez dans mon cabinet, vous en verrez une, et l'expérience que nous ferons vous convaincra bien plus que toutes mes paroles. »

La proposition fut acceptée avec joie et tous se rendirent dans le cabinet du bon M. de Saint-Martin. Là on trouva un appareil muni d'un corps de pompe, d'un piston, etc., et communiquant par un tube à un vase placé à demeure, au milieu d'un plateau. Le professeur dit alors à Jules de mettre sa main bien ouverte sur ce vase, qui était assez petit pour que l'ouverture en pût être close exactement.

Jules obéit, et M. de Saint-Martin donna deux coups de piston.

« Aïe! aïe! s'écria le jeune de Bouville, mais qu'est-ce qui me tire donc ainsi ma main par-dessous? Je ne peux plus m'en aller.

— Ce n'est certes pas moi qui vous retiens, dit en riant le vieux professeur, mais je suppose grandement que l'air, pesant en ce moment *sur* votre main et étant

Aïe! aïe! s'écria le jeune de Bouville.

tout à fait absent *par-dessous*, cet équilibre, dont nous parlait tout à l'heure votre ami Ernest, est rompu, et je vous vois condamné, mon petit ami, à rester là jusqu'à ce que, tournant ce robinet qui va remettre de l'air dans le vase, je rende la liberté à votre main endolorie. Eh bien, monsieur, je ne veux pas prolonger davantage mon expérience et votre supplice, car je suppose que votre position n'est rien moins qu'agréable, n'est-il pas vrai? »

Une fois libre, Jules se hâta de regarder sa main, et remarqua que les chairs étaient légèrement rouges et tuméfiées.

« Eh bien! ajouta M. de Saint-Martin, voilà à peu près la position où je me trouvais dans les régions élevées où m'avait emporté le ballon; mes veines se gonflaient, ma poitrine, qui n'était plus comprimée par son poids normal d'air, était cruellement oppressée; le sang même commençait à perler sur mes mains et sur tout mon corps, à me sortir par les oreilles et par le nez, et certes mes compagnons et moi nous aurions infailliblement péri, si nous ne nous étions hâtés de descendre.

— Et comment fait-on pour descendre avec un ballon qui tend toujours à monter? demanda Adolphe.

— En le rendant peu à peu moins léger, c'est-à-dire en lui faisant perdre de son gaz.

— Mais, objecta de nouveau le jeune homme, si en descendant ainsi on se trouvait tout juste au-dessus d'un lac, d'une rivière, d'un clocher, comment éviter ces obstacles dangereux?

— La déperdition du gaz, répondit M. de Saint-Martin, a alourdi votre ballon; jetez du lest, c'est-à-dire du sable dont on a eu soin, en partant, de remplir le fonds de la nacelle, et vous le rendez momentanément plus léger; il se relève donc un peu, surtout si vous fermez en même temps la soupape par laquelle vous donniez issue au gaz.

— Ah! je comprends, interrompit Adolphe : le ballon remontant un peu, on attend que le vent l'ait poussé en lieu plus sûr, et alors on recommence l'opération de la descente,

— C'est précisément cela. Et j'ajouterai que, lorsqu'on est au bout d'un tel voyage, on éprouve un bien-être, un bonheur indicible à revoir la terre, les arbres, les fleurs ; car c'est un spectacle grandiose, il est vrai, mais bien monotone et bien triste, que de ne voir absolument que l'air, et toujours l'air tout autour de soi ; le marin, en pleine mer, voit au moins deux éléments, l'eau et le ciel, mais là-haut il n'y en a absolument qu'un.

— Ma foi ! moi, dit Pierrot, je crois que je préfère et que je préférerai toujours le plancher des vaches : au moins on y a le pied solide. »

Un regard de mécontentement, qui passa comme une ombre sur le visage de Mme B***, et qui n'échappa pas au petit bavard, lui fit comprendre que ses comparaisons n'étaient pas toujours de bon goût. Il se mordit les lèvres en rougissant, et se promit d'être dorénavant plus réservé dans son langage.

« Nous n'en avons pas fini cependant avec l'hydrogène, reprit M. de Saint-Martin ; ce gaz joue un rôle trop important dans la science et même dans l'économie domestique, pour que nous n'en parlions pas encore un peu. Vous connaissez tous le gaz d'éclairage ?...

— Ah ! c'est vrai, dirent aussitôt les enfants, le gaz qui remplace les réverbères et que l'on fabrique avec du charbon de terre.

— Eh bien, ce n'est autre chose que du gaz hydrogène.

— Oui. Mais comment cet hydrogène sort-il du charbon ?

— Rien n'est plus facile. Il me faudrait seulement.... quoi ? Oh ! mon Dieu, une méchante pipe d'un sou suffirait : où en aurons-nous donc une ?... J'espère toutefois, ajouta le vieux professeur, que nous n'en trouverons pas dans les poches de ces messieurs? »

Un signe de dénégation fut la réponse que firent en riant nos jeunes gens.

« Ma foi, je mets la honte de côté, dit le commandant, j'ai là-haut, accroché avec mes anciens pistolets de dragon, certain instrument qui pourrait bien ressembler à ce que vous me demandez, et si vous me promettez, mon vieil ami, que cette pipe vénérée n'aura pas le sort de la locomotive de ce matin, je vous la confierai volontiers. »

L'objet fut aussitôt apporté ; c'était en effet une respectable pipe, dont la teinte brune accusait de longs services ; aussi M. de Saint Martin la traita-t-il avec tous les égards dus à un vieux compagnon de guerre.

« Ce petit instrument, dit-il, va vous représenter toute une usine à gaz. Voyez, je mets dans le fourneau de la pipe un peu de charbon de terre en poudre, puis j'en lute très-hermétiquement l'orifice avec cette argile détrempée et je chauffe.... Mais je m'arrête là, fit le professeur en regardant M. B***.

« Pensez-vous, mon ami, lui dit-il, que votre chère compagne des bivouacs résistera à l'épreuve ?

— Allez toujours, répondit en riant le commandant, elle en a vu bien d'autres à Moscou, quand je n'avais qu'elle pour me réchauffer les doigts et le bout du nez.

— Alors je me risque, » dit M. de Saint-Martin, en posant la pipe, le tuyau en l'air, sur un fourneau que peu à peu il rendit plus ardent.

Bientôt en effet on vit sortir par ce tuyau un courant de gaz, — que nous appellerons, puisqu'il était le résultat d'une combustion, du gaz *carboné*. Puis une allumette enflammée en ayant été approchée, on vit apparaître un magnifique jet de lumière qui dura tant que le charbon de terre put lui fournir de l'aliment. De plus, on put constater, comme complément de l'expérience, qu'un fluide aqueux et une sorte d'huile visqueuse, ou pour mieux dire du goudron, suintaient à l'extrémité du tuyau.

Lorsque tout fut consommé, le professeur fit tomber le résidu du charbon de terre qui était resté dans la pipe, et le montrant aux enfants :

« Voilà, dit-il, du *coke*. Tous les phénomènes de la fabrication du gaz d'éclairage vous sont donc complétement démontrés par cette bien simple expérience. Il ne nous reste plus qu'à remercier notre cher commandant d'avoir bien voulu risquer sa pipe, que je lui rends parfaitement intacte.

— Et fort heureusement pour moi, ajouta en riant M. B***, qu'elle est reléguée maintenant et à tout jamais, au magasin des antiques ; car elle vient de prendre une odeur de goudron qui serait loin de parfumer le tabac.

— Oh ! c'est-i, c'est-i dommage, murmura Pierrot, que je n'aie pas en ma possession une pauvre pipe de deux liards : je m'amuserais joliment à faire ce tour-là.

— Tu peux parfaitement te passer de pipe, lui dit M. de Saint-Martin qui l'avait entendu. Tâche de te procurer une très-grande feuille de papier fort ; tu la rouleras en cornet le plus mince possible, en ayant soin de ménager au sommet de ce cône un tout petit trou ; puis tu mettras le feu à ton papier par en bas ; bientôt il sortira par ce trou un jet d'hydrogène carboné fourni par la combustion du papier....

— Et comment constatera-t-on la présence de ce gaz? demandèrent les enfants, qui s'intéressaient déjà à cette nouvelle expérience.

— En approchant de ce gaz une allumette enflammée, répondit le professeur, vous verrez apparaître aussitôt une petite flamme bleuâtre qui ne sera autre chose que du gaz hydrogène.

— Allons, dit Ernest, en mettant quelques notes sur son cahier, me voilà assez bien renseigné sur ces trois gaz : azote, oxygène et hydrogène. Je sais déjà que l'oxygène et l'azote vivent en bonne confraternité ensemble, puisqu'ils s'entendent si bien pour nous faire exister, mais comment l'hydrogène et l'oxygène vivent-ils ensemble?

— Fort mal ordinairement, répondit M. de Saint-Martin, et je vais vous en donner une idée; mais pour cela il me faudrait....

— Encore une pipe? demanda vivement Pierrot.

— Non; mais cinq ou six de ces grandes baguettes qui te servent à ramer les pois.

— Oh! quel bonheur! exclama le petit paysan en faisant une énorme gambade, je vais être pour quelque chose dans les tours de malice qu'on va faire. »

Puis il s'élança comme un éclair vers son jardin, d'où il ne tarda pas à revenir avec une brassée d'échalas.

« Vous, mademoiselle Rosine, continua le professeur, je vous donne la charge de me faire une bonne eau savonneuse dans la plus grande terrine que vous pourrez trouver à la cuisine. Vous voudrez bien la faire déposer au beau milieu de la cour.

« Pendant ce temps, notre ami Eugène et moi nous nous occuperons de la chose principale; il faut pour cela des gens exercés, car il ne s'agit de rien moins que de faire de l'oxygène et de l'hydrogène.

— Et nous? quelle sera notre tâche? demandèrent simultanément Ernest, Adolphe et Jules.

— Vous, messieurs, je vous nomme d'emblée artilleurs de ma garde, et je remets en conséquence entre vos mains ces longues baguettes apportées par notre ami Pierrot. Veuillez fixer à l'extrémité un de ces modestes luminaires bourgeois nommés vulgairement rats-de-cave. Vous prendrez vos distances autour de la susdite terrine et vous attendrez le commandement de : feu! »

Un quart d'heure à peine suffit pour tous ces préparatifs; cependant, comme la nuit arrivait, M. de Saint-Martin voulut ajouter à la décoration et à l'embellissement de la soirée. Il disposa sur les marches du perron et sur la balustrade qui séparait la cour du jardin quelques matras à long col dans lesquels on avait mis préalablement de la limaille de fer et de l'acide sulfurique, deux substances qui, mises ainsi en contact, dégagèrent abondamment un gaz — toujours de l'hydrogène — qui, une fois enflammé, produisit une splendide illumination.

« Canonniers à vos pièces! » cria d'une voix de stentor M. de Saint-Martin, qui arrivait tenant sous son bras une grosse vessie emmenchée d'un long tube de verre, et contenant ces deux ennemis mortels qui ne peuvent vivre ensemble sans se chamailler, c'est-à-dire deux litres d'hydrogène et un litre d'oxygène.

En ce moment entrèrent M. et Mme de Bouville qui venaient chercher leurs enfants; mais quelle fut leur surprise de voir tout le monde, y compris M. B*** et sa sœur, rangés autour d'une terrine et ayant tous une longue perche allumée à la main.

« Ah çà! mais,... s'écria M. de Bouville, on tient donc le sabbat ici! Est-ce quelque diable au pied fourchu qu'on va évoquer?... »

Pour toute réponse, la petite bande joyeuse lui sauta au cou, ainsi qu'à la bonne Mme de Bouville, et sans autre explication on leur mit entre les mains une de ces fameuses perches illuminées et on leur fit prendre rang dans le cercle cabalistique.

M. de Saint-Martin s'approcha alors de la terrine et y plongea son tube effilé, en pressant en même temps la vessie.

Aussitôt une bulle toute resplendissante des plus belles couleurs de l'arc-en-ciel s'éleva majestueusement en l'air.

« Feu! » cria le professeur.

Mme B***, plus leste que les autres, l'atteignit de sa perche enflammée.... Aussitôt une formidable explosion s'ensuivit et toute l'assemblée fit un cri de surprise.

Pierrot, plus terrifié que les autres, exécuta une telle cabriole en arrière que son pauvre Moustache et lui roulèrent les quatre pattes en l'air sur le sable.

Personne heureusement ne s'aperçut de ce très-léger accident, et nos deux individus purent se remettre debout sans dommage pour leur réputation.

Mais le feu était sur toute la ligne, les bulles d'hydrogène se succédaient sans interruption et chacun courant après se disputait le plaisir de les faire détoner, dans cette cour où flamboyaient de toutes parts des jets de gaz improvisés, c'était un pêle-mêle, un tohu-bohu des plus animés, des plus divertissants. Des cris de joie couvraient parfois le bruit de la mousqueterie; les grands parents ne paraissaient ni moins animés, ni moins enthousiastes que les jeunes gens. Tout le monde en un mot, pères, mères, garçons et filles, n'étaient qu'un joyeux troupeau d'enfants.

Enfin la fameuse terrine s'épuisa, les bras se lassèrent et les becs de gaz éparpillés çà et là s'éteignirent faute d'aliment. De guerre lasse tout rentra dans le silence et le calme.

Ainsi finit cette journée, qu'on pourrait appeler hydrogénique, car c'est l'hydrogène qui véritablement en avait fait les honneurs.

Les deux bonnes familles se séparèrent après force protestations d'amitié et de grandes promesses de se revoir, et tous, les enfants surtout, enchantés, éblouis des merveilles de la soirée, allèrent se mettre au lit pour en rêver encore.

CHAPITRE X.

**Visite à la ferme. — Le voleur de fruits. — Rustaut.
Analyse d'une boulette à l'arsenic.**

Le lendemain de cette fête pyrotechnique, M. de
Saint-Martin vint de bonne heure trouver nos jeunes
gens qui déjà avaient expédié le premier déjeuner du
matin et qui, comme les solitaires de la Thébaïde, prenaient leur bâton de voyage pour se mettre en route,
sans avoir arrêté encore de quel côté ils tourneraient
leurs pas.

« Où va-t-on aujourd'hui? dit allégrement le bon
professeur. Pour moi, je me sens ce matin tout gail-
lard, et je crois en vérité avoir retrouvé mes jambes de
quinze ans. Je viens donc sans façon vous demander
de m'admettre dans votre caravane.

— Oh! quel bonheur! s'écria toute la joyeuse troupe,
en entourant, en fêtant cet excellent ami de la maison.
Quelle bonne fortune de vous avoir aujourd'hui avec
nous! Ce sera vous qui déciderez où nous devons aller,
ou bien nous allons jeter la paille au vent pour choisir
un chemin.

« — Eh bien, puisque vous me consultez, dit M. de Saint-Martin, je propose d'aller faire un tour jusqu'à ma jolie petite ferme des *Églantiers*, qui n'est qu'à deux kilomètres d'ici.

— Et cela ne vous fatiguera pas trop? demanda Eugène.

— J'irais, je crois, de mon pied léger, jusqu'à Pékin, répondit le bon vieillard, en agitant vaillamment sa canne. Eh bien, en route, si vous voulez bien.

— Cela nous fera gagner de l'appétit pour midi, dit Ernest.

— Et sans compter, ajouta M. de Saint-Martin, que nous pourrons rapporter de là-bas notre dessert, car je sais qu'on vient de faire aux Églantiers une magnifique cueillette de pêches et d'abricots.

— Au moins, pensa Pierrot, voilà une promenade qui a un but, qui a son utilité, son agrément; elles devraient bien être toutes comme cela. »

On partit immédiatement, et la route se fit en devisant joyeusement sur toutes choses. En moins d'une demi-heure on était arrivé.

« C'est étonnant, dit M. de Saint-Martin, en entrant le premier dans le petit potager qui précède l'habitation, je n'entends ni babiller, ni rire aujourd'hui! La ferme de Riguier est rarement aussi silencieuse, car depuis le père jusqu'aux enfants, jusqu'aux coqs et aux poulets, tout rit, tout chante, tout gazouille ici! Qu'y a-t-il donc de nouveau aux Églantiers? »

On arriva enfin à la maison. Près d'une table, et dans l'ombre, le fermier, la tête appuyée sur ses deux mains, semblait absorbé dans un chagrin tel, qu'il n'entendit pas entrer la petite société. A ses côtés était un fusil de chasse et à ses pieds était étendu un beau chien de montagne qui paraissait privé de vie.

« Riguier! dit à haute voix M. de Saint-Martin, qu'est-ce donc? quel drame lugubre s'est-il passé ici? Eh quoi! ton bon et fidèle Rustaut est là sans mouvement; serait-il mort? »

Le fermier releva brusquement la tête, ses yeux étaient rouges de larmes, sa voix altérée par une violente émotion.

« Hélas! monsieur, dit-il, oui, Rustaut, mon pauvre Rustaut est mort.... et c'est moi qui l'ai tué!

— Et comment cela est-il arrivé? demandèrent tous les enfants avec empressement.

— C'est à ne pas y croire, dit le fermier avec un accent douloureux. Vous connaissez depuis longtemps, n'est-ce pas, mon pauvre Rustaut? Vous savez combien il était intelligent, bon, fidèle, courageux. Quand je quittais la maison pour aller aux champs, je n'avais qu'un signe à lui faire, il s'installait sur le seuil, et je savais qu'il n'y avait serrure, verrous, ni cadenas qui eussent mieux défendu ma porte. Si je partais en voyage avec lui, son escorte valait celle de tout un escadron de gendarmes. Que de fois ne m'a-t-il pas amené, en les tenant par.... certains endroits de leurs vêtements, des nuées de petits bambins qui au sortir de l'école vont marauder par les vergers ou par les vignes! La semaine dernière encore, n'a-t-il pas retenu par sa jupe ma petite Babet qui glissait dans la mare? Enfin je ne l'aurais pas échangé contre tout l'or du monde, quand un affreux accident l'a mis dans l'état où vous le voyez là. »

Riguier, que le chagrin suffoquait, fit une pause

pour retrouver quelque peu de courage, puis continua :

« Vous vous rappelez, monsieur de Saint-Martin, que je vous avais fait dire par le garde que je vous porterais très-incessamment ma première cueillette de pêches et d'abricots. Ce matin donc, en attelant ma jument pour me rendre chez vous, j'avais cru remarquer un grand fainéant qui rôdait autour du fruitier, là-bas au bout du verger.

« Rustaut, dis-je à mon chien, va là-bas et fais bonne « guette, » et je lui montrai l'endroit seulement du bout du doigt. La pauvre bête me comprit tout de suite, et partit.

« Cocotte attelée, ma soupe mangée et mon fouet à la main, je dis à ma petite Babet d'aller relever Rustaut de sa faction, pour en monter une autre à la porte de la maison. Il n'y a que trois minutes pour aller et venir d'ici au fruitier, et déjà un bon quart d'heure s'était écoulé, et ni la petite ni le chien ne revenaient. « Ils « s'entendent tous deux, bien sûr, me dis-je, pour me « chiper mes abricots. Allons voir. »

« Mais à peine avais-je fait cette supposition, que j'entendis mon Rustaut aboyer d'une façon tout extraordinaire; c'était un cri forcé, mourant, une sorte de râle, puis en même temps Babet pleurant, criant, appelant au secours.

« En moins d'une minute je fus là, m'étant, à tout hasard, muni de mon fusil. Jugez, messieurs, de ma surprise ou plutôt de mon effroi, en apercevant mon chien les yeux injectés de sang, le poil hérissé et se traînant avec effort vers ma petite Babet qu'il avait déjà jetée par terre, et qu'il repoussait avec une sorte d'acharnement de la porte du fruitier. Cette porte cependant était fermée, mais on voyait que Rustaut l'avait mordue, ébranlée et presque démolie.

« Une idée subite me passa alors par l'esprit : je crus mon chien enragé; et sans autre réflexion, tout épouvanté que j'étais de le voir se ruer sur mon enfant, je saisis mon fusil, et j'envoyai deux balles dans les flancs du pauvre animal.

« Fatale erreur! reprit le fermier avec des larmes dans la voix, je venais de tuer le défenseur de mon enfant, l'ami de toute la famille, la plus généreuse bête qui fût au monde!!!

« Rustaut se débattit quelques secondes encore contre l'horrible souffrance qu'il endurait, puis tourna ses yeux mourants sur Babet et sur moi, et vint tomber sans vie à mes·pieds.

« Je me baissais pour l'examiner de plus près, quand j'entendis briser une lucarne dans le fruitier et je vis le rôdeur de la veille se glisser du toit et s'enfuir à toutes jambes à travers la campagne.... Oh! que je regrettai alors de n'avoir plus un bon coup de fusil à adresser à ce misérable....

— Et tu aurais eu grand tort, interrompit vivement M. de Saint-Martin. Qui se fait justice soi-même en pareil cas méconnaît les lois de son pays, et s'ôte par là tout pouvoir de poursuivre efficacement le vrai coupable.

— C'est égal, reprit le fermier, en fermant ses poings de colère, je vais faire ma déposition au maire, et si je peux le faire pendre.... ça me fera au moins une consolation.

— Je t'aiderai moi-même de tout mon pouvoir, lui dit le vieux professeur, mais non pas à faire pendre ce

voleur de fruits, mais à le faire punir comme il le mérite.

« Je crois même, ajouta-t-il, après avoir réfléchi
quelques instants, que j'aurai quelque chose d'assez
important à te faire ajouter à ta déclaration. Allons
inspecter les lieux, car je suppose fort que l'état de
prostration et de souffrance où tu as vu ton pauvre
Rustaut est le résultat d'un empoisonnement.

— C'est bien présumable, dit Riguier, car la pauvre
bête se voyant dans l'impossibilité d'atteindre ce grand
faignant qui s'était enfermé dans le fruitier, a voulu au
moins, en empêchant Babet d'en approcher, la mettre
à l'abri de toute atteinte.

— Quelle intelligence, quel dévouement dans un
animal ! » s'écrièrent les enfants.

Tout en causant ainsi, on s'était rendu au fruitier, et
le premier objet qu'on aperçut ce fut une énorme boulette composée de mie de pain et de viande hachée.

« C'est cela même que je tiens à analyser, dit M. de
Saint-Martin.

— En ce cas, dit Pierrot, j'emporte la pâtée. Dieux!
que ça sent bon! mais je réponds bien que ni moi ni
Moustache nous ne serons assez bêtes pour y toucher
seulement du bout du doigt. »

Et en effet le défiant petit jardinier enveloppa cette
viande, avec toutes sortes de précautions, dans une
large feuille d'aristoloche.

Chacun alors adressa les paroles les plus affectueuses
et les plus consolantes au pauvre fermier et on le quitta
pour reprendre le chemin de Mahonbonne avec l'esprit
moins gai, cela se conçoit, qu'on ne l'avait en venant....
et pour dédommager un peu nos jeunes gens du des-

sert promis et réduit à néant, mais auquel du reste on n'avait même plus pensé, M. de Saint-Martin leur envoya le soir même une caisse d'excellentes mandarines qu'il avait reçues la veille de l'île de Malte.

« Quelle substance malfaisante, demanda Eugène au professeur, supposez-vous donc exister dans cette viande qui vous est si suspecte?

— De l'arsenic, très-probablement; mais j'aurai très-facilement raison de mes doutes par une expérience faite au moyen d'un appareil inventé par un chimiste anglais nommé Marsh.... et ce sera précisément notre gaz hydrogène qui va jouer ici un nouveau rôle, celui d'accusateur.

— Bon! fit Pierrot, ce gaz-là est donc un magicien : hier il nous faisait rire, aujourd'hui il va peut-être nous venger. »

Tous les enfants coururent au cabinet de M. de Saint-Martin, curieux qu'ils étaient de savoir comment on peut constater la présence de l'arsenic dans une substance donnée.

« L'expérience sera tout à la fois simple et facile à comprendre. Voyez, je mets cette pâte à analyser dans une sorte de matras, au bouchon duquel j'adapte un tube effilé, puis j'ajoute du zinc et de l'acide sulfurique.

— Mais alors, dit Eugène, il va se faire une effervescence et se produire un gaz comme celui que nous faisions hier pour illuminer la cour?

— C'est ce qui a lieu en effet : voilà l'hydrogène qui se fait et surtout qui cette fois se fait sentir, n'est-ce pas?

— Dieu! que ça pue l'ail! s'écria Pierrot en se tenant le nez à deux mains.

— C'est déjà un indice certain de la présence d'une notable quantité d'arsenic mêlé à cette viande ; mais voyez encore : le jet de gaz que je viens d'enflammer devrait être d'un jaune pâle, comme le donne l'hydrogène pur, et vous remarquerez qu'il est blanc et accompagné de fumées blanchâtres.

— Je voudrais être incrédule jusqu'au bout, dit M. B*** qui assistait à l'expérience, et je ne serai bien convaincu que lorsque j'aurai vu quelque indice palpable, quelque trace, en un mot, de cet arsenic que vous nous annoncez si positivement. Ceci est de la médecine légale, je crois, et pour ce genre de constatation, on ne saurait réunir trop de preuves.

— Ah ! il vous faut des preuves qui vous sautent aux yeux, dit en riant le professeur ; eh bien ! mon cher ami, en voici une irrécusable : tenez, prenez cette soucoupe et présentez-en l'intérieur au jet de gaz... Eh bien ?

— Plus de doute, s'écria M. B***, voilà la soucoupe qui se noircit.

— Et que sentent ces taches noires ?

— L'ail à plein nez, comme l'a dit fort élégamment maître Pierrot.

— Or, continua M. de Saint-Martin en jetant sur des charbons enflammés une certaine poudre blanche, voici de l'arsenic pur. Que dites-vous de cet arome peu flatteur ?

— C'est absolument le même goût d'ail, reprit le commandant. Allons, il est inutile d'aller plus loin : la boulette qui a fait périr le pauvre Rustaut, contenait de l'arsenic, il n'y a plus à en douter.

— Alors, dit Ernest qui avait suivi cette expérience

avec un grand intérêt, ce gaz doit s'appeler maintenant, si je ne me trompe, de l'*hydrogène arséniqué.*

— On en d'autres termes de l'*arséniure d'hydrogène:* ces deux dénominations sont tout à fait synonymes.

— D'où je conclus, s'écria Pierrot, que ce voleur de fruits est un coquin, un bandit, un empoisonneur de chiens et de plus un homme bien.... indélicat. »

Cette chaleureuse imprécation *ab irato* termina la séance.

CHAPITRE XI.

Pierrot était, vers midi, tout occupé à biner une planche de fraisiers, et maugréait tout bas contre les *Turcs* (c'est la larve du hanneton) qui faisaient des ravages abominables parmi ses légumes, quand tout à coup une magnifique tape, donnée de main de maître, lui tomba sur l'épaule, et en même temps un bras vigoureux enleva de terre le petit bonhomme ainsi pris à l'improviste.

« Eh!.... me reconnais-tu, mon petit Pierrot? » lui cria aux oreilles une voix encore plus rude que la tape.

Le petit jardinier, tout ahuri de cette manière d'entrer en connaissance, tourna brusquement la tête.... mais quel fut son effroi en voyant un homme qui lui parut avoir au moins six pieds, porteur d'effroyables moustaches et de plus couvert d'un manteau rouge, d'un turban de même couleur et faisant résonner à son côté un sabre recourbé et de longs pistolets d'arçon!....

« Au secours ! s'écria le pauvre Pierrot, le diable !
c'est le diable ! »

Et s'arrachant, par un effort désespéré, de l'affreuse
étreinte qui le tenait ainsi suspendu en l'air, il se précipita vers la maison, sans regarder derrière lui, et avec
des enjambées comme en faisait le petit Poucet avec les
bottes de sept lieues de l'ogre.

Arrivé ainsi tout essoufflé, tout blême, tout haletant
dans la salle d'étude d'Eugène et d'Ernest : « Fermez
les portes ! fermez les fenêtres ! s'écria-t-il, le diable est
dans la maison, le diable est à mes trousses. »

Et d'un bond il alla se blottir dans une armoire entr'ouverte, parmi des paperasses et des livres, et il en
ferma vivement la porte, quitte à étouffer dans cette
souricière.

Les deux écoliers ne savaient s'ils devaient rire ou
s'effrayer des terreurs de leur ami Pierrot. Ernest, peu
rassuré, avouons-le, regardait déjà d'un air effaré du
côté de la porte, ne sachant trop quel parti prendre,
quand Eugène, qui avait mis la tête à la fenêtre, partit
d'un grand éclat de rire.

« Eh ! c'est André, s'écria-t-il, André, le fils de maître
Guillaume, notre fermier, en costume de sous-officier
de spahis. »

Il avait à peine achevé ces mots, qu'un beau jeune
homme à l'air martial et portant l'uniforme pittoresque
et éclatant de spahi, fit son entrée dans la salle et vint
tendre affectueusement les mains à nos deux jeunes
gens.

Sa tenue militaire, en effet tout orientale, était ainsi
composée : un ample burnous rouge garance envelop-
pait ses épaules et laissait voir une gracieuse veste de

même nuance; un pantalon bleu de ciel descendait jusqu'au-dessous du genou, bouffant comme ceux des mameluks; un turban rouge avec une aigrette, une large ceinture d'où pendait un sabre recourbé de Damas et de magnifiques pistolets d'arçon complétaient ce charmant costume.

Ernest, entièrement rassuré, n'avait pas assez de ses deux yeux pour l'examiner des pieds à la tête, pour admirer ses vêtements et ses armes, tandis qu'Eugène adressait au jeune soldat des paroles pleines de franche cordialité.

Pendant ce temps-là M. B*** et les dames de la maison, effrayés des cris qu'ils avaient entendus, étaient accourus.

André fut complimenté, fêté et accueilli avec la plus grande bienveillance par toutes les personnes de la maison. Il venait, dit-il, passer un congé de convalescence chez son père à la suite d'une blessure assez grave qu'il avait reçue en Algérie, et il avait voulu, ajouta-t-il, qu'après avoir embrassé ses bons parents, sa première visite fût pour Mahonbonne.

Mais tout à coup Ernest interrompit le jeune homme.

« Et Pierrot ! s'écria-t-il, qui étouffe sans doute dans cette boîte ! »

Et aussitôt il courut ouvrir l'armoire.

Le petit paysan, qui à vrai dire était affreusement mal, allongea le cou, sitôt que la liberté lui fut rendue, et reconnaissant enfin son ancien ami André :

« Est-il bête, ce grand-là, lui dit-il, de me faire des peurs comme cela !

— Comment ! mon pauvre Pierrot, tu ne m'avais pas reconnu ? lui dit André en courant l'embrasser.

— Comment l'aurais-je pu? répliqua le petit bonhomme, tu m'as enlevé de terre comme un homard en-
lèverait une crevette. Et si l'on ne me connaissait pas
ici, ajouta-t-il en se redressant sur ses talons, on pourrait croire que je ne suis qu'un.... poltron.

— Par la barbe du prophète! s'écria le jeune spahi
dans une comique exclamation, qui oserait penser
cela? »

Un rire général termina la discussion, et comme
l'heure du déjeuner sonnait, on emmena André dans la
salle à manger pour renouveler plus amplement et plus
commodément connaissance avec lui.

Le jeune spahi fit honneur au repas; mais au dessert les questions commencèrent à lui arriver de toutes
parts.

« C'est sans doute dans quelque chaude affaire avec
les Bédouins, lui dit M. B***, que tu as reçu cette large
blessure, que je vois à peine cicatrisée, depuis la tête
jusqu'à l'épaule.

— Ce n'est pas un Bédouin qui a eu cet honneur,
répondit le jeune homme, mais bien un magnifique lion
de l'Atlas....

— Un lion! s'écria-t-on de toutes parts, en se rap-
prochant du spahi. Oh! conte-nous donc cela, pauvre
André.

— Oh! ça va être amusant, dit Pierrot, en battant
des mains, j'aurais voulu voir cela.

— Poltron! fit M. B*** en riant, tu as peur d'un
manteau rouge. Qu'est-ce que cela serait donc si tu
voyais seulement le bout de l'oreille d'une vilaine bête à
tous crins comme celle qui a caressé si brutalement la
tête de ton ami André? »

Pierrot sentit l'épigramme, se mordit les lèvres **et ne**
dit plus rien. La parole fut donc toute **au** jeune sous-
officier.

« Je suis parti, dit-il, il y a près de six ans, comme
vous le savez, conscrit et le sac sur le dos, pour aller
rejoindre mon régiment qui était à Toulon. J'eus la
chance de ne pas rester longtemps inactif, car trois
mois après je m'embarquais avec le bataillon colonial
qui avait pour destination Saint-Louis du Sénégal.

— Et quelle langue parle-t-on dans ce pays? demanda
Mme de Monterey.

— Un mauvais français ou le patois créole dans la
ville, répondit André, et le yolof parmi le peuple
nègre; j'aurai du reste bientôt quelques mots à **vous en**
citer.

« Pendant un an que je restai dans ce triste pays,
il n'y eut rien à faire, les peuplades environnantes
étaient tranquilles, et nous vivions là dans une inaction
désespérante; aussi je pus donner tous mes soins à
ma théorie, et bientôt je conquis mes premiers galons.
Au bout de quelques mois, je fus désigné par mon commandant pour rentrer en Algérie et pour être incorporé
dans un régiment de spahis indigènes, c'est-à-dire d'A-
rabes enrôlés au service de la France, avec le grade de
maréchal des logis instructeur.

— C'est très-bien, dit M. B*** : c'est un avancement
qui fait honneur à votre bonne conduite et à votre instruction militaire. »

André répondit par un salut modeste à ce compliment
et continua :

« Mon nouveau régiment, composé seulement de
quelques centaines d'hommes, et commandé par un

lieutenant-colonel, fut bientôt envoyé à Biskra, dernier poste français, au delà du petit Atlas, à 236 kilomètres de Constantine.

— Et le lion? interrompit Pierrot, qui ne pouvait tenir sa langue.

— A l'époque où j'en suis, dit André en souriant, il n'est encore que lionceau; attends donc qu'il ait griffes et dents pour entrer en scène.

— Mais il me semble, dit Eugène à son tour, qu'en quittant ton triste pays du Sénégal, tu tombais là, mon pauvre André, dans un pays plus triste encore, car Biskra est situé dans une des oasis du Ziban en plein désert de Sahara, et vous deviez tous mourir de chaleur et de faim.

— Quant à la chaleur, je n'en disconviens pas, répondit le spahi, elle est intolérable, car on a là sur la tête continuellement quarante degrés et quelquefois mieux; mais à part cela, cette oasis ne dément pas son nom, car, quoique environné de toutes parts d'une mer de sable, ce petit coin de terre est un véritable paradis : les orangers, les abricotiers, les figuiers, les grenadiers, y abondent et donnent toute l'année leur feuillage et leurs fruits. C'est un printemps perpétuel.

— Et de l'eau? demanda Mme B***, de l'eau? car c'est là un trésor inappréciable au désert.

— L'Oued-Zeyour, délicieuse petite rivière aux eaux fraîches, limpides, abondantes, est ce trésor, cette providence qui vient égayer et enrichir la délicieuse oasis de Biskra.

« Maintenant que vous connaissez le pays, je me hâte, reprit André, d'arriver à cette terrible aventure qui m'a valu cette blessure dont vous voyez si bien les traces ; je m aperçois que nos jeunes gens sont impatients de faire connaissance avec mon lion de l'Atlas.

« Mon colonel apprit un matin qu'une tribu composée de bandes de mécontents échappés de toutes les peuplades de l'Algérie était venue camper aux environs de Biskra. Deux cents hommes du régiment furent aussitôt détachés sous le commandement d'un capitaine, pour aller observer les mouvements de cette tribu. Je sollicitai et j'obtins la faveur de faire partie de l'expédition.

« Quand nous arrivâmes, cette peuplade en était déjà aux mains avec les Beni-Ahmeh, autre tribu de mœurs non moins équivoques, et qui leur avait déjà enlevé leurs troupeaux et leurs tentes. Notre présence fit aussitôt cesser la lutte. Notre capitaine s'enquit de quel côté étaient l'agression et les torts, et ayant appris que ses coupables étaient les Beni-Ahmeh, il fit rendre aussitôt troupeaux et tentes à la tribu errante, à qui il intima l'ordre de reprendre la route du désert.

« Vous étiez révoltés contre la France, dit-il à ces « gens étonnés de cet acte de justice et de générosité, « et vous le voyez, c'est ainsi que la France se venge. »

« Des protestations unanimes de reconnaissance et de fidélité furent les remercîments de la tribu, qui partit aussitôt.

« Guillaume, me dit alors mon capitaine, ces gens « semblent se diriger du côté du blockhaus [1] qui nous « sert d'avant-poste à six kilomètres d'ici. Il me faut

---

1. Un blockhaus est une redoute, ou fortin détaché, construit en bois, et qui n'a pas de porte apparente, et posé ordinairement sur un souterrain qui communique avec un autre poste. Souvent un fossé ou des palissades enveloppent encore le blockhaus.

« un homme déterminé et intelligent qui porte aussitôt
« au commandant de ce poste l'avis de se tenir sur ses
« gardes : je t'ai choisi pour cette mission.

« — Merci de l'honneur de la préférence, mon capi-
« taine, vous pouvez compter sur moi.

« — Tu prendras par la plaine, ajouta-t-il et tu re-
« viendras par les rives de l'Ouad-el-Abioth pour obser-
« ver encore ces gredins-là, auxquels je ne me fie pas
« du tout. »

« Je partis aussitôt au pas gymnastique, mon fusil en
bandoulière et ma cartouchière bien garnie.

« En moins d'une heure ma commission était faite,
et je reprenais le chemin de Biskra par l'Ouad-el-
Abioth, rivière profondément encaissée dans un ravin
formé de rochers abrupts et presque à pic. Je m'en-
gageai résolûment dans cet étroit chemin et marchai
en silence.

« Au bout d'un quart d'heure, j'aperçus, à travers
une coupure des rochers, une tribu errante campée dans
un vallon et n'offrant, je l'avoue, rien d'hostile dans
son attitude : les femmes étaient occupées à traire
leurs brebis et les hommes commençaient à plier les
tentes.

« Je restai toutefois en observation. J'étais là depuis
cinq minutes, quand tout à coup j'entendis....

— Un lion!!! s'écria à l'instant Pierrot, dans un si
violent émoi, que, perdant l'équilibre sur sa chaise, il
roula par terre les jambes en l'air.

— Non, pas un lion, reprit André en souriant, mais
une jeune femme arabe qui chantait.

« Voici la traduction de l'élégie qu'elle accentuait
lentement et harmonieusement en langue yolof :

« Il est allé vers ses frères, le vaillant et généreux Si-Tahar, mon frère bien-aimé, et il nous a tous laissés en partant plongés dans une profonde douleur.

« Il était pourtant fort et solide comme le rocher de granit qui rit à la tempête.

« Toujours grand, toujours à notre tête dans les combats, il était notre soutien et notre gloire.

« Aussi quand il est tombé sous les coups des hommes d'Europe, tant que les oreilles ont pu ouïr marcher sa tribu sur le sable du désert, tant que les yeux ont pu la voir.... ce n'était pas le simoun du Sahara qui bruissait dans les airs, c'était ce cri suprême : Vengeance! vengeance[1]! »

« La voix se tut et je cherchais celle qui chantait ainsi. Elle était tout en haut du rocher qui bordait la rive et se balançait mollement dans un palaquin de lianes accroché à des branches d'aloès.

« Elle avait le costume de la peuplade que j'observais dans le vallon; mais ses traits avait tout à fait le type des nègres yolofs ou sénégambiens, c'est-à-dire qu'ils étaient relativement fort réguliers et fort beaux.

« Je fis quelques pas pour m'approcher du pied du rocher, au bord duquel arrivait parfois son hamac dans les vives ondulations qu'elle lui imprimait en se balançant.

« Mais jugez de mon étonnement, quand cette jeune femme, dont le regard paraissait si serein et si doux, se mit en m'apercevant à pousser des cris furieux.

« *Karé, karé!* s'écria-t-elle, *dehé gour toubub.* (Guerre, guerre! mort à l'homme d'Europe!)

« Et l'effet suivant de près les paroles, cette femme,

____

1. *Anthologie arabe*, Ibn Kilcan.

l'œil enflammé de colère, se mit à arracher des pierres du rocher et à les faire rouler sur moi.

« Je m'écartai pour éviter cette avalanche de projectiles.

« *Madaou-kigg*, jeune fille, lui dis-je en yolof, *Allah « téré ma dof barquoul ki*, Dieu me préserve de te faire « du mal. *Deglou mau*, écoute-moi. »

« Mais quelque douceur que je misse dans mes paroles, rien ne put calmer l'exaspération de cette petite forcenée, et les pierres recommencèrent à pleuvoir sur moi de plus belle.

« Je ne sais même quand aurait fini cette petite guerre, si un incident imprévu et bien autrement grave n'était venu se produire tout à coup.

— Cette fois, v'là le lion ! interrompit Pierrot en ouvrant la bouche toute grande pour mieux entendre.

— Un affreux, un épouvantable rugissement se fit en effet entendre à vingt pas de la jeune Arabe, dit le spahi. Je frissonnai moi-même des pieds à la tête, car ce bruit dont retentirent tous les échos de la contrée ressemblait au bruit du tonnerre.

« Par un mouvement instinctif, je glissai une balle de plus dans le canon de mon fusil et m'adossai contre le rocher en me tenant sur la défensive et tout prêt à faire face à l'ennemi pour deux ; car je venais de voir ma jeune Arabe s'accrochant aux ronces et aux lianes qui pendaient du rocher à la route, et se laissant glisser jusqu'à terre.

« Mais ce n'était plus cette femme si fière, si vaillante, cette ennemie implacable qui venait d'essayer de m'écraser sous ses fragments de roc, c'était un pauvre être tout démoralisé, tout tremblant, que la vue d'un lion avait atterré, et qui, ne pensant plus ni à sa colère, ni à sa haine, venait en suppliant se réfugier à mes pieds.

« Un profond silence avait succédé au rugissement du lion ; nous avions même entendu comme un bruit de pas qui allaient en s'affaiblissant. Je ne me rassurai cependant pas entièrement, car je pensais que le *seigneur de la montagne*, — c'est ainsi que les Arabes appellent le lion, — pouvait bien descendre du roc par quelque pente non éloignée et revenir bientôt sur nous.

« Je fis placer la négresse derrière moi et restai en arrêt, le fusil au poing et l'œil au guet.

« Maître, me dit cette pauvre femme déjà un peu « rassurée, tu agis noblement.... J'ai voulu te tuer, et « toi tu te venges en me pardonnant et en me défen- « dant. Qu'Allah te voie et te bénisse !

« — Ne t'étonne pas, lui répondis-je ; car telle est la loi, la règle des chrétiens. »

« J'avais à peine achevé ces mots, qu'à cent pas de moi je vis l'effroyable tête du lion sortir d'entre les feuilles d'un cactus.

« J'armai mon fusil et j'attendis.

« Ne tire pas maintenant, me dit tout bas la né- « gresse, sa gueule est encore toute dégouttante de « sang, c'est qu'il vient de faire son repas.... peut-être « ne nous attaquera-t-il pas. »

« Cependant le puissant animal, secouant doucement sa crinière, marchait lentement à nous.... Je fis un mouvement avec mon arme.

« Pas encore, » me dit la jeune femme à voix basse.

« En effet, le lion s'arrêta à trente pas et tourna né- gligemment sa tête de notre côté. Sans doute que Sa

Seigneurie avait copieusement dîné, car il jeta encore un regard de pitié sur la négresse et sur moi, et fit un demi-tour à gauche, comme pour aller se désaltérer dans la rivière, qui n'était qu'à deux pas.

— Quel bonheur! vous voilà sauvés! s'écria spontanément la bonne Rosine.

— Oui, nous l'étions en effet, reprit le spahi, sans une circonstance aussi fatale qu'imprévue.

— Et quoi donc?... s'écria-t-on de toutes parts avec anxiété.

— J'ose à peine continuer, reprit André en souriant et en regardant le petit jardinier; je crains que mon ami Pierrot ne puisse supporter....

— Moi? exclama le petit poltron qui voulait sauver son honneur, je n'ai peur de rien; et si j'étais soldat, on verrait!

— S'il en est ainsi, continua le fils de Guillaume, je reprends mon récit.

« Au moment où le lion se retournait, une des pierres que la négresse avait accumulées sur le haut du rocher, vint à tomber et atteignit l'animal au flanc.

« Tout son corps frémit de colère.... D'où pouvait venir cet affront fait à Sa Majesté le roi des animaux?... il ne pouvait certes que s'en prendre à nous.

« Et, vous le savez, on n'insulte pas en vain un lion.

« La bête féroce poussa un second rugissement qui certes valait bien le premier, ses yeux s'injectèrent de sang, sa crinière se hérissa affreusement.

« Puis il se rasa, c'est-à-dire qu'il replia sous son ventre ses pieds de derrière, tout prêt à s'élancer.

« C'est maintenant, » me dit la femme arabe.

Je vis l'effroyable tête de lion.

« Je fis feu.

— Eh bien ! firent tous les assistants haletants d'inquiétude.

— Eh bien, reprit André, on ne tue pas un loin comme on tue un lièvre.... et le mien avait la vie dure, je vous en réponds. Mes balles, à ce qu'il paraît, l'avaient frappé aux deux yeux. Jugez de sa douleur et de rage.

« Mais je ne puis rien préciser de plus, si ce n'est qu'à peine mon coup de fusil était-il parti que j'avais le lion sur moi et que nous roulions ensemble sur le sable.

— Oh ! mais c'est affreux, horrible ! s'écria toute l'assemblée.

— Et il ne t'a pas croqué d'une seule bouchée? dit Pierrot.

— Tu vois, petit, lui répondit en riant le narrateur, qu'il reste encore quelque chose de ma personne.

« Après des efforts incroyables, continua-t-il, je parvins à me dégager de l'étreinte de mon redoutable ennemi. Ce qui me fut d'un grand secours dans cette lutte inégale, c'est que le lion, frappé aux deux yeux par mes balles, ne savait trop où il portait ses coups. Puis j'ajouterai que l'intrépide fille du désert, loin de m'abandonner dans le péril, s'était emparée de mon fusil et en frappait avec furie la tête du lion; mais que pouvaient ces coups sur ce crâne osseux et dur?... Frapper un rocher avec une baguette n'eût pas fait plus d'effet; mais le seul motif qui faisait agir cette généreuse enfant, c'était de faire une diversion utile et d'obliger la bête féroce à me quitter, dût-elle en être dévorée elle-même.

« Enfin, je pus me dégager; mais dans quel état le

brutal m'avait-il mis! D'un coup de griffe il m'avait labouré profondément la tête et l'épaule, et lorsque je pus me relever, j'étais si faible, si étourdi, si chancelant, que je pouvais à peine me tenir debout; du reste, le sang qui me ruisselait sur les yeux m'aveuglait à un tel point que je ne voyais plus rien autour de moi.

« Le lion cependant faisait des bonds prodigieux et cherchait sa victime qu'il ne pouvait voir non plus. Instinctivement je fis quelques pas en avant, et aussitôt un choc vigoureux....

— Bon! s'écria Pierrot, voilà encore la grosse bête qui le rattrape.

— Pas du tout, mon cher ami, mais c'était la jeune fille arabe qui, sans plus de cérémonie, me poussait.... dans la rivière.

— Ah! par exemple ! s'écria-t-on, cette Arabe que nous admirions pour son courage et son dévouement n'était donc qu'une femme perfide et traîtresse ?

— C'était toujours la plus excellente des créatures, reprit André; mais elle n'avait vu que ce moyen de salut pour m'arracher à la mort; car le lion était sur mes talons.

« Cependant je nageai machinalement jusqu'à l'autre bord, sentant bien que quelqu'un qui nageait aussi auprès de moi me soutenait et me dirigeait. J'arrivai dans un bien lamentable état, car mon sang sortait abondamment de ma double blessure, une sueur brûlante couvrait tout mon corps.... et les eaux froides et dures de l'Ouad-el-Abioth étaient loin en ce moment de m'être favorables ; je tombai donc sans connaissance près d'une source d'eau thermale qui sortait de terre à vingt pas de là.

« Il m'est impossible maintenant de vous dire ce qui se passa autour de moi : là dernière impr ssion, le dernier souvenir qui me reste, c'est que je me sentis inonder par une main amie de cette eau presque brûlante et surtout si bienfaisante alors dans ma misérable position, car cette source thermale était l'Ouad-Bou-

Je me sentis inonder de cette eau.

Sellam, une des trente ou quarante déjà connues et si avantageusement exploitées dans notre Algérie.

« Pendant ce temps, le lion continuait de se rouler en rugissant dans les convulsions de l'agonie; mais heureusement nous étions hors de ses atteintes.

« Enfin quand je sortis de ce long évanouissement, j'étais.... dans ma chambrée, à Biskra, entouré de mes meilleurs camarades, et soigné avec la plus affectueuse attention par le chirurgien-major du régiment.

— Et votre jeune Arabe? s'écrièrent tous les auditeurs.

— Partie.... partie sans qu'on l'ait jamais revue, répondit André avec un douloureux soupir, et ce sera le regret de toute ma vie, de ne pouvoir jamais lui prouver ma reconnaissance.

— Bien qu'elle t'ait lancé pas mal de pierres à la tête? dit Pierrot, car il paraît qu'elle n'y allait pas de main morte. »

Cette plaisanterie de l'incorrigible petit bavard termina la séance, et l'on se sépara.

CHAPITRE XII.

Vers le milieu de la nuit qui suivit le récit d'André,
Eugène et Ernest furent subitement réveillés par une
sorte de grognement ou d'articulation de mots baroques
et confus qu'ils entendirent au bas de leur fenêtre. Tout
aussitôt ils reconnurent la voix du petit jardinier.

« Est-ce que ce pauvre Pierrot serait indisposé,
dirent-ils ensemble, ou bien est-il devenu somnam-
bule ? »

Ils descendirent alors précipitamment dans le jardin,
et ne tardèrent pas à trouver le petit bonhomme, ac-
croupi près du bassin, s'aspergeant copieusement la
tête et les épaules d'eau fraîche qu'il puisait avec sa
main.

« *Madaou kigg.... barthoul, Allah téré !* répétait-il
en bredouillant, et paraissant en effet dans un état
complet de somnambulisme.

— Ne l'éveillons pas, dit tout bas Eugène à son frère.

ce serait dangereux pour lui en ce moment. Il est très-probablement sous l'influence de quelque mauvais rêve. »

Mais Pierrot venait d'ouvrir les yeux. Il porta d'abord des regards effarés autour de lui ; puis, apercevant les deux jeunes gens que la lune éclairait, il alla droit à eux.

« Êtes-vous les Bédouins du désert, leur dit-il, ou de la tribu des Beni-Ahmeh ?... Rendez-nous nos moutons.

— Allons, allons, mon petit Pierrot, dit Eugène d'une voix qu'il rendit la plus affectueuse possible, réveille-toi, nous sommes tes amis.

— Tiens ! fit le petit paysan s'éveillant à demi, mais on dirait la voix du frérot et de M. Eugène ?

— Et toi, que fais-tu donc là, à l'heure qu'il est ? lui demanda Ernest.

— Mais, vous le voyez, répondit Pierrot en divaguant toujours un peu, je lave mes blessures dans les eaux thermales du Bou-Sallam, qui guérissent si vite les morsures des lions.... mais qui sont, je le vois, dit-il avec effroi, toutes remplies d'affreux crocodiles....

— Tu veux dire de poissons rouges, reprit Ernest en riant, car tu es ici tout bonnement près du bassin du jardin de Mahonbonne. »

Cette fois, Pierrot revint à lui tout à fait.

« Ouf ! fit-il en respirant bruyamment, quel vilain cauchemar !

— Allons ! lui dirent les deux jeunes gens, cours vite te recoucher.... et nous aussi, et demain tu nous raconteras ce fameux rêve. »

Cinq minutes après chacun était dans son lit, et, le

lendemain, Pierrot racontait ainsi ses aventures de la nuit :

« Je venais de m'endormir, dit-il, tout en ruminant en moi-même aux moyens de débarrasser nos choux de Bruxelles de ces maudits vers blancs qui les dévorent, quand tout à coup je me vois transporté sur les bords de l'Ouad-el-Abioth.... et bientôt, tout comme André, j'entendis chanter au-dessus de ma tête....

— Une femme arabe? interrompit Ernest.

— Non, un merle. Il gazouillait sur un oranger; je levai la tête dans l'intention.... bien naturelle.... de me rafraîchir.... il fait si chaud dans cette Afrique ! Mais, tout à coup, ne voilà-t-il pas que l'oranger se secoue tout seul et qu'il me dégringole sur la tête, sur les épaules, sur le nez, une grêle d'oranges grosses comme mes deux poings.... Comme si le bon Dieu n'aurait pas pu, je vous demande un peu, les faire plus petites !

—C'est dommage, Pierrot, que tu n'es point entré
Au conseil de Celui que prêche ton curé,

dit tout bas Rosine, en pensant à la jolie fable *le Gland et la Citrouille.*

— Mais ce n'est pas tout, continua le petit jardinier, au moment où j'allais me sauver devant cette avalanche de boulets jaunes, voilà que du tronc même de l'oranger s'élance....

— Un lion? s'écria-t-on de toutes parts.

— Non, car cet animal-ci avait le poil noir, les oreilles rabattues et la queue en trompette....

— Mais c'est là tout le portrait de Moustache ! s'écrièrent les auditeurs en éclatant de rire.

— C'est ce que, malheureusement, je ne reconnus pas d'abord, reprit Pierrot, car je le pris pour un tigre, un chacal, un éléphant, que sais-je moi, et je me débattis, je me bousculai sur mon lit avec la maudite bête, et bientôt nous roulâmes l'un par-dessus l'autre dans la ruelle, moi avec une égratignure à la tête et à l'épaule et lui avec un coup de griffe dans l'œil.

« Eh bien, oui ! continua Pierrot, c'était ce scélérat

C'était ce scélérat de Moustache.

de Moustache qui, ayant trouvé la porte de ma chambre entr'ouverte, s'était passé la fantaisie de venir me sauter sur le dos pendant mon sommeil, pour faire une partie de saute-mouton comme nous en faisons quelquefois en plein jour ; mais, quand il eut reçu un coup de griffe.... c'est-à-dire d'ongle, que je lui avais administré sans le vouloir, il ne demanda pas à continuer la partie et s'est sauvé en hurlant....

— Tout comme le lion d'André, dit Eugène; mais ensuite....

— Ensuite, je me recouchai et me rendormis, et il paraît que ce maudit cauchemar me reprit, car je ne sais comment il s'est fait que je me suis retrouvé pansant mes égratignures à la source de Bou-Sallam.... non, je me trompe, au bassin du jardin. Enfin, j'en suis quitte pour la peur.... Aussi pourquoi ce gros bêta d'André vient-il vous raconter des histoires si terribles.... le soir surtout? »

La conversation roula longtemps sur le dramatique épisode qu'avait raconté le spahi André, et aussi sur la burlesque parodie qu'en avait faite le rêve de Pierrot. Puis vinrent, comme à l'ordinaire, les innombrables questions sur ce qui avait paru le plus saillant.

« Qu'est-ce donc que cette source d'eau chaude, la Bou-Sellam, qui fait tant de bien aux blessures? demanda Ernest.

— C'est tout simplement une *eau minérale ferrugineuse.*

— Ferrugineuse, sulfureuse, gazeuse! reprit Ernest en cherchant à rappeler ses souvenirs, j'ai souvent entendu ces mots-là. Il y a donc dans l'intérieur de la terre des eaux qui ne sont pas parfaitement pures?

— Tu le vois, puisque celles que tu nommes doivent nécessairement, pour être ainsi appelées, contenir un mélange de fer, de soufre, de gaz, etc....

— Et tous ces mélanges, ajouta Rosine, s'opèrent sans doute tout seuls dans le grand laboratoire souterrain qu'on appelle la terre?

— C'est en effet une des opérations et un des trésors de la création, reprit le jeune bachelier. Eh bien, si vous voulez, je vais vous dire quelque chose de l'eau.

— Nous t'écoutons, frère, dit le petit écolier, et me voilà déjà armé de mon cahier pour prendre des notes au besoin.

— Je crois vous avoir déjà expliqué que l'eau n'est qu'un composé de deux volumes d'hydrogène et d'un volume d'oxygène....

— En effet, dit Rosine, je me rappelle que le mot hydrogène signifie *générateur de l'eau.*

— L'eau, continua Eugène, se présente sous trois aspects différents : 1° liquide, c'est-à-dire telle que nous la voyons dans la mer, dans les rivières, et enfin tant qu'elle est aux températures comprises entre 0° et 100° du thermomètre; 2° solide, c'est-à-dire sous forme de neige, de grêle, de glace ; 3° gazeuse, quand par une forte chaleur on l'a réduite en vapeur.

— Puisque l'eau est sans saveur, demanda Rosine, car le goût un peu fade qu'on lui trouve est presque inappréciable, elle doit être parfaitement pure sans doute.

— L'eau naturelle ne l'est jamais entièrement, car celle des rivières contient toujours quelques sels ou autres matières étrangères qui en modifient la qualité : l'eau de la mer contient près de 4 pour 100 de son poids d'un mélange de chlore, de soude, de magnésie, de chaux, etc....

— Dites donc, monsieur Eugène, interrompit Pierrot d'un ton légèrement moqueur, est-il bête le petit au maître d'école, vous savez, ce gros rougeaud ! il dit que c'est avec l'eau de la mer toute seule qu'on fait le sel. C'est un fameux menteur, n'est-ce pas ?

— Ton gros rougeaud a, au contraire, tout à fait raison, car il suffit de répandre de l'eau de mer sur un terrain plat et uni et de la laisser évaporer au soleil ou à l'air, et le résidu est du bel et bon sel de cuisine.

— Pas possible ! Voyez un peu comme le petit au maître d'école en sait long.

— Tout le sel cependant, reprit le jeune professeur, ne vient pas de la mer ; dans certains pays il y a sous terre des mines qui donnent le *sel gemme ;* ce n'est toutefois autre chose que des eaux salines qui se sont épurées et cristallisées d'elles-mêmes. L'eau de pluie est celle qui approche le plus de la pureté parfaite.

— Alors, dit Ernest, il n'est pas possible d'avoir de l'eau absolument pure ?

— Si vraiment, mon cher ami, en la faisant distiller avec soin, on la débarrasse de ses impuretés.

— Pourquoi donc, demanda Rosine, entends-je quequefois la cuisinière ou la femme de chambre de mama dire que l'eau de la pompe est fort désagréable, car l'une prétend qu'elle ne vaut rien pour cuire ses légumes, et l'autre pour dissoudre son savon ?

— C'est que le puits qui la fournit étant assez profond ne contient qu'une eau imprégnée de *sulfate de chaux*, et par conséquent crue et dure, et tout à fait impropre à ces divers usages. Ceci nous conduit naturellement à parler des eaux *thermales* et des eaux *minérales*.

— Ce mot *thermale*, dit Ernest avec une petite nuance de suffisance, ne vient-il pas du mot grec *termos*, qui veut dire *chaud* ?

— Peste ! frérot, dit le petit jardinier, vous allez bientôt être plus savant que le petit au maître d'école

— Les sources d'eau thermales, reprit Eugène, sont en effet à une température plus élevée que les eaux ordinaires, quelques unes même sont presque bouillantes ; cette chaleur est en rapport avec la profondeur de l'origine de la source, car la température du globe augmente, de sa surface au centre, de 1 degré par 30 mètres de profondeur.

« Enfin on appelle *eaux minérales*, celles qui se trouvent accidentellement chargées de telles ou telles matières étrangères qui en constituent la spécialité. Ainsi les *eaux salines* sont caractérisées par les sels abondants que la source entraîne dans son parcours ; leur goût fortement salé les fait assez reconnaître.

« Les eaux *gazeuses acidules* ont une saveur aigrelette ; elles contiennent des sels de différentes natures, et surtout de l'acide carbonique qui leur donne tout particulièrement ce piquant agréable que l'on trouve dans le vin de champagne, la limonade gazeuse, l'eau de seltz et autres.

« Les *eaux ferrugineuses* se reconnaissent à un goût nauséabond, rappelant parfaitement le goût de l'encre, qu'elles doivent à la présence des particules de fer dont elles sont imprégnées.

« Les *eaux sulfureuses* sont les plus détestables à boire, car elles sentent les œufs gâtés à ne pas s'y méprendre.

— Oh ! celles-là, je les connais, dit Rosine, car je me rappelle fort bien avoir été condamnée par le médecin de maman à aller en boire à Enghien pendant toute une saison ; rien que d'y penser j'en ai encore le cœur malade.

— Quant à moi, dit Pierrot, en faisant le gros dos

comme un chat qui voit un gigot en perspective, j'ai horreur de toutes ces eaux révoltantes à boire, et je déclare qu'il n'y a rien au-dessus de ma source Bou-Sallam, car elle peut servir à deux fins : se guérir des morsures des lions.... et faire cuire des écrevisses.

— Oui, dit Ernest, en riant, surtout quand on va s'en asperger dans le bassin de Mahonbonne.

— L'Algérie en effet, reprit le jeune bachelier, parmi tous les avantages que nous en retirons déjà, nous offre une quantité considérable de sources minérales que la science saura mettre à profit; c'est, je crois, au sujet de la source d'Hammam Sidi Sliman, dans la province d'Oran, que les Arabes disent :

« Salomon, fils du roi David, avait tous les génies « sous ses ordres. Lorsqu'il voulait prendre un bain « chaud, il évoquait les génies de la terre, qui faisaient « surgir une source thermale. »

— Et pourquoi les bains de mer sont-ils donc tant préconisés par les médecins modernes? demanda Rosine.

— C'est d'abord, répondit Eugène, parce que l'eau de mer contient des principes salins et de l'iode en dissolution, toutes choses excitantes et toniques; en second lieu, le corps se trouve bien de cette percussion prolongée et souvent énergique des vagues qui le heurtent dans tous les sens.

— Voilà bien des sortes d'eau, dit Ernest, et pourtant nous n'en avons pas fini avec le *perfide élément*, comme disent les poëtes et les passagers mécontents de leur traversée. Je voudrais bien, mon cher frère, avoir un tout petit renseignement sur certaines eaux dont j'entends souvent parler dans les arts et dans le commerce; c'est d'abord *l'eau-forte*,....

— Oh! oh! interrompit Eugène, si nous nous embarquons dans ces sortes d'eau composées, nous irons loin, je t'en préviens. Je vais toutefois te satisfaire sur quelques points.

« L'eau-forte est de l'*acide nitrique* étendu d'eau.

— Je vois, dit le petit écolier que j'en ai demandé beaucoup en effet; car me voilà déjà arrêté. Qu'est-ce que du *nitre?*

— Je te dirais bien ses autres noms scientifiques, mais à quoi bon? Nous ne faisons pas, ce me semble, un cours de chimie; sache donc que le nitre et le salpêtre c'est tout un.

— Le salpêtre! s'écria Pierrot, connu, connu. Il y en a tout le long des murs de l'écurie à Cocotte, il y en a dans la cave, il y en a même dans ma cabane aux outils au bout du jardin.

— Et même dans certaines plantes, la pariétaire par exemple, qui pousse dans les crevasses des murs bâtis à la chaux. L'*eau seconde*, dont se servent les peintres pour lessiver les anciennes peintures, n'est autre chose que de l'eau-forte très affaiblie.

— Il y a encore l'*eau blanche*, dont on se sert en chirurgie pour laver les plaies; c'est un sel de plomb également affaibli d'une notable quantité d'eau.

— Je voudrais bien, dit Rosine, te poser aussi une toute petite question, mon cher cousin. De quoi donc est faite l'*eau de javelle* dont se servent, à tort ou à raison, les blanchisseuses?

— Une bonne ménagère, répondit Eugène en souriant, ne doit pas en effet ignorer la composition de cette eau. L'eau de javelle est une composition de chlore et de potasse. Or le chlore est un corps gazeux qui s'extrait des métaux ou du sel marin, et la potasse provient des cendres de certaines plantes.

— Merci! mon cousin, dit la jeune fille, j'en sais assez maintenant pour comprendre qu'il ne faut pas abuser de cette substance mordante, si l'on veut que le linge ait quelque durée. »

Là finit la conversation et l'on se sépara.

CHAPITRE XIII.

Le soir de ce même jour, et comme on sortait de table, on remit à Mme B*** un billet de M. de Saint-Martin, dont voici le contenu :

« Demain, à sept heures du matin, mon grand char à bancs à huit places sera dans la cour de Mahonbonne.

« Toute la bonne famille B*** est invitée à y prendre place et à vouloir bien m'accompagner jusqu'à la ferme du brave Riguier, dont la femme vient d'avoir son septième enfant.

« Votre très-humble serviteur, qui aura l'honneur d'être le parrain du petit poupon nouveau-né, ose espérer que l'excellente Mme B*** voudra bien être sa commère, pour cette fois, et vu l'urgence.

« H. DE SAINT-MARTIN. »

« Eh quoi ! s'écrièrent les dames, à la lecture de ce laconique billet, à sept heures du matin ! Mais comment pourrons-nous être prêtes? C'est impossible! car encore faut-il être dans une tenue....

— Ah! j'oubliais le *post-scriptum*, ajouta malignement M. B***; le voici :

« Une toilette des plus modestes est de rigueur. »

Mme B***, sa sœur et Rosine se regardèrent en poussant un long soupir de résignation. « Allons, dirent-elles, nous ne ferons donc qu'une demi-toilette!

— Un baptême! un baptême! s'écrièrent les enfants. Une partie à la ferme, quel bonheur!

— Dites donc, frérot, murmura le petit jardinier à l'oreille de son frère de lait, a-t-on mis au bas de la lettre qu'il y aura des bonbons?

— Gros bêta, lui répondit Ernest, est-ce que depuis que le monde est monde il y a eu des baptêmes sans dragées?

— C'est que je les aime tant! surtout les pralines à la vanille. »

La bonne nouvelle annoncée aussi inopinément par M. de Saint-Martin servit de texte à toutes les conversations de la soirée, et préoccupa tellement les esprits que ce jour-là Eugène, en jouant, selon l'habitude, aux échecs avec son père, fut deux fois de suite *échec et mat*. Ernest se fit *souffler* à outrance par Rosine au jeu de dames, et Pierrot, qui avait à éplucher et à trier de la graine de céleri, jeta plus d'une fois les bons grains, mettant soigneusement à part les épluchures.

Quant aux dames, il en était tout autrement; il y avait grand mouvement entre elles trois : Mme B*** faisait des paquets de linge et Mme de Monterey mettait à part des vêtements pour la femme Riguier. M. B***, de son côté, mettait d'avance dans sa bourse de quoi subvenir aux nouveaux besoins de la pauvre famille. Enfin, Rosine, tout heureuse et toute fière d'être aussi un peu utile, commençait des béguins et des brassières pour le petit poupon.

Mme B***, du reste, était ravie d'être marraine avec le bon et excellent M. de Saint-Martin.

Toute la famille se coucha donc en se berçant de ces douces pensées et de l'espoir d'un heureux lendemain.

Ajoutons que si Pierrot en rêva toute la nuit, il n'eut pas, heureusement, le plus petit accès de somnambulisme.

Le jour suivant, la pendule n'avait pas achevé de sonner ses sept coups, que M. de Saint-Martin entrait triomphalement dans la cour de Mahonbonne, dans son grand char à bancs à huit places, qui portait en outre une vaste manne en osier bien bourrée de viandes froides, de bon vin, de confitures, de fruits et de tout ce qui peut constituer un bon et solide repas.

Rassure-toi, heureux Pierrot, les bonbons n'avaient pas été oubliés, et des meilleurs encore !

Après les poignées de main les plus amicales, les remercîments et les félicitations réciproques, chacun monta en voiture et l'on partit.

La route qui conduisait à la ferme de Riguier était montueuse et encaissée dans une sorte de ravin abrupt et assez difficile à gravir ; il fallut donc forcément aller au pas. Or, que faire dans une voiture qui chemine lentement, si ce n'est causer de choses et d'autres ? C'est ce que l'on fit.

Du reste, le fameux mot d'ordre était là : « Dans

tout ce que vous voyez, recherchez toujours la *raison des choses.* » Les remarques et les questions ne pouvaient donc pas manquer.

A quelques pas de la maison on passa près de plusieurs plombiers qui soudaient des tuyaux de conduite.

« Quelle est donc, demanda Ernest, cette pierre blanche que ces ouvriers écrasent sur ce plomb qu'ils ont gratté à vif et qu'ils paraissent se disposer à souder?

— C'est du *borax*, répondit M. de Saint-Martin, l'addition de cette substance aide puissamment à faire prendre la soudure. Le borax se trouve dans quelques lacs de Perse et de l'Inde, et même dans les maremmes de la Toscane. On se sert également pour la soudure de *sel ammoniac*, que l'on extrait des déjections animales.

— Oh! voilà un mot que je connais joliment, s'écria Pierrot, l'ammoniaque, c'est-il dur au pauvre monde; je me rappelle qu'on m'en a mis une fois une goutte sur une piqûre de guêpe qui m'avait été faite au doigt, et ça me cuisait comme un charbon ardent. J'aimerais mieux, je crois, avaler coup sur coup dix cuillerées d'huile de foie de morue que de revenir à l'ammoniaque.

— Et moi aussi, ajouta Rosine, avec une certaine petite contraction des lèvres, je connais, non pas l'ammoniaque, mais l'*huile de foie de morue*, car étant petite c'était mon premier repas du matin.... Ouf! rien que d'y penser je frissonne encore; cependant je ne serais pas fâchée de savoir quel est ce principe si vanté et si souverain, dit-on, que contient ce précieux et détestable breuvage.

— Ce qui fait toute l'excellence de l'huile de foie de

morue, dit M. de Saint-Martin, c'est l'*iode* qui s'y trouve. Or, vous allez me demander ce que c'est que de l'*iode*. C'est un corps simple que l'on extrait d'un grand nombre de substances, telles que les eaux sulfureuses, l'eau de la mer, les plantes marines, les éponges, enfin le foie de la morue. L'iode se trouve même encore en suspension dans les vapeurs qui s'élèvent de l'Océan, de sorte qu'on en éprouve la salutaire influence rien qu'en se promenant sur le rivage.

— Mais les photographes se servent aussi de l'iode, s'écria Ernest. Oh! que je voudrais donc savoir quelque chose de cette découverte admirable, la photographie!

— La *photographie*, dit le vieux professeur, est l'application de la daguerréotypie sur le papier; les procédés sont les mêmes, mais la photographie a cet avantage, que l'image, étant reproduite sur un corps mat, n'a plus ce miroitage qui ne permettait pas de la voir dans toutes les positions.

« Cette belle découverte, due à l'intelligent Daguerre, est un art assez difficile et fort compliqué dans ses détails. Qu'il vous suffise de savoir qu'on emploie certaines substances qui ont la propriété de ne se combiner qu'autant qu'elles sont frappées de la lumière : le mercure et l'iode sont dans ce cas; ainsi ces deux corps, mis en présence sur une plaque argentée qui reçoit, au moyen d'un verre lenticulaire, la figure réfléchie de l'objet à représenter, retiennent et dessinent eux-mêmes les contours et les moindres détails de cet objet.

« L'iode joue ici le rôle le plus important, au moyen de sa vapeur qui colore l'image en brun. La lumière, ensuite habilement mesurée et ménagée, crée toutes les dégradations d'ombre, et enfin le mercure, dont les vapeurs se fixent sur les parties graduellement éclairées, achève le dessin. Pour terminer l'opération, on plonge la plaque dans une solution d'hyposulfite de soude, et on lave à l'eau distillée.

— Si j'ai bien compris, dit Ernest, le mercure fait les blancs de l'image, et l'iode, là où il n'est pas attaqué, conserve les ombres. »

Pendant ces explications, que Pierrot avait sans doute trouvées trop arides, ce petit bonhomme avait sauté en bas de la voiture et s'escrimait à lancer des pierres après les oiseaux. Outre cet exercice gymnastique, le petit jardinier s'enfonçait de temps en temps dans les futaies et bourrait ses poches de certaines choses dont il paraissait ne vouloir faire part à personne. Qu'était ce donc?... Nous le saurons sans doute plus tard.

Mais tout à coup on le vit accourir jusqu'au char à bancs, élevant au-dessus de sa tête un gros caillou qu'il venait de briser contre un roc.

« J'ai trouvé un diamant! s'écriait-il tout hors de lui; j'ai trouvé un trésor, ma fortune est faite! car ça doit valoir au moins.... vingt-cinq francs! »

Il grimpa comme un chat dans la voiture et montra triomphalement son diamant, qui pesait bien trois kilos.

Un immense éclat de rire accueillit la merveilleuse trouvaille; car ce n'était autre chose qu'un énorme silex (caillou), dont l'intérieur présentait un commencement de cristallisation.

« Tu peux réduire tes vingt-cinq francs à zéro, mon pauvre garçon, lui dit M. de Saint-Martin en riant, car je me charge de te trouver d'ici à la ferme un tombereau de diamants semblables.

— Mais ça brille comme les boucles d'oreilles de Mme B*** ! dit Pierrot non encore convaincu.

— Pas tout à fait, permets-moi de te le dire. Ceci est un bel et bon caillou dont l'intérieur se trouve accidentellement cristallisé. Du reste, console-toi, le silex est cousin germain du cristal, et le cristal, quand il est pur (il s'appelle alors quartz), prend au besoin les noms de topaze, d'améthyste, de saphir, de rubis.

— Ainsi, dit Pierrot, c'est presque une de ces pierres précieuses que j'ai trouvée là.

— Presque, comme tu dis, il ne manque à ton caillou qu'une petite façon de plus pour te faire une fortune fort honnête.... de même que si tu ramassais un morceau de charbon, tu pourrais encore dire : j'ai presque un diamant.

— Ah bah !

— Le diamant n'est en effet que du charbon, ou, plus scientifiquement, du carbone cristallisé.

— Eh bien ! pourquoi ne fait-on pas des diamants avec des charbons?... Dites donc, frérot, ajouta Pierrot en s'adressant à Ernest, si dès demain nous nous amusions à en faire? M. de Saint-Martin, qui sait tant de choses, aura bien la complaisance de nous dire comment il faut s'y prendre.

— Il n'y a qu'une petite difficulté qui m'empêche de te satisfaire pour le moment; c'est que le bon Dieu, notre grand maître à tous, a jusqu'à présent gardé son secret pour lui.

— C'est fâcheux, ajouta Pierrot, avec un peu de dépit, car je crois que j'aurais prit goût à la chose. »

Après cette naïve exclamation qui tenait à la fois du gret et du doute, le petit bonhomme sembla tomber dans une sorte de rêverie dont il se réveilla tout à coup, en s'écriant :

« Eh bien ! moi, je dis qu'il y a des pierres précieuses qu'il ne doit pas être déjà si difficile de trouver ; car, à la dernière foire de Sainte-Anne, j'ai acheté une bague montée d'un diamant entouré de cinq rubis, et ça m'avait coûté.... quatre sous.

— Et le *joaillier* ambulant qui t'avait vendu cela, répliqua M. de Saint-Martin, gagnait encore cent pour cent sur sa marchandise, car c'était bel et bien du verre coloré qu'il t'avait vendu.

— Pas possible ! fit Pierrot du ton courroucé d'un homme qui s'aperçoit qu'il a été pris pour dupe. Et comment donc fabrique-t-on tous ces bijoux postiches, ou plutôt cet ignoble verre dont ils sont faits ?

— Commençons d'abord par le verre, dit M. de Saint-Martin.

— En voilà une découverte qui a dû coûter bien des études à son inventeur, fit remarquer Ernest.

— Pas le moins du monde, mon petit ami ; car c'est en faisant tout bourgeoisement leur pot-au-feu que les Phéniciens ont trouvé cela.

— Ah ! par exemple ! fit toute l'assemblée en riant.

— Si nous nous en rapportons à ce que dit Pline, continua le vieux professeur, des marchands phéniciens, campés sur les bords du fleuve Bélus, dans l'ancienne Phénicie, voulurent apprêter leur dîner, et comme ils faisaient leur cuisine en plein air, ils se creusèrent un foyer dans le sol qui était caillouteux, ou, si vous aimez mieux, siliceux en cet endroit. Pour consolider ce fourneau improvisé, ils prirent dans leurs bateaux quelques poignées de soude, car ils faisaient le commerce de cette denrée, en firent une pâte et en revêtirent leurs cailloux. Je vous ai déjà dit que la *soude* s'extrait de certaines plantes marines.

« Lorsque, à grand renfort de feu, ces marchands eurent fait cuire leur viande, ils la retirèrent de cette espèce de marmite naturelle, et virent avec étonnement que tout l'intérieur avait une consistance vitreuse. Ce fut pour eux un trait de lumière . ils recommencèrent l'expérience plusieurs fois, en obtenant toujours les mêmes résultats.... Dès lors le verre fut inventé.

« Ainsi cette substance si utile, et je dirai si précieuse, n'est autre chose qu'une combinaison de silice, de soude ou de potasse, auxquelles on ajoute de l'oxyde de plomb pour obtenir plus de transparence et d'éclat.

« Du verre on a passé au *strass,* substance qui a presque l'éclat du diamant. Pour obtenir cette grande pureté qui donne tous les feux du diamant, on a recours au *cristal de roche* ou silice pure, nommée aussi quartz hyalin ; c'est donc avec cette substance qu'on peut faire de très-beaux diamants.... faux.

— Les pierres précieuses fausses ont sans doute la même origine ? demanda Rosine.

— Certainement, répondit M. de Saint-Martin. Ainsi, dans cette catégorie, le diamant est du strass pur et incolore ; le *saphir* est du strass coloré en bleu avec de l'oxyde de cobalt ; l'*améthyste* est du strass coloré en violet avec de l'oxyde de manganèse ; l'*émeraude* est du strass coloré en vert avec de l'oxyde de cuivre et de chrome ; la *topaze* est du strass coloré en jaune d'or avec le verre d'antimoine et l'oxyde d'or ; le *grenat* est du strass coloré en beau rouge , approchant du fruit de la

Lorsque les marchands phéniciens eurent fait cuire leur viande... (Page 138.)

grenade, par le verre d'antimoine, le pourpre de Cassius et l'oxyde de manganèse.... et ainsi des autres.

« En nous résumant, nous dirons donc que les pierres précieuses *fines* sont du *quartz* coloré mystérieusement dans le grand laboratoire de la nature, et que les pierres *fausses* sont tout bonnement du strass, c'est-à-dire du verre.... Et voilà pourquoi le diamant et les cinq rubis de Pierrot ne valent pas plus de quatre sous. »

Le petit jardinier ne répondit pas, car il était profondément vexé d'avoir eu tant de *pierres précieuses* pour si peu d'argent; il fit seulement un haut-le-corps qui témoignait assez de l'irritation de son esprit.

« Qu'as-tu donc, Pierrot? lui demanda Eugène à qui ce mouvement n'avait pas échappé.

— Oh! ce n'est rien, répondit celui-ci, c'est une bouffée de soufre qui me vient au nez, parce que voilà M. B*** qui allume son cigare.

— A propos de *soufre*, dit aussitôt Ernest, je ne serais pas fâché d'être édifié sur cette substance, qui, je pense, se trouve à l'état naturel dans la terre.

— C'est en effet un corps simple, reprit le complaisant M. de Saint-Martin. Il est très-abondamment répandu dans toute la nature : on en recueille de grandes quantités principalement en Italie, aux environs du Vésuve en Sicile, dans le voisinage de l'Etna, dans des mines nommées *solfatares*. La chimie en retrouve même des traces dans une foule de substances, telles que les cheveux, les crins, le cresson, le raifort, l'oignon, les œufs....

— Oh! que oui, qu'il y en a dans les œufs, surtout quand ils sont un peu.... avancés, s'écria Pierrot. Miséricorde! puent-ils le soufre!

— Aussi, dit Ernest, cette drogue qu'on m'a fait prendre au collége pour me couper la fièvre, ce que le médecin appelait du *sulfate* de quinine, doit être quelque combinaison de soufre avec du quinquina.

— Ou mieux, reprit M. de Saint-Martin, de l'acide sulfurique combiné avec le *quinine*, ce dernier mot désignant la substance alcaline et amère contenue dans l'écorce du quinquina. »

D'autres questions allaient encore succéder à toutes celles qui avaient été déjà faites, quand Mme B***, s'interposant tout à coup, dit aux jeunes gens d'un ton de doux reproche :

« Oh! les vilains enfants, comme ils fatiguent sans pitié ce bon M. de Saint-Martin, en le faisant tant parler. L'amour de la science peut-elle donc rendre si indiscret?

— Oh! madame, dit le vieux professeur, ne les grondez pas ces chers enfants, car je retrouve au milieu d'eux tout le bonheur de mes premières années; ainsi ce ne sera certes pas moi qui leur reprocherai de me faire rajeunir.

— Tout cela est très-aimable, mon cher ami, dit à son tour le commandant; mais vous saurez néanmoins que « ce que femme veut, Dieu le veut, » et nous voici précisément au bout de notre course, car j'aperçois la ferme à deux pas. Il faut donc forcément vous reposer....

— Et céder la parole au nouveau-né, ajouta Mme de Monterey en riant, car je l'entends crier d'ici, et à sa voix je juge déjà qu'il doit se bien porter. »

On était arrivé en effet, chacun sauta gaiement hors de la voiture, et l'on entra chez le fermier.

CHAPITRE XIV.

Toute la maison était en fête, les filles de Riguier avaient mis leurs belles robes des dimanches, ses fils s'étaient parés de leurs vestes les plus neuves, et les garçons de ferme en blouse bleue d'une propreté irréprochable complétaient dignement cette réunion de famille.

C'est qu'on tenait à recevoir avec le plus d'honneur possible ce parrain et cette marraine qui venaient avec tant de bonté et tant de grâce prendre cette charge, qui est presque une parenté.

M. de Saint-Martin, le commandant et nos jeunes gens donnèrent en entrant de cordiales poignées de main à tous ces braves gens, et les dames les saluèrent de leur plus gracieux sourire, puis allèrent embrasser la mère et l'enfant qui l'une et l'autre se portaient parfaitement bien.

Vint ensuite l'exhibition des petits cadeaux qu'on avait apportés pour toute la famille; chacun fit le sien avec toute la discrétion possible.

Pierrot seul ne s'était pas encore avancé : il attendait sans doute, en garçon honnête et bien élevé, que tout le monde eût passé d'abord; enfin, il alla cérémonieusement jusqu'au berceau de ce nouveau-né qui ne comptait pas encore vingt-quatre heures d'existence, puis fouillant dans ses poches : « Tiens, petit, lui dit-il, voilà pour te régaler. » Et il posa devant lui deux ou trois grosses poignées de noisettes, plus une corde emmanchée de ses deux poignées, et il ajouta : «Et puis voilà pour t'amuser à sauter à la corde dans tes moments perdus. »

Un immense éclat de rire de toute l'assemblée accueillit aussitôt ce·singulier cadeau et cette naïveté par trop forte.

« Mais attends donc au moins, lui dit Ernest, que le marmot ait des dents et des jambes pour manger et pour courir. »

Une grêle de lazzis vint tomber comme une avalanche sur le dos du pauvre Pierrot, qui ne trouva d'autre moyen de s'y soustraire que de courir bien vite retrouver les fils du fermier et d'engager une partie de barres avec eux.

Cependant les formalités de l'enregistrement de l'enfant sur les actes de l'état civil n'avaient pas encore été accomplies. On décida donc qu'en attendant l'heure fixée par M. le curé pour le baptême, on irait présenter le nouveau citoyen à la mairie.

Mme de Monterey et Rosine se disputèrent l'honneur de porter le petit bambin, et comme l'une et l'autre y tenaient également, elles convinrent qu'elles se partageraient alternativement la besogne. Elles partirent donc accompagnées du père, plus du commandant et d'Eugène qui devaient servir de témoins.

« Eh bien! te voilà heureux, dit M. B*** au fermier; tu as ta demi-douzaine au grand complet : trois filles et trois garçons, quelle jolie petite famille!

— Si heureux, répondit Riguier, que si j'étais l'Empereur des Français, j'aurais voulu qu'on tirât pour ce petit prince-là cent et un coups de canon.

— La naissance d'un enfant, ajouta M. B***, a toujours été en effet un motif de grandes réjouissances. Les anciens offraient à cette occasion des sacrifices aux dieux, et les souverains actuels font mieux encore, ils distribuent des faveurs et accordent des grâces. Rien ne prépare mieux le cœur à l'indulgence que la venue d'un nouveau-né.

— A l'indulgence! à l'indulgence! grommela le fermier entre ses dents; c'est bon à dire; mais cependant si je tenais le gredin qui m'a volé mes pêches et tué mon chien, il n'y aurait pas de grâce qui tienne, je le ferais pendre sans pitié. »

Tout en discourant ainsi, on arriva à la mairie.

Il y avait foule ce jour-là, et le maire, qui était un des amis de M. B***, pria Mme de Monterey et sa fille d'entrer pour quelques minutes dans son cabinet.

A cette époque, un appel bénévole avait été fait dans les départements aux familles indigentes et aux hommes de bonnes volonté pour passer en Algérie, en qualité de colons, et ce jour même devait avoir lieu le départ de tous ceux qui étaient venus se faire inscrire.

Tout en examinant les figures plus ou moins résolues, plus ou moins anxieuses, qui se trouvaient là, Riguier avisant un homme qui paraissait n'y être venu qu'en amateur, et sans doute pour faire ses adieux à quelque ami, s'élança comme une bombe sur cet individu, et le saisissant au collet : « Ah! je le tiens enfin, s'écria-t-il, voilà mon maraudeur. Il va donc me payer tous les mauvais tours qu'il m'a joués. »

Si la surprise du fermier fut grande en retrouvant là son homme, celle d'Eugène ne le fut pas moins en reconnaissant ce même Marcel qui l'année précédente l'avait indignement attiré dans un guet-apens pour tenter de lui faire signer un billet à ordre, extorsion qui n'avait pu avoir son effet que par suite de circonstances indépendantes de la volonté de son auteur et dont nous avons donné les détails dans nos *Récréations physiques*.

Se voyant si bien pris par le fermier, et se sentant en présence de celui dont jadis il avait essayé de faire sa victime, Marcel se troubla et fit tous ses efforts pour se dégager; mais Riguier le tenait trop bien pour qu'il pût s'échapper.

En quelques mots Eugène fit connaître à son père quel était l'individu.

Cependant le maire, qui venait de terminer son opération, accourut au bruit de l'altercation, et s'enquit du motif de cette scène étrange.

Le fermier, que la colère étouffait, précipitait et enchevêtrait ses réponses et ses récriminations de telle sorte qu'il était impossible d'y rien comprendre. Le maire jeta alors un coup d'œil interrogateur sur Eugène; mais celui-ci, en voyant la pâleur qui couvrait la

Ah ! je te tiens enfin ! s'écria-t-il. (Page 146.)

figure du coupable et peut-être quelque signe de repentir, eut la générosité de se taire.

« Enfin, dit le magistrat, en s'adressant à M. B***, quel est donc cet homme ?

— Cet homme, répondit le commandant, est un colon, qui demande à partir ce soir même pour le fond de l'Algérie, d'où il promet de ne revenir que corrigé et tout à fait honnête homme ...

— Mais.... mais..., interrompit Marcel abasourdi, je n'ai pas dit....

— Aimes-tu mieux, lui glissa vivement à l'oreille M. B***, aller passer cinq ou six ans au bagne ?... Choisis.

— Certainement, oh certainement! j'accepte de partir et tout de suite, répliqua vivement le misérable, que Riguier venait enfin de lâcher.

— Va donc, dit le commandant, en le poussant dehors et sache bien que jusqu'à ton arrivée en Afrique on veillera sur toi. »

Quand Marcel, bien et dûment recommandé à la surveillance d'un agent de police, fut sorti, le maire interpellant M. B*** lui dit :

« Ah çà! mon cher commandant, vous me faites enrôler là un individu qui ne m'a pas trop l'air d'être la crème des honnêtes gens.

— C'est possible, répondit M. B***, mais je me connais en physionomies : cet homme a le regard intelligent; c'est la paresse, l'affreuse paresse qui l'a dégradé au point où il en est; mais je suis sûr que quand il aura bêché la terre pendant deux ou trois ans, sa nature s'améliorera.... Mieux vaut encore pour lui aller se régénérer par le travail que d'achever de se perdre parmi des forçats.

— Allons, allons, dit le maire, en serrant amicalement la main du commandant, je vois qu'on ne veut pas tout me dire ; je vous écoute donc comme ami, et non comme magistrat, et je veux bien partager un peu votre confiance en cet homme. Puisse-t-il y répondre de son côté. »

Nous ajouterons par anticipation que la confiance peut-être exagérée, peut-être imprudente du bon commandant, ne fut heureusement pas trompée : la vie agricole à laquelle se livra Marcel rappela dans cet esprit égaré tous les bons sentiments que l'oisiveté y tenait depuis longtemps comme étouffés.

Cependant tout n'était pas fini encore, car bientôt le maire, qui était allé consulter sa liste d'émigrants, revint promptement vers M. B***.

« Mais, mon Dieu, lui dit-il, il ne m'est plus possible d'accéder à votre désir ; les fonds qui m'étaient alloués pour le contingent de la ville sont complétement employés. Je ne puis donc pas admettre votre homme parmi les colons.

— Qu'à cela ne tienne, dit M. B***, en tirant sa bourse, je ferai les fonds moi-même.... et l'État ainsi n'y perdra rien. »

Ce dernier obstacle levé, l'affaire fut donc aussitôt conclue.

Pendant toute cette conversation Riguier était resté la bouche béante, l'esprit tout bouleversé, et paraissait extrêmement scandalisé de voir que la séance se terminait sans qu'il y eût personne de pendu.

« Allons, lui dit le commandant, en l'entraînant dans le cabinet où son enfant attendait plus patiemment que lui qu'on le déclarât citoyen français, oublie ce misérable, mon pauvre Riguier, cela portera bonheur à ton petit mioche ; car tel qu'un vrai roi de France, tu viens de faire usage du beau droit de grâce.

— Ah ! monsieur B***, dit le fermier. Vous n'en faites jamais d'autres…. eh bien, ma fine ! va donc pour le pardon ! et que ça profite à mon enfant. »

Les affaires ainsi arrangées, on procéda à la déclaration et l'on retourna bien vite à la ferme.

La fête fut complète et splendide : M. de Saint-Martin avait fait les choses en homme qui sait traiter son monde. Rien ne manquait au festin : volailles froides, pâtés de venaison, jambon d'York, gâteaux de Savoie, salades d'oranges, nougats, fine pâtisserie, bon vin et liqueurs choisies ; mais où le prévoyant parrain s'était distingué, c'était surtout dans le choix et la variété des bonbons : il y en avait à la rose, à la vanille, au chocolat, au rhum ; il y en avait de rouges, de verts, de bleus, de roses, et en si grande profusion, que ce royal dessert faisait venir l'eau à la bouche rien qu'à le voir.

Pierrot frétillait comme une anguille dans la poêle, et ne se sentait pas d'aise : il proclamait hautement que jamais il n'avait été à pareille fête.

On s'était mis à table immédiatement après la cérémonie du baptême, et le bon curé, convié à ce repas de famille, avait gracieusement accepté l'invitation. M. de Saint-Martin avait voulu également que les garçons de ferme prissent place à la table. Il avait toujours compris, disait-il, que les hommes doivent être distingués entre eux par leurs bonnes qualités bien plutôt que par la position qu'ils occupent dans la société: aussi les paysans du canton disaient-ils unanimement de lui:

« En voilà un qui est bon, et surtout pas fier ! »

Bref chacun fit honneur au repas ; les enfants surtout
ne laissèrent pas miette du dessert ; et maître Pierrot
était d'une intrépidité fabuleuse pour croquer des bonbons.

« Dites donc, frérot, fit-il, en s'adressant tout bas à
Ernest, il me semble que je n'ai pas encore goûté à ces
dragées de couleur ; si vous vouliez me passer cette
boîte à rubans bleus....

— Je le veux bien, répondit son frère de lait en riant,
mais *il me semble* pourtant que tu as dû déjà faire connaissance avec eux ; car tes lèvres en sont si barbouil-
lées qu'elles ressemblent à un arc-en-ciel.

— Pas possible ! dit le petit gourmand, sur les joues
duquel il poussa un pied de rouge, en se voyant ainsi
pris en flagrant délit ; c'est que ma pauvre mémoire
m'aura fait encore défaut en ce moment.

—Voilà ce que c'est que les couleurs mauvais teint,
dit en plaisantant Mme B***, qui avait entendu ces
dernières paroles, elles jouent toujours de mauvais tours
aux gens : témoin ce fichu de barége vert-pomme que
j'ai mis pour venir ici, et que le soleil a déjà rendu
d'un jaune douteux.

— Tiens, tiens, tiens ! fit Jean-Baptiste, l'un des
garçons de ferme, dont le gros rire ressemblait à s'y
méprendre au grincement d'une porte rouillée, c'est
donc comme moi *itou :* v'là une blouse qui était bleu
de roi quand je l'ai achetée et qui, pour avoir reçu cinq
ou six petites ondées, est maintenant bleu de ciel ! C'est-
il drôle, cela !

— J'avoue aussi mon ignorance sur ce point, ajouta
Mme de Monterey, et si notre jeune professeur Eugène

voulait bien me donner une leçon sur l'art de la teinturerie, je serais très-heureuse ; au moins je ne serais
plus exposée à acheter des robes ou des rubans qui
déteignent comme ces malheureux bonbons.

— Je serai, ma chère tante, quand vous le voudrez
bien, tout à votre disposition, » répondit gracieusement
le jeune bachelier.

On se leva de table vers midi, et l'on fit cortége
au bon curé pour le reconduire à son presbytère ; puis
chacun courut ou à ses affaires ou à ses plaisirs. Ainsi
Riguier et ses garçons allèrent donner un coup d'œil
aux étables et à la bergerie ; M. de Saint-Martin et
le commandant causèrent agriculture et progrès ; les
enfants s'envolèrent dans le verger, comme une troupe
d'oiseaux pressés de jouir de la liberté des champs et
du besoin de voltiger sous le ciel bleu. Quant aux trois
dames, elles s'installèrent discrètement dans une pièce
voisine de celle où la mère et l'enfant, un peu fatigués
des incidents de la journée, reposaient paisiblement
l'un près de l'autre. Là elles se mirent activement à
tailler, à coudre, à parfaire les objets les plus indispensables de la layette du petit bébé, et notre complaisant et grave Eugène vint s'asseoir près d'elles pour
tenir la promesse qu'il avait faite à sa tante.

« L'art de la teinturerie, dit-il, remonte aux temps
les plus reculés....

— L'histoire sainte, interrompit Rosine, m'en est
garante, car je me rappelle qu'au temps de Salomon on
citait les teintures de Tyr et de Sidon, et plus tard
cette *pourpre romaine*, couleur impériale dont on revê-
tait les souverains.

— Ce sont, poursuivit Eugène, les Phéniciens qui

les premiers se sont adonnés sérieusement à ce genre d'industrie....

— Avocat, dit en riant Mme de Monterey, si nous passions au déluge, c'est-à-dire si nous arrivions promptement aux actualités ? car je serais curieuse de savoir bien vite pourquoi il y a des étoffes *bon teint* et *mauvais teint* : cela dépend-il de la qualité des couleurs ou de leur apprêt ?

— De l'un et de l'autre, répondit le jeune homme. Du reste, les procédés varient selon la nature de l'étoffe qu'on a à teindre ; ainsi pour le *lin*, le *chanvre*, et le *coton*, on doit commencer par le *blanchiment* de ces étoffes. Cette opération consiste à exposer l'objet sur un pré, pour qu'il reçoive simultanément l'impression de la lumière et de l'humidité On a toutefois maintenant des moyens plus expéditifs pour en arriver là, tels que le chlorure de chaux, ou des bains aiguisés d'un peu d'acide sulfurique....

— Ce qui les *blanchit* certes beaucoup, dit Mme B***, mais ce qui ne les brûle pas mal, n'est-ce pas ?

— C'est possible, répondit Eugène. Quant à la *laine*, c'est au moyen du *soufrage* qu'on arrive à ce résultat, et pour la *soie*, c'est en la plongeant dans une eau bouillante fortement imprégnée de savon, et dans des émanations sulfureuses, qu'on la dispose à recevoir la teinture.

— Mais la *laine*, qui est un corps essentiellement gras, dit Mme de Monterey, doit être la plus rebelle à se laisser teindre ?

— Je voulais passer cela sous silence, répondit le jeune bachelier, parce que le moyen employé n'est pas des plus.... comment dirai-je ?... des plus propres, tranchons le mot, car c'est dans certaine *déjection liquide* complétement putréfiée qu'on la laisse quelque temps macérer. Maintenant il s'agit d'appliquer la teinture, et pour qu'elle soit ce que vous appelez *bon teint*, ce n'est pas le plus embarrassant, mais c'est le plus coûteux.

« L'application de la couleur se fait de deux façons : les étoffes plongées dans la matière mordante s'appellent *tissus teints*; celles sur lesquelles la teinte ou les dessins ont été appliqués au moyen de planches, ou mieux d'un rouleau, se nomment *toiles peintes.*

— Bien, dit Mme B***, voilà le procédé; mais dis-nous donc enfin, mon cher ami, pourquoi il y a des étoffes de si mauvais teint.

— Une expérience bien simple et bien convaincante vous le fera comprendre Donne-moi, Rosine, je te prie, un de ces chiffons blancs que tu jettes à terre; j'ai précisément de l'encre sous la main, c'est tout cequ'il me faut. Voyez, continua l'expérimentateur, je plonge ce linge dans l'encrier.

— Eh bien ! dit la jeune fille, il va sortir noir comme l'aile d'un corbeau.

— Pas du tout. Il ne sera que d'un gros noir très-douteux, en un mot mon opération ne m'aura donné qu'une teinture *mauvais teint*: et pourquoi? parce qu'ici la matière colorante de l'encre n'est que très-imparfaitement mêlée à l'eau qui en fait la base : elle y est simplement tenue en suspension au moyen de la gomme arabique qu'on a ajoutée à cet effet. La lumière ou l'humidité ne peut manquer d'enlever assez promptement le noir de l'encre.

— Comment donc faire, dit Mme de Montcrey, pour avoir un beau noir fixe?

— Employer deux substances qui aient une grande affinité l'une pour l'autre. Ainsi, si j'avais trempé d'abord mon linge dans une dissolution de noix de galle, l'un des ingrédients qui avec le sulfate de fer, ou couperose, constituent l'encre, j'en aurais imprégné les fibres de ce linge et l'aurais préparé à recevoir ensuite le bain de couperose ; ces deux substances, mises ainsi en présence, se seraient convenablement combinées et l'opération chimique n'aurait rien laissé à désirer.

« Concluons de là que, pour avoir une couleur bon teint, il faut savoir assortir les matières qui ont l'une pour l'autre l'affinité voulue, et les choisir en outre de bonne qualité ; c'est donc de l'observation de ces conditions expresses et c'est surtout du choix des matières employées que dépend le véritable bon teint d'une étoffe. On appelle *mordants,* certains oxydes métalliques qui aident, comme je viens de vous l'expliquer pour le sulfate de fer, à imprégner l'étoffe de la matière colorante et à la fixer solidement.

— Et l'on peut tirer de là cette conséquence, dit en riant Mme de Monterey, que l'économie joue un grand rôle dans les couleurs mauvais teint et qu'acheter une étoffe *bon marché,* ce n'est pas toujours faire un bon marché. »

Trois heures venaient de sonner, la famille B*** et M. de Saint-Martin songèrent au retour. On l'annonça aux enfants qui en ce moment étaient occupés à prendre un supplément de dessert parmi les framboisiers, les groseilliers et les fraisiers du verger. Tous ces petits maraudeurs trouvèrent qu'on se séparait beaucoup trop tôt ; mais enfin ils se résignèrent, et après des remercîments chaleureux de la part des Riguier et des témoignages de sympathie d'autre part, on monta dans le char à bancs.

Mais la journée était si belle, le ciel si pur, la campagne si ravissante, que M. de Saint Martin proposa une promenade dans ses propriétés qui étaient assez étendues et, comme on le pense bien, on accepta à l'unanimité. Le fermier, qui avait à cœur de faire honneur de son mieux à ses hôtes, demanda la permission de les accompagner jusqu'à Mahonbonne.

« J'accepte ton honnête proposition, avec d'autant plus de plaisir, lui dit M. de Saint-Martin, que mon désir était déjà de.te le demander. J'aurai peut-être à mettre à profit tes connaissances en agronomie et ton expérience dans les quelques mots que je serais bien aise de dire à nos jeunes gens sur la nature des terrains arables ; car je crois me rappeler que notre jeune bachelier, qui sait, je n'en doute pas, le grec et le latin, m'a témoigné déjà plusieurs fois l'envie de connaître un peu cette science si intéressante et si utile de l'agriculture. »

Cela dit, on se mit immédiatement en route pour cette nouvelle partie de plaisir qui devait clore dignement la journée.

CHAPITRE XV.

**Le phosphore. — La nymphe Lampyris à la recherche d'un
collier perdu. — Une bonne action.**

Cette exploration dans les champs étant plutôt une
promenade qu'une course obligatoire, chacun prenait
son plaisir à sa guise. Tantôt on descendait de voiture,
on courait çà et là quand la nature du terrain le permettait, tantôt on y remontait si l'on était fatigué ou
si les chemins étaient mauvais. Les enfants fourrageaient
dans les blés, dans la prairie, et s'en donnaient à cœur
joie; les deux bonnes mères, Mme B*** et sa sœur,
s'entretenaient du bonheur de posséder ces chers trésors, et se disaient, comme Cornélie, la mère des Grac-
ques, qu'ils valaient mieux que tous les bijoux de la
terre.

M. B*** et M. de Saint-Martin faisaient leurs projets d'avenir sur ces enfants qui folâtraient aujourd'hui,
mais qui un jour devaient être des hommes. La part du
bon petit Pierrot n'était même pas oubliée; car, une
fois les vacances passées, on avait l'intention de le col-

loquer bel et bien dans la ferme-modèle de Roville, fondée par les soins du savant agronome Mathieu de Dombasle. Pierrot méritait à tous égards cet intérêt et cette protection : il était plein de cœur et de dévouement, et d'après les projets des deux amis, il devait, en sortant de cette école théorique et pratique, être mis à la tête de leurs domaines et en être le régisseur.

Nos promeneurs, que cette charmante journée rendait si heureux, parcouraient donc la campagne sans but arrêté. Ils côtoyaient en ce moment une haie d'aubépine fort épaisse, fort enchevêtrée, qui séparait deux propriétés, et Pierrot, selon son habitude de fureter partout, s'était enfermé dans un taillis touffu et sombre, quand tout à coup il en sortit tout effaré, tout tremblant.

« J'ai vu.... j'ai vu, s'écria-t-il, là sous cette haie une grosse bête qui m'a regardé avec ses deux yeux.... non, elle n'en avait qu'un.... mais quel œil ! Seigneur-Dieu ! c'était pire qu'un charbon ardent.

— Allons, dit Eugène en riant, voilà encore notre poltron qui aura pris une souris pour un chacal ou un tigre.

— Mais quand je vous dis, répétait le petit jardinier tout ahuri, que ses yeux.... c'est-à-dire son œil, flamboie si fort que j'en ai vu trente-six chandelles.

— Ton animal est donc borgne? demanda Ernest d'un ton moqueur. Allons toujours y voir.

— N'approchez pas, n'approchez pas ! criait Pierrot encore plus fort ; prenez des pierres, des bâtons, des fusils, ou je ne réponds pas de vous. »

Eugène, qui était loin de partager la vive émotion du petit jardinier, alla avec une baguette écarter les branches du buisson, puis se retournant et poussant un grand éclat de rire : « La grosse bête, dit-il, est tout bonnement un petit ver luisant ; le voilà au bout de ma baguette.

— Là ! fit Pierrot, en se croisant les bras avec dépit devant l'insecte, suis-je t'i bête ! moi qui ne connais que cela. »

En ce moment tout le monde avait été obligé de remonter en voiture pour traverser un bas pré marécageux et rempli d'ajoncs. Vinrent alors les questions sur ce singulier petit ver dont la propriété est de luire dans l'obscurité.

« Ce feu blanc ou bleuâtre qu'il laisse voir par intermittence, comme un phare à feux changeants, dit Eugène, ne peut être que du *phosphore*.

— Et qu'est-ce que c'est que le phosphore ? lui demanda-t-on.

— C'est une matière très-inflammable, qui répand dans l'obscurité des vapeurs blanches, dues à une combustion lente et mystérieuse, dans laquelle l'oxygène joue sans doute un grand rôle. Du reste, c'est un corps simple qu'on retrouve en combinaison dans l'urine putréfiée, dans le cerveau des mammifères, dans le sang, dans la laitance des poissons, dans certains minéraux et même dans tous les os de notre corps. On retrouve encore le phosphore dans le bois pourri, surtout quand il est dans l'obscurité. Un autre phénomène qui se rattache à une cause analogue, c'est la phosphorescence de la mer : spectacle plein de magnificence, dont vous avez lu sans doute de belles descriptions. Les marins qui parcourent les mers du Sud, et particulièrement la mer Vermeille, voient souvent le soir de longues traînées phosphorescentes se produire dans le sillage de leur vaisseau. Ce phénomène est dû, croit-on, à des myriades d'animalcules que la quille du bâtiment refoule et fait jaillir à la surface des eaux.

— Eh bien ! moi, dit Mme B***, je veux, — si toutefois j'ose me mettre dans la foule de nos savants, — je veux vous faire une toute petite expérience sur le phosphore, et pour cela je ne m'embarquerai pas sur la mer Vermeille. Il ne me faudrait que deux petits morceaux de sucre. » Puis elle ajouta : « Quelqu'un dans l'honorable société aurait-il ce que je demande ? » Et en disant cela elle jeta un coup d'œil malin sur le petit jardinier.

« C'est-il heureux, et j'ai t'i de la chance ! dit Pierrot ; j'ai justement dans ma poche les deux gros morceaux de sucre que vous m'avez donnés au déjeuner pour me consoler de n'avoir pas eu de café. Voilà, madame, voilà mon sucre. »

Mme B*** se plaça dans l'ombre et, frottant vivement ensemble ces deux morceaux de sucre, elle en tira effectivement des lueurs phosphorescentes très-visibles.

« A mon tour, dit alors Mme de Monterey avec le même entrain de gaieté, je veux aussi apporter mon petit contingent à l'histoire du phosphore. J'ai connu une dame mexicaine qui m'a assuré que lorsqu'elle allait en soirée, elle plaçait dans sa coiffure certains petits insectes nommés *cuenjos*, qui, le soir, répandaient un éclat éblouissant ; c'étaient de véritables diamants vivants. Je suppose donc que, comme nos vers luisants de France, ce sont des insectes phosphoriques.

— Je sais encore plus fort que cela, dit M. de Saint-Martin ; tant pis pour moi si vous ne me croyez pas, mais les entomologistes rapportent qu'il existe en Hollande un certain insecte nommé *pholade*, caché en nombre incalculable dans les digues du rivage de la mer du Nord et qui, en les perforant sournoisement et profondément, y cause des dommages très-préjudiciables. Ces pholades, ajoutent-ils, sont douées d'une propriété phosphorique telle, que si l'on en conserve dans du lait, elles le rendent lumineux pendant une année entière.

— Eh bien, s'écria Pierrot, je parie que c'est aussi du phosphore que j'ai vu briller dans les yeux de Rouget; je le poursuivais avec une baguette jusque sous le lit où il s'était caché, et il m'a regardé avec deux gros yeux ronds, qui s'allumaient comme les deux lanternes d'un cabriolet. Alors... j'avoue que je ne savais plus lequel des deux, de lui ou de moi, avait le plus peur.

— Je puis affirmer, dit le commandant en riant, que ce n'était pas le chat.

—Je crois maintenant, dit Mme de Monterey après un petit moment de silence, que chacun de nous a dit son mot sur les phénomènes dus au phosphore; il reste cependant encore Rosine. N as-tu donc rien à nous raconter à ce sujet, mon enfant?

— Moi, dit Rosine ainsi interpellée, oh si! j'ai bien aussi une petite histoire à placer; je la tiens de notre maîtresse de pension qui nous l'a racontée en classe, en nous faisant un cours de mythologie. Mais d'abord je dirai à mon cousin Eugène que je suis grandement scandalisée de l'avoir entendu dire que le ver luisant, nommé aussi *luciole*, est un animal laid et mal bâti. Le ver luisant n'est pas ce que messieurs les entomologistes pensent : c'est la belle et infortunée Lampy-

ris, une des nymphes de Diane, la déesse de la chasse....

— Bon ! s'écria le commandant, qui ne put retenir
un éclat de rire, voilà maintenant que la grosse bête
borgne qui a tant effrayé Pierrot, est une princesse malheureuse et persécutée !

— Permettez-moi d'achever, mon cher oncle, reprit
Rosine, et vous en jugerez vous-même.

« Lampyris, la plus gracieuse et la plus sage des
nymphes de Diane, se faisait remarquer à la cour de la
déesse par mille bonnes qualités. Un jour Pan, le dieu
des jardins, la vit et fut charmé de sa modestie et surtout de sa grâce à danser.... Il la fit demander en mariage. Cette démarche effaroucha tellement la belle Lampyris, que le soir même elle quitta la cour de Diane, et
s'enfuit à travers les bois pour aller chercher chez sa
mère protection et sécurité.

« Cependant elle ne tarda pas à s'égarer, et bientôt
accablée de fatigue et d'émotion, elle se laissa tomber
au pied d'un chêne et s'endormit.

« Mais à ce moment même les Dryades, divinités qui
président aux arbres, et les Oréades, qui président aux
rochers, rôdaient aux environs ; elles aperçurent la belle
dormeuse et l'admirèrent ; mais bientôt leur admira-
tion se convertit en convoitise en voyant briller au cou
de Lampyris un superbe collier que sa mère lui avait
donné et qu'elle lui avait bien recommandé de ne jamais quitter.

« Ces méchantes Dryades, et leurs sœurs les Oré-
des, poussées par de mauvaises pensées, s'emparèrent
du précieux collier, s'en partagèrent les grains et s'en-
fuirent.

« Lorsque Lampyris se réveilla, jugez de son désespoir en ne retrouvant plus son cher bijou. Elle s'achemina lentement vers la demeure de sa mère; mais celle-ci, qui était dure et avare, lui ferma inhumainement la porte au nez, en lui signifiant qu'elle ne rentrerait à la maison paternelle que quand elle y reviendrait avec son collier. Tout ce que put obtenir la pauvre Lampyris, ce fut une lanterne que la marâtre lui jeta, afin sans doute qu'elle vît plus clair dans ses recherches.

« Lampyris chercha, chercha longtemps, mais ne trouva rien. Enfin, à bout de patience et de peines, elle allait mourir de désespoir, quand Diane la prit en pitié, et la changea en ver luisant.

« C'est pour cela, ajouta Rosine, que nous la rencontrons si souvent par les bois, par les prés, par les chemins perdus, par les chemins frayés, s'éclairant sans cesse de sa lanterne phosphorique, mais ne trouvant hélas! aucune perle de son collier.

« Et voilà ma petite histoire, dit Rosine

— Puisqu'il en est ainsi, fit le jeune bachelier, en affectant un grand sérieux, je vais incessamment en faire un rapport à l'Institut, et prouver que les vers luisants ne sont pas des vers luisants, mais bien de belles demoiselles qui ont perdu leur collier. Et je t'avouerai, ma chère cousine, que ton conte me paraît si joli, que si je n'étais pas trop occupé par mes examens de fin d'année, je le mettrais en vers.

— Mais..., dit Rosine d'un petit air narquois, d'autres y ont pensé avant toi, mon très cher cousin, et même des gens assez haut placés.... car ce n'est rien moins que Mgr Huet, le célèbre évêque d'Avranches.

Pan fut charmé de sa modestie.

— Oh! si tu les sais, ces vers, dit Ernest, dis-les-moi :
je les copierai bien vite sur mon album.

— Très-volontiers; les voici :

> Quel est ce nouveau feu qui luit,
> Au travers des buissons, malgré l'obscure nuit?
> Sera-t-ce quelque étoile errante?
> Ou quelque astre qui, las des cieux,
> Dont la demeure est trop ardente,
> Vient chercher le frais en ces lieux?
> Non. C'est Lampyris qui, chassée
> Par une mère courroucée,
> D'un soin vainement assidu,
> Avec sa lampe naturelle
> Qui pendant la nuit étincelle,
> Cherche encor son collier perdu.

« Ne m'en demandez pas davantage, dit la jeune fille,
c'est là tout ce que je sais de ma leçon de mythologie.

— Et grandement mythologique! ajouta en riant
M. de Saint-Martin, car si une telle description du ver
luisant tombe jamais entre les mains de quelque savant
de l'Académie des sciences, je ne sais trop ce qu'il en
pensera. »

La route était redevenue praticable et belle, et nos
jeunes gens, impatients de reprendre leurs ébats à travers champs, sautèrent bien vite à terre et engagèrent
un steeple-chase (ou course au clocher) pour lutter à
qui arriverait le premier à une fabrique de poterie que
l'on voyait à un demi-kilomètre de là. Toute la bande
joyeuse s'envola à un signal donné, et bientôt on la
perdit de vue.

On fut un bon quart d'heure sans voir revenir personne.

« Mais où sont donc nos petits oiseaux voyageurs?
dit enfin Mme B*** déjà inquiète de cette absence.

— Je vais mettre le cheval au trot, reprit M. de
Saint Martin, et nous les aurons bientôt rattrapés. »

En effet, après quelques minutes de marche, on vit,
au détour d'une route, tout le cortége des enfants,
non plus courant et sautant les haies et les fossés, mais
attelés comme de vrais chevaux de trait à une sorte de
tombereau pesamment chargé de terre glaise. Eugène
était dans les brancards et tirait à perdre haleine ; Ernest, la bricole sur le cou, était devant *en arbalète*, et
aidait à son frère ; et l'intrépide Pierrot, poussant de
toutes ses forces par derrière, faisait retentir l'air de
ces cris sacramentels, sans lesquels tout cheval ne saurait sans doute marcher : « Huuo ! dia ! hii, hue la char-
rette ! »

Quant à Rosine, si sa besogne se faisait moins brusquement, elle n'en était pas moins méritoire ; elle
soutenait sous le bras un pauvre vieillard, le propriétaire de ce même tombereau, qui semblait ne pouvoir
marcher que bien péniblement.

Or voici ce qui était arrivé. Nos jeunes gens en courant à leur but avaient rencontré cet homme qui ve-
vait, en traînant son lourd fardeau à la poterie, de se
donner une entorse, son pied ayant porté à faux dans
une ornière. Il avait donc dû rester là forcément, et se
désespérait de ce fatal accident. C'était dans cette position que nos enfants l'avaient trouvé, et ce fut avec un
ensemble et un entrain admirables qu'ils s'étaient tous
empressés de lui porter secours.

A la vue de cet attelage improvisé, Riguier sauta en
bas de la voiture, pour aller, disait-il, leur donner un

coup de collier, bien qu'on fût presque arrivé à la poterie.

« Non pas! s'écria le commandant en le retenant,
laisse-les faire. Ne leur enlevons rien du mérite de leur
bonne action. J'aime cent fois mieux voir mes enfants
couverts ainsi de poussière et de sueur en accomplissant
une œuvre charitable, que musqués et gantés, froids et
insensibles comme certains dandys de ma connaissance
qui oublient trop souvent que nous sommes tous sur
terre pour nous aider les uns les autres. »

L'œuvre commencée dans ces conditions s'accomplit
donc de même, et le pauvre homme et sa glaise arrivèrent tant bien que mal à la fabrique.

M. de Saint-Martin ne manqua pas de glisser dans
la main du vieillard de quoi se faire panser et se reposer quelques jours.

« Entrons ici, dit-il, cette poterie appartient à un de
mes filleuls, j'y suis donc comme chez moi. Du reste
nous aurons peut-être à y causer de choses intéressantes. »

On accéda avec joie à cette proposition, et chacun
suivit le bon professeur.

CHAPITRE XVI.

Le propriétaire de la fabrique accourut aussitôt au-devant de nos visiteurs et remercia M. de Saint-Martin, avec une sincère effusion de cœur, de la bonne surprise et du plaisir qu'il lui faisait, en venant ainsi, lui et sa société, visiter ses ateliers. Il se mit donc à la disposition des nouveaux venus et donna toutes les explications désirables sur l'exploitation de sa fabrique.

« Cette terre que vous avez vu apporter par le pauvre père Durand, et qu'il va péniblement extraire de la montagne voisine, est de l'*argile*, ou, si vous aimez mieux, de la terre glaise; c'est un composé *d'alumine*, oxyde métallique qu'on trouve dans toutes les terres arables, et de *silice*, ou caillou. Cette argile a la propriété, lorsqu'elle est pétrie avec de l'eau, de faire une pâte liante et molle, et par conséquent propre à être façonnée, comme vous le voyez, en pots, en plats, en vases de toute forme et de toute grandeur. Elle se durcit par la cuisson.

« Ainsi lorsque la terre d'un sol siliceux est employée sans lavage ni apprêts, elle donne les briques, les tuiles, les carreaux dont on se sert dans le bâtiment, et c'est à l'oxyde de fer qu'elle doit cette teinte rouge qui est particulière à ces objets.

« Pour fabriquer la faïence commune ou la poterie, on mélange de la chaux à l'argile.

« Pour la faïence fine, c'est toujours de la silice, de l'alumine et quelquefois de la chaux.

« Pour le grès, on complète le mélange des ingrédients ci-dessus par de la baryte (sorte de terre alcaline) ou bien par un peu d'oxyde de fer.

« Voilà, dit le filleul de M. de Saint-Martin, les matières qui s'emploient ici pour faire ces pots et cette vaisselle que vous voyez.

« Quant à la vaisselle proprement dite, je vous ferai observer qu'elle est recouverte superficiellement d'une sorte d'émail qui la rend imperméable. Cet émail ou vernis se compose de silice, de potasse, de soude et d'oxyde de plomb.

— Ce vernis, appliqué surtout aux poteries, n'offre-t-il pas parfois des inconvénients? demanda Mme B***.

— Assez fréquemment, madame ; en effet, lorsque l'oxyde de plomb est en excès, il en peut résulter des accidents fâcheux, même des empoisonnements.

— Et quelle est la matière dont on fait la porcelaine? dit Mme de Monterey.

— Toujours l'argile, répondit le propriétaire de la

fabrique; mais pour cette fabrication on ne choisit que l'argile formée de feldspath. Ce minéral cristallin est un silicate d'alumine mélangé ou de soude ou de chaux; lorsqu'il est approprié à la fabrication de la porcelaine, il prend le nom de *kaolin*.

« L'art du porcelainier ne diffère d'ailleurs de celui du potier qu'en ce que la matière employée est plus fine et les procédés plus minutieux, plus délicats, mais le principe céramique est à peu près le même.

« La porcelaine dure se fait avec une pâte bien homogène composée de ce kaolin dont je viens de parler, c'est là l'argile, et de *pétunsé*, mot par lequel les Chinois désignent le feldspath pur.

« La porcelaine tendre a plus de feldspath dans sa pâte et est recouverte d'un émail dans lequel il entre aussi plus d'oxyde de plomb.

« Les ornements en peinture ou en dorure s'appliquent sur ces différents objets, poterie, faïence ou porcelaine, avant la cuisson.

— Et les *pipes*, demanda le commandant, ces bienheureuses consolatrices des vieux grognards, ces idoles des fumeurs intrépides, de quelle pâte sont-elles faites?

— Cette pâte est encore une variété de l'argile plastique, avec quelque modification dans la cuisson et absence de tout émail.

— Et ces fameuses pipes d'*écume de mer* dont on dit tant de bien, d'où leur vient donc ce nom?

— Je n'en sais en vérité rien, répondit le directeur, car je ne sache pas que l'écume de la mer ait jamais produit rien d'assez consistant, d'assez solide pour en fabriquer des pipes; c'est tout simplement une sorte de magnésite, substance blanche et opaque composée de silice et de magnésie. On en trouve en Turquie, en Espagne et même à Coulommiers, et près de Paris dans les terrains marneux.

— Aussi, dit Eugène, il y a réellement les pipes dites *écume de mer*, qui est le nom de la matière, et les pipes de *Cummer*, qui sans doute est le nom de quelque fabricant émérite.

— Oui, ajouta Mme B**** et puissiez-vous, vous tous

Les vilains engins.

jeunes gens, ne jamais faire trop tôt connaissance avec ces vilains engins qui ne témoignent pas d'une trop grande distinction de goûts, et qu'on ne devrait jamais se permettre dans la société des dames.

—Attrape cela! dit en lui-même le commandant; heureusement que j'éteins toujours la mienne quinze pas avant d'aborder ce sexe délicat. »

Pendant qu'on causait ainsi et qu'on allait d'un atelier à un autre, Rosine et Ernest s'étaient arrêtés devant deux enfants : une petite fille de sept ans et un petit garçon de huit ans, travaillant de tout cœur et sans même oser lever les yeux de peur de perdre du temps; ils étaient assis sur un escabeau devant une petite table, et fabriquaient des chevilles en terre glaise, destinées à tenir écartés l'un de l'autre les objets destinés à être mis au four.

De leurs petites mains potelées, mais rougies par le travail, ces pauvres petits enfants frappaient le plus fort possible sur de petites languettes de glaise qu'ils aplatissaient dans des moules destinés à leur donner la forme voulue. Ils devaient faire ainsi quinze chevilles en une minute, soit neuf cents à l'heure, et leur mère, femme âgée, et ouvrière comme eux, était là, les surveillant et leur rappelant au besoin qu'ils n'auraient quelque chose avec leur pain, au souper, qu'autant que leur journée serait complète et productive.

« Comme ça doit être facile et amusant, dirent ensemble Rosine et Ernest, de faire des chevilles!

— Eh bien! dit M. B*** qui se trouvait là en ce moment, veux tu en essayer, Ernest? Prends pour une demi-heure seulement la place de ce petit garçon et mets-toi à la besogne.

— Et toi aussi, dit Mme de Monterey à sa fille, contente ton envie de *t'amuser* à faire des chevilles. Je suis bien sûre que cette bonne petite ouvrière te cédera sa place avec grand plaisir. »

Nos deux jeunes étourdis acceptèrent avec joie la proposition et s'installèrent aussitôt devant le petit établi des enfants.

« Je vous préviens, avant tout, dit le commandant, que si vous ne faites pas autant d'ouvrage que les petits ouvriers que vous remplacez, vous les dédommagerez amplement, au moyen de votre bourse, du dommage que vous leur aurez causé. »

Ce marché conclu, Rosine et Ernest se mirent à pétrir, à taper, à façonner ces *amusantes* chevilles.

Au bout d'un quart d'heure, leurs mains avaient déjà des ampoules, au bout de vingt minutes, leurs bras endoloris pouvaient à peine remuer, et enfin la demi-heure n'était pas finie qu'ils demandèrent grâce l'un et l'autre.

« Et combien as-tu fait de chevilles? demanda M. B*** à son fils.

— Cent dix-sept, répondit Ernest qui suait à grosses gouttes.

— C'est juste sept cent quatre-vingt-trois de moins que le petit garçon.

— Et toi, ma Rosine? dit Mme de Monterey.

— Cent quatre, repartit la jeune fille, en secouant ses mains couvertes d'argile.

— Il s'en faut donc de sept cent quatre-vingt-seize que tu sois aussi habile que cette petite fille de sept ans.

— Et pensez-vous, maintenant, mes chers enfants, dit le commandant, qu'après cette belle besogne, vous avez gagné d'avoir ce soir « quelque chose avec votre « pain? »

— Enfin, continua M. B*** en donnant une expression plus sérieuse à ses paroles, vous venez de voir ce que c'est que de travailler pour vivre.... Je suis bien aise que vous ayez passé par cette épreuve, car maintenant, j'en suis bien sûr, vous prendrez en pitié ces pauvres ouvriers qui gagnent leur pain si péniblement et vous n'hésiterez pas à prendre sur votre superflu de quoi leur venir en aide. »

La leçon avait porté ses fruits, car ce fut spontanément, et les larmes aux yeux, que Rosine et Ernest vidèrent leur bourse dans les mains des petits enfants et se promirent de se souvenir toute leur vie de cette mémorable visite à la poterie[1].

Pendant que ces choses se passaient à l'atelier des petits fabricants de chevilles, Pierrot, toujours bavard et touche-à-tout selon son habitude, interpellait un jeune garçon occupé à tourner sans relâche, et avec une vitesse uniforme, une roue qui faisait mouvoir les tours de plusieurs ouvriers.

« Est-il *faignant* ce gars-là, lui dit-il, il va comme une vraie cane. Ah! comme je vous mènerais cela bien meilleur train, si c'était moi!

— Eh bien! mon gros, dit l'ouvrier, essaye un peu, et nous allons voir. »

Pierrot allait se mettre à l'ouvrage, mais l'autre l'arrêta tout court.

« Non pas, lui dit-il, mais il faut, avant que tu ne commences, que nous pariions à qui fera le mieux. Je mets un sou sur jeu. Et toi?

— Moi, fit le petit jardinier, en tâtant toutes ses poches, je crois que j'ai oublié ma bourse; mais si tu le veux, je mets pour enjeu cette grosse poignée de noi-

---

1. Ce petit incident est un fait historique. L'auteur se trouvait, l'année dernière, à la fabrique de poterie, dite *le Rond*, dans la forêt de Bonnétable, où M. le duc de L. R. F. donnait exactement la même leçon de fraternité chrétienne et d'humanité à ses jeunes enfants. (*Note de l'auteur.*)

settes que j'avais oubliées là dans ma veste, plus deux fameux morceaux de sucre qui ont déjà servi... à une expérience.

— Tôpe ! ça y est, dit le jeune garçon. Allons, attelle-toi là, et va ton train. »

Pierrot se précipita sur la manivelle et se mit à tour

Pierrot alla donner du nez dans un bloc de terre glaise

ner, à tourner avec une telle animation, avec des saccades si désordonnées, que les ouvriers, surpris et déconcertés par l'inconcevable vitesse imprimée si brusquement à leurs tours, jetèrent tous ensemble un cri d'imprécation, et se levèrent pour aller fustiger le malhabile et

12

enragé personnage qui se livrait à une pareille gymnastique; mais au moment où ils allaient l'empoigner, Pierrot, emporté lui-même par les élans furieux qu'il se donnait, passa tout à coup à corps perdu par-dessus sa manivelle et alla à cinq pas de là donner du nez dans un gros bloc de terre glaise.

Il n'eut que le temps de se relever bien vite et de prendre ses jambes à son cou, pour éviter l'avalanche d'avertissements.... à poings fermés.... qui le menaçait.

Tel qu'un poulet fanfaron, battu par un vieux coq, laisse en fuyant la moitié de ses plumes sur le champ de bataille, tel notre petit vaniteux, houspillé par toute la bande d'ouvriers, dégringola les escaliers quatre à quatre, abandonnant sur le terrain ses noisettes, son sucre, et de plus son portrait imprimé dans le bloc de terre glaise..... mais, avouons-le, parfaitement réussi.

Ce fut là le dernier épisode de cette visite. On quitta la poterie, non sans avoir beaucoup remercié l'obligeant directeur, et après s'être informé de l'état du pauvre voiturier, qui fort heureusement n'avait qu'une très-simple et très-petite foulure. On reprit donc le chechemin des champs.

Ernest, qui n'avait rien oublié des leçons de la fabrique sur la nature des terres employées, se mit à broyer dans sa main une motte grenue.

« Oh ! oh ! dit-il, me voilà déjà renseigné sur une sorte de terre Celle-ci est *siliceuse*, car je voir briller une grande quantité de petits grains qui ne peuvent être autre chose que du caillou pulvérisé ou silex.

— Et celle-ci, lui demanda M. de Saint-Martin,

voyez comme elle est douce au toucher et comme elle
se pelotonne dans la main.

— C'est une terre *argileuse*, ou terre glaise.

— Fort bien, et celle·ci ? continua le vieux professeur
en lui présentant une poignée de terre noirâtre et assez
onctueuse.

— Ah !... je n'en sais plus rien, répondit Ernest, et
cependant c'est celle de notre jardin, je la reconnais à
sa couleur, et je sais que partout où il s'en trouve la
végétation est belle et vigoureuse.

— Voilà ce que c'est, reprit M. de Saint-Martin en
souriant, on voit bien pousser ses fraises et ses violettes,
et l'on ne sait pas ce qu'il faut pour les faire pousser.

— Est-ce que c'est bien difficile et bien long à ap-
prendre ? demanda le petit écolier.

—C'est en effet assez long pour y devenir savant, car
on ne devient pas un bon agronome en un jour ; cependant si vous le désirez, mon petit ami, je me ferai un
plaisir de vous donner quelques renseignements sur
l'art de l'agriculture. »

Tout le monde applaudit à cette proposition et l'on
écouta le bon professeur.

« Les terres de mon petit domaine sont heureusement
assez variées de qualité ; cependant il est à regretter que
nous n'ayons pas en ce moment sous les yeux les nombreux échantillons qui se trouvent à la ferme-modèle de
Roville...

—Brrriii ! Brrrééé ! fit tout à coup Pierrot d'une voix
chevrotante.

— Qu'as-tu donc à bêler comme une chèvre qui a
perdu ses petits ? lui demanda Ernest à qui il avait fait
faire un soubresaut.

— Pardine! repi it Pierrot, ça vous est bien facile à dire, frérot; vous ne savez donc pas que rien que ce nom de *ferme-modèle* me donne la chair de poule? Ne faudra-t-il pas à la fin de ces vacances que j'aille m'enrôler parmi les apprentis fermiers pour trois ou quatre ans au moins?...

— Mais aussi, lui dit le commandant en lui frappant amicalement sur l'épaule, quand tu sortiras de là pour revenir t'installer à Mahonbonne, on t'appellera *monsieur Pierrot* gros comme le bras, et tu ne nous quitteras plus. »

Le petit jardinier, pour toute réponse, jeta un regard de reconnaissance et d'affection sur toute la bonne famille, et deux grosses larmes vinrent mouiller ses paupières.

Mais pour faire diversion à ce petit incident, Riguier, que M. de Saint-Martin avait chargé de l'indication des terrains qu'on parcourait, se hâta de dire :

« Nous voici arrivés, messieurs, à un champ peut-être le plus curieux de tous, car dans l'espace d'un demi-kilomètre la nature des terres change trois fois. Près de cette ligne de peupliers au pied desquels coule un petit ruisseau, c'est de la *terre glaise*. Là où le terrain monte rapidement, c'est du *sable*, et au pied de la montagne qui limite le champ, c'est de la *chaux*, du *plâtre*, que sais-je?

— Voilà bien des sortes de terre, dit Ernest; chacune d'elles doit sans doute avoir une propriété toute spéciale?

— Si elles étaient *pures*, c'est-à-dire sans aucun mélange d'autres terres, dit M. de Saint-Martin, elles seraient toutes fort mauvaises, ou pour mieux dire tout à fait impropres à la culture. Je vais donc ajouter quelque chose à cette nomenclature insuffisante par laquelle

Riguier vous les fait connaître. Ainsi ce qu'il appelle tout simplement terre glaise est une terre dans laquelle l'alumine et l'argile sont *en excès*; et ainsi du sable ou silice, et de la chaux ou terre calcaire.

— Et qui a fait ce mélange? demanda M. B***.

— La nature presque toujours ; mais cependant si l'agriculteur n'y rencontre pas les conditions voulues, c'est à lui à aviser, à y remédier par des amendements. Ainsi une terre argileuse, pour constituer ce qu'on appelle une *terre forte*, doit contenir du sable, de la marne et de la chaux à forte dose, — et pour devenir *terre franche*, la meilleure de toutes après l'humus, les proportions d'argile, de sable, de marne et de chaux doivent être égales.

— Ces terres *franches* et ces terres *fortes*, dit Ernest, ne sont-elles pas ces détestables terres dans lesquelles on s'embourbe et qui collent si fort aux pieds quand il a plu?

— Vous ne leur auriez pas donné cette épithète hasardée de détestables, si vous connaissiez le dicton du laboureur : *mauvais chemins, bonnes terres.*

— Alors, repartit le petit écolier, je retire bien vite le mot irrévérencieux que j'ai dit si légèrement... Heureux donc le cultivateur qui a de la terre forte dans sa ferme, dût-il en amasser un pied par dessus ses sabots!

— Heureux, heureux, pas toujours, dit Riguier ; je sais bien moi que j'ai une bonne pièce de terre de cette nature ; c'est là, il est vrai, que vient mon plus beau blé, quand cependant il ne manque pas ; car à ces terrains-là il faut un temps de demoiselle : *ni pluie ni soleil*, et si l'on n'attrape pas un moment favorable pour labourer, adieu la récolte! Au résumé donc, c'est bon, mais c'est chanceux et coûteux. Les terres strictement *franches* sont encore les meilleures, au moins toute culture y réussit.

— Et celles de là-bas, près de la montagne, qu'y a-t-il à en dire? demanda Eugène : ne sont-elles pas calcaires, ou gypseuses, c'est-à-dire contenant du plâtre?

— Tout cela n'est pas fameux, répondit le fermier, la chaux dévore trop vite le fumier qu'on y met, et le plâtre... le plâtre, j'en dirai pourtant moins de mal; car la luzerne et le trèfle y poussent admirablement bien et les arbres fruitiers y réussissent assez.

— Comment! dit Pierrot, du plâtre fait pousser la luzerne! Si vous me disiez encore du bon terreau, bien noir et bien gras....

— Nous arriverons tout à l'heure à ton terreau, dit le fermier; mais quant au plâtre, je l'ai en assez grande considération depuis que *je me suis laissé dire* qu'un savant, nommé Franklin, ayant fait semer un champ de luzerne, avait fait répandre sur le terrain des traînées de plâtre de manière à former, en belles lettres moulées, le mot PLATRÉ, et lorsque sa graine eut levé, on voyait très-distinctement son mot *plâtré* s'élever en touffes verdoyantes par-dessus toutes les autres.

« Maintenant je citerai le terreau ou terre végétale, que de plus savants que moi appellent *humus;* c'est cette couche noirâtre du sol qui est plus ou moins profonde. Pour qu'une terre arable soit dans de bonnes conditions, il faut que l'épaisseur de terre enlevée par le soc de la charrue contienne au moins un vingtième de terre végétale ou d'humus.

— Et la terre de bruyère? dit Pierrot.

— C'est maigre, maigre comme tout, répliqua le fermier; ce n'est que du sable et des racines, c'est bon tout au plus à faire pousser les méchantes petites fleurettes de jardin ou des plantes qu'il faut douilletter dans une serre chaude.

— Ainsi, dit Eugène, toutes ces terres dont nous venons de parler, en s'amendant l'une par l'autre, donnent infailliblement de bons résultats de culture.

— Eh! eh! fit Riguier en secouant la tête, un tantinet de fumure ne fait jamais de mal.

— Ah! c'est vrai. Et quels sont les meilleurs engrais.

— Les boues des villes? je pense, dit M. de Saint-Martin.

—Dame! fit Riguier, les Français disent oui, les Anglais disent non. Qui a raison maintenant? Nos voisins de l'autre côté de la Manche prétendent que la boue des villes contient trop d'oxyde de fer provenant de l'usure des roues et des fers des chevaux sur le pavé, et ils regardent ce fer comme un poison pour les plantes : ils rejettent donc dédaigneusement ce précieux engrais; mais les maraîchers des environs de Paris et des autres villes font pousser au moyen de cette boue de si bons petits pois, des melons si parfumés, des salades si appétissantes, dont, soit dit par parenthèse, messieurs les Anglais se régalent si bien, que je crois que c'est nous qui avons raison.

« Outre ces amendements on emploie encore un certain nombre d'engrais qui ont une puissante énergie, pour activer la végétation :

« Premièrement l'*urée*....

— Qu'est-ce que c'est que cela? demanda étourdiment Pierrot.

— Tu l'apprendras à la ferme-école, petit curieux, lui dit Eugène.

— Puis, continua le fermier, les matières animales telles que les abats de boucherie.... la.... poudrette....

— Un mot à chercher dans ton dictionnaire, Pierrot, dit Eugène en riant.

—Le guano d'Amérique[1], la colombine, puis les fumiers de mouton, de cheval, de vache et de porc.

— Ah! cette fois, papa Riguier, je vous comprends, dit Pierrot, car je serais un bien triste jardinier si je ne connaissais pas ces fameux engrais qui font si bien pousser mes carottes et mes choux.... Quoique je sois encore à me demander comment il peut se faire que de la paille hachée, gâtée et pourrie, puisse faire venir de si bonnes choses.

— J'avoue, ajouta Ernest, que je me suis fait aussi cette demande bien souvent.

— Et tu aurais vraiment tort, lui dit Eugène, de croire que c'est cette paille, ce fumier, ces engrais, tels que tu les vois, qui ont la vertu de faire pousser les plantes; sa he bien au contraire que c'est l'*azote*, que ces matières fournissent plus ou moins abondamment, qui a tout le mérite d'activer la végétation.

— Mais j'ai remarqué aussi, reprit à son tour M. B***, qu'après une pluie d'orage la végétation semblait très-

1. Sorte de colombine que l'on trouve principalement dans le Pérou, aux lieux fréquentés par les hérons, les flamants, etc. Il y en a des couches de quinze à vingt mètres d'épaisseur entassées

sensiblement activée. Cette eau a donc des propriétés autres que celle dont on se sert pour les arrosages?

— Ce n'est pas encore ici précisément l'eau qui produit ce phénomène, répondit Eugène, mais bien le fluide électrique dont elle se trouve saturée. Cette eau entraîne de plus avec elle les sels ammoniacaux et les matières organiques tenues en suspension dans l'air.

— Ainsi, dit Ernest, l'azote, l'eau et la terre, sont les trois éléments indispensables pour qu'il y ait végétation.

— Tu pourrais même, répondit son frère, retrancher la terre, qui n'est pas toujours rigoureusement indispensable.

— Ah! par exemple! fit le petit écolier étonné.

— Mais n'as-tu pas en ce moment de magnifiques jacinthes qui poussent dans des carafes sur ta cheminée? Ne fait-on pas venir du gazon en piquant des grains d'avoine tout autour d'un navet? Ne voit-on pas des champignons sur de vieilles boiseries, et une sorte de mousse d'un beau blanc de lait sur l'encre même?...

— Et de magnifiques jardins sur les pots de confitures, s'écria Pierrot. C'est toujours un malheur quand ça arrive, j'en conviens; mais aussi pourquoi laisser moisir des confitures? je vous demande un peu! »

La conversation dut forcément se terminer là, car on était arrivé à Mahonbonne. Riguier ne quitta la société que chargé encore de cadeaux de la part de M. de Saint-Martin, car ce n'était que dans cette intention que le

là depuis plusieurs siècles sans doute. On en expédie en grande quantité dans toute l'Europe.

bon professeur l'avait prié de l'accompagner jusqu'à sa maison.

Tout le monde n'eut donc qu'à se féliciter de cette bonne et heureuse journée.

CHAPITRE XVII.

Après une année scolaire bien remplie et couronnée
de brillants succès, nos jeunes amis goûtaient à Mahonbonne ces purs plaisirs qui sont la récompense du
devoir accompli. La partie de campagne, les distractions
instructives, les petits bonheurs de la jeunesse, ne leur
manquaient pas. Voyez, c'était hier un baptême, une
promenade délicieuse, des causeries agréables et instructives, et aujourd'hui ce sera encore mieux que
tout cela, la dose de plaisir et de bonheur va très-probablement être augmentée encore, car voici venir par
la route de Sainte-Anne deux petits ambassadeurs empressés et joyeux, qui certes n'apportent que de bonnes
nouvelles.

Et en effet ce sont MM. Adolphe et Jules de Bouville, porteurs d'une invitation bien formelle et bien
pressante adressée à toute la famille B*** de se rendre
le jour même à l'usine pour y déjeuner, y dîner, et

mieux encore se rendre de là à la fête de Bénaménil, ce gros bourg dont nous avons déjà parlé, qui est très-peu distant de Sainte-Anne.

Comment refuser une telle invitation? La famille de Bouville est si aimable et si bonne! et la fête de Bénaménil est, de notoriété publique, la plus complète et la plus jolie de toutes celles des environs.... On accepta donc à l'unanimité.

Toutefois les grands parents apportèrent à leur adhésion cette modification que les enfants pourraient partir tout de suite, mais qu'eux, y compris Rosine, resteraient à Mahonbonne jusqu'à trois ou quatre heures, et qu'en allant à l'usine de M. de Bouville, ils passeraient par la fête, pour y prendre nos petits promeneurs.

Hâtons-nous de dire que maître Pierrot était bien et dûment compris dans l'invitation, et qu'à cette heureuse nouvelle il fit un saut de carpe à aller toucher au plafond, puis dans sa folle joie il courut embrasser avec effusion.... son ami Moustache.

Les apprêts du départ furent bientôt terminés; les jeunes gens furent même autorisés à garnir leur bourse de toutes les économies du mois, que M. et Mme B*** renflèrent encore par un don particulier, avec autorisation pleine et entière de dépenser cet argent selon le goût ou le caprice de chacun. Il nous a même été rapporté que la bonne Rosine glissa furtivement dans la main de Pierrot une belle pièce de cinq francs toute neuve.

La réception de nos trois jeunes gens dans la famille de Bouville fut, on le pense bien, des plus aimables et des plus affectueuses. On déjeuna gaiement, et plus gaiement encore on se mit en route pour la fête.

Jamais le bourg de Bénaménil ne s'était distingué comme cette fois par la splendeur de cette solennité. Ici des salles de bal improvisées avec des guirlandes et des fleurs ; là des cuisines en plein vent avec leurs poulets, leurs canards et leurs pigeons à la broche. Là des montagnes de gâteaux. Puis des théâtres sous des tentes où tous les bobêches, les galimafrés, les gringalets du département semblaient s'être donné rendez-vous. Puis des mâts de cocagne tout scintillants de leurs timbales, de leurs couverts d'argent, de leurs foulards soi-disant des Indes, etc., etc.

Et les boutiques donc ! Quel coup d'œil, que de variété, que de magnificences ! C'était à vous donner des éblouissements. Baccarat [1] y avait apporté son contingent en cristaux des formes les plus élégantes. Là était un dépôt d'objets d'art en bronze, en vermeil, voire même en or et en argent ; ici c'étaient de délicieux petits meubles en palissandre, en acajou, en bois de rose. Et puis des voitures de joujoux à donner les plus furieuses tentations de fouiller dans sa poche.

« Par où commencerons-nous ? se dirent nos cinq enfants, éblouis et incertains devant tant de belles choses ; mais personne ne pouvait répondre ni se décider, tant l'attraction était forte dans les sens les plus opposés.

— Si nous voyions d'abord sous cette tente, dit enfin Ernest, il y a un prestidigitateur et des jongleurs indiens, qui, ce me semble, nous amuseront beaucoup avant que nous nous occupions de nos emplettes.

---

1. Manufacture renommée pour ses cristaux et ses verreries de toutes sortes, d'une richesse et d'une perfection remarquables. Elle est située à peu de distance de Lunéville.

— Ou bien dans cette baraque, ajouta Jules; on y annonce un crocodile apprivoisé qui danse et qui donne la patte.

— Moi, je pencherais assez pour Polichinelle, » dit Pierrot.

Ainsi que pour les boutiques, les avis furent partagés. Cependant Eugène, ayant mis la question aux voix, il fut décidé qu'on irait d'abord voir le physicien et les jongleurs, puis qu'on terminerait par les emplettes.

La séance fut brillante et des plus amusantes.... excepté pour Pierrot, qui s'échappa vers la moitié du spectacle, parce que le prestidigitateur, l'entendant rire à ébranler la tente, l'avait menacé de l'escamoter sous un de ses gobelets, comme une muscade.

En sortant de là, Eugène, apercevant à l'horizon certain nuage fauve et plombé qui se balançait sournoisement vers le sud-ouest, conseilla à ses amis de faire au plus vite leurs achats. Chacun se dissémina donc dans la fête selon son caprice.... et ses moyens.

Ici nous nous arrêterons pour adresser une toute petite question à nos bons petits lecteurs que nous supposons être en ce moment à la place des enfants de M. B*** et de M. de Bouville. — Vous voilà donc en pleine fête devant les boutiques les mieux assorties, vous ouvrez votre bourse, et.... quelle est la première pensée qui vous vient?... dites, s'il vous plaît. Oh! je l'ai deviné, allez, et il ne fallait pas être bien sorcier pour cela. — Vous vous êtes dit tout d'abord : « Je vais avant tout faire un joli petit cadeau à mon bon père et à ma bonne mère : je leur dois bien cela pour toute l'affection qu'ils me témoignent et aussi pour m'avoir si bien garni ma bourse. »

Les baraques de la fête.

Eh bien, c'est ce qu'Eugène, Ernest, Adolphe, Jules et même Pierrot, sans s'être même communiqué cette pensée, faisaient en ce moment.

Ainsi Eugène achetait un magnifique encrier en bronze avec tous ses accessoires, qu'il destinait au bureau de son père.

Ernest faisait emplette d'un joli petit timbre en argent, artistement ciselé, pour le poser à table devant sa mère, dont la sonnette était usée et fêlée.

Adolphe achetait des boutons de manchettes en or émaillé pour M. de Bouville.

Jules avait choisi une délicieuse boucle de ceinture en *aluminium*, dont il voulait faire présent à sa maman.

Enfin Pierrot, qui n'avait pas de parents, le pauvre enfant, mais qui avait des amis dans toute la famille, marchandait, examinait, essayait et enfin faisait emplette d'une petite paire de ciseaux à broder pour Mlle Rosine.

Puis... ce n'est pas encore tout : les deux frères B*** se cotisaient pour acheter à leur bonne tante, Mme de Monterey, une charmante boîte à ouvrage en bois de rose.

Ajoutons encore qu'après tous ces achats commandés par le cœur, chacun employa le restant de sa bourse à satisfaire ses petits caprices et ses goûts... Ils en avaient certes le droit. Il serait bien long et bien fatigant d'énumérer ici toutes les fantaisies, tous les joujoux, tous les charmants petits riens, qu'ils se donnèrent; disons seulement que lorsque M. B*** et les trois dames arrivèrent sur la fête à l'heure indiquée, il était grand temps qu'on leur débarrassât les mains et les poches, qui étaient encombrées.

Nous ne parlerons pas des remercîments et des protestations d'amitié qui furent échangés de part et d'autre. Une franche cordialité faisait rayonner la joie sur tous les visages, quand un regard jeté à l'horizon fit donner le signal de la retraite. En effet, le nuage fauve et plombé du sud-ouest gagnait toujours. On songea donc sérieusement à reprendre au plus vite le chemin de l'usine; cependant le départ ne fut pas tellement précipité que quelques emplettes d'une utilité incontestable ne fussent faites encore.

Ainsi mère Bertaud et Petit-Jacques qu'on rencontra là eurent : la première, une bonne capeline bien chaude pour l'hiver, et le second une casquette fourrée et soigneusement capitonnée.

Les enfants de Guillaume de la Butte-aux-Grives, ceux de Riguier, qui flânaient par là autour des marchands de gâteaux, en eurent les poches pleines.

On partit enfin, en hâtant même un peu le pas. Cependant, vers les dernières boutiques de la fête et derrière un buisson, un certain bruit ou plutôt des clameurs qui semblaient provenir d'une lutte violente de plusieurs personnes, s'étant fait entendre, Adolphe, passablement curieux de son naturel, y courut.

Qu'était-ce donc? Oh! presque rien, en vérité : c'était tout simplement Jean le Têtu qui venait de donner, comme il le disait lui-même, *une bonne volée* à deux *faignants* de garçons qui maltraitaient lâchement un de leurs camarades plus jeune et plus faible qu'eux.

Tout ce que Jean regrettait là dedans, ce n'était pas une assez belle égratignure qu'il avait reçue à la joue, mais c'était sa pauvre pipe en terre d'Alger qui s'était trouvée cassée dans la lutte.

Or, qu'avait fait Adolphe dans cette occurrence? Il

tenait en trop haute estime Jean le Têtu depuis l'affaire des wagons brisés, pour le laisser en proie à son chagrin. Il avait donc couru à une boutique voisine, avait acheté une fort jolie pipe en écume de mer, et sans autre préambule l'avait offerte au généreux garçon, qui, surpris, troublé et presque honteux, n'eut ni la pensée ni le temps de refuser le cadeau; car à peine l'eut-il dans la main, qu'Adolphe avait déjà rejoint la société.

Ce trait n'a pas besoin de commentaire, il fait assez l'éloge de celui qui en fut l'auteur.

On arriva enfin à la maison de M. de Bouville, et il était temps, car une pluie torrentielle, fouettant avec violence, inonda bientôt la campagne et les rues de Sainte-Anne.

Et la fête? la pauvre fête si joyeuse et si belle?.... Rassurez-vous, mes amis, le nuage, qui répandit ses fureurs sur Sainte-Anne, fut clément pour Bénaménil, car à peine les danses champêtres de là-bas furent-elles interrompues par quelques gouttes d'eau égarées. On dîna toutefois gaiement, on causa longuement, et enfin Mme B*** et Mme de Monterey parlèrent du retour à Mahonbonne. Ces dames jetèrent vaguement un coup d'œil par la fenêtre.... O désolation! tout était inondé dans la campagne, les chemins, les sentiers défoncés par la terrible averse n'offraient pas la plus petite place où l'on pût mettre le pied, de grosses gouttes tombaient encore et la nuit était presque arrivée.

Justement ce jour-là Mme B*** avait mis un délicieux chapeau en crêpe de chine orné de roses moussues, et tout frais apporté de chez la modiste. Mme de Monterey et sa fille avaient des robes de couleur si tendre et si claire, que la moindre tache de boue, qu'une goutte d'eau même pouvait les gâter à jamais.

Oh! vous eussiez vraiment pris ces pauvres dames en pitié, rien qu'à les voir avec une contenance si abattue, si désespérée, jeter un regard de désolation sur Mme de Bouville qui.... qui partit d'un grand éclat de rire.

« Quel bonheur! s'écria-t-elle, vous voilà mes prisonnières. Vous resterez ici, vous coucherez, vous....

— Mais, mais, mais ... firent à la fois les deux dames et le commandant.

— Il n'y a pas de mais, il n'y a même pas la plus petite objection à faire, reprit Mme de Bouville, soutenue cette fois par son mari. Les chemins sont affreux, vos toilettes sont adorables, et vos personnes me sont trop chères pour que j'expose tout cela aux intempéries de la saison. C'est donc convenu, on reste; il y a ici des chambres pour tout le monde. Nous allons passer au salon. Je jouerai des valses et des polkas sur mon piano, et tout le monde dansera bon gré, mal gré.

— Mais, dit le commandant, dans quelle inquiétude sera-t-on à Mahonbonne?

— Si ce n'est que cela qui vous tourmente, reprit M. de Bouville, Antoine, mon cocher, va prendre un cheval, et....

— Ah! il y a un cocher! il y a un cheval !.... dit M. B*** en riant; il y a donc aussi une voiture. Eh bien, mon cher ami, vous ferez bien à ces dames la gracieuseté de la leur prêter.

— En effet.... dit le maître de forges pris au piége, il y a bien ma voiture.... mais.... mais il y a un ressort, — celui de gauche, je crois, — qui n'est pas trop solide.

— Ah ! parbleu, s'écria le commandant, moi qui ai servi aussi dans l'artillerie, et qui me connais parfaitement en ressorts, je serais bien aise de m'assurer de l'état de celui-ci. »

Et il se dirigea vers la porte.

Mais Mme de Bouville, plus alerte que lui, se campa résolûment devant cette porte.

« Halte-là, mon capitaine, lui dit-elle, en prenant une charmante petite mine décidée. *Quand vous seriez le petit Caporal, vous ne passerez pas !* Vous êtes tous, je le répète, mes prisonniers de guerre.

— Vous allez voir, dit M. B***, que pour la première fois de ma vie il faudra que je capitule, et, ce qui est plus fort encore... que je danse.

— Oui, monsieur, il faudra payer de votre personne et ce n'est qu'à ce prix qu'il vous sera permis de faire votre partie de piquet ou d'échecs avec M. de Bouville... Il y a, du reste, ici assez de petites mines éveillées, ajouta Mme de Bouville en jetant les yeux sur les enfants, qui sauront bien danser pour nous.

— Mais, chère dame, reprit le commandant qui ne se rendait pas encore, voyez pour vous quel embarras... »

Mais l'interrompant subitement, Mme de Bouville prit alors un ton de cérémonieuse civilité : « Monsieur B***, dit-elle, veut-il bien m'offrir son bras pour passer au salon ? Le thé est servi. »

Il n'y avait plus à s'en défendre. Tout le monde capitula... et les enfants en sautèrent de joie.

Et l'aube matinale blanchissait déjà les coteaux à l'horizon qu'on riait, qu'on jouait, qu'on dansait encore dans la maison du maître de forges.

CHAPITRE XVIII.

Le lendemain, vers huit heures, M. B*** et nos jeunes gens étaient déjà dans l'usine, examinant avec intérêt ce travail de fonderie si grandiose et si important, ces hauts fourneaux atteignant une hauteur de quinze à vingt mètres, et de la base desquels s'écoulait un flot incandescent de fer fondu; ces hommes, tout noirs de fumée, dont le corps reflétait par moments les rouges lueurs des flammes, ce bruit tantôt sourd, tantôt retentissant du métal en feu qui passait sous les cylindres, tout cela était nouveau pour eux, tout cela les captivait, les émerveillait.

Ils ne tardèrent pas à rencontrer M. de Bouville qui venait de faire dans les ateliers son inspection matinale accoutumée.

— Tout ce que vous voyez ici est bien intéressant, n'est-ce pas? leur dit le maître de forges. Eh bien !

mes petits amis, continuons, si vous voulez, cette promenade, je me mets avec grand plaisir à votre disposition et je suis prêt à vous donner toutes les explications désirables.

— Oh! ce que je voudrais surtout bien savoir, dit Ernest, c'est comment il se fait que ces masses de cailloux et de minerais de toutes formes qu'on verse par tombereaux, là-haut, dans la gueule béante de ce fourneau, en sortent sous l'apparence de fer net et presque brillant.

— Le fer, le cuivre, le plomb, l'or et tous les autres métaux ne se trouvent donc pas purs dans la terre? demanda Rosine.

— C'est vrai, ajouta Pierrot; moi je croyais qu'il n'y avait qu'à se baisser et en prendre dans le pays où tout cela pousse, comme en Californie.

— Oh! mais les questions se multiplient et se compliquent, dit M. de Bouville en souriant. Eh bien! pour que je puisse y répondre avec ordre et lucidité, voulez-vous venir dans mon cabinet, où j'ai réuni une assez belle collection de minéraux? Là nous étudierons avec plus de fruit chaque métal à part, puis je vous donnerai quelques explications sommaires sur la métallurgie ou l'art de travailler les métaux.

— Alors, dit Ernest, je prends bien vite mon petit cahier dont j'aurai grand besoin, car je crois que nous allons avoir une furieuse quantité de métaux à passer en revue. On en compte, je crois, quarante-sept.

— Vous avez en effet une excellente mémoire, mon cher enfant, reprit le maître de forges; cependant vous me permettrez de ne vous parler que des plus essentiels, c'est-à dire des plus connus, au nombre de neuf, qui sont : le *fer*, le *cuivre*, l'*or*, l'*argent*, le *plomb*, l'*étain*, le *zinc*, le *platine* et le *mercure*. Quant aux trente-huit autres, leur histoire ne serait ni fort intéressante ni même fort utile à connaître en ce moment. Attendez pour cela que vous en soyez à préparer votre baccalauréat, comme l'a fait votre frère Eugène. Mais tenez, mes enfants, continua M. de Bouville en conduisant sa petite société devant une étagère, voici ces neuf métaux. Les reconnaissez-vous ? »

Nos cinq jeunes gens, sauf Eugène bien entendu, promenaient leurs regards sur les rayons de l'étagère et ne répondaient pas... ils hésitaient.

« Quant à moi, dit Pierrot, je vois bien neuf gros cailloux grisâtres, jaunâtres ou noirâtres; mais pour des métaux, serait bien malin celui qui reconnaîtrait de l'or ou de l'argent là-dedans.

— Ah ! je devine, s'écria Rosine, ces masses grossières et sans caractères sont les *minerais* ou *gangues* dans lesquels le métal se trouve engagé.

— C'est cela même, répondit M. de Bouville, et c'est au métallurgiste à les en extraire. Ainsi ce sont des minerais ferrugineux que vous voyiez tout à l'heure verser dans l'orifice du haut fourneau.

— Et les métaux sont-ils tous cachés comme cela dans des pierres? demanda Adolphe.

— Oui, à peu près; cependant les métaux qui se trouvent, comme vous le voyez ici, ou engagés dans le minerai, ou combinés avec le soufre, ou oxydés avec l'oxygène ou des acides, ou enfin confondus avec d'autres métaux, peuvent se trouver dans la nature à l'état natif ou pur. Ainsi le mineur rencontre parfois un *filon*, c'est-à-dire comme une traînée de la matière métallique partant des fissures de quelque roc souterrain et venant s'épanouir en s'élargissant vers la surface de la terre.

— C'est étrange ! dit Rosine. Quelle est donc la puissance mystérieuse qui fait ainsi monter ce métal comme une source qui du sein de la terre remonte à la surface ?

— On peut supposer, répondit le maître de forges, que ces matières, qui à l'intérieur du globe sont probablement en fusion, remontent ainsi, en vertu des lois de la capillarité, jusque vers le sol, qu'ils affleurent même quelquefois.

« Ainsi, continua M. de Bouville, voilà donc les métaux pris au gîte : nous savons qu'on les trouve ou dans des minerais, ou à l'état pur ou vierge dans des filons, et j'ajouterai même qu'on rencontre quelquefois l'or aggloméré en pépites ou masses de grains arrondis souvent d'un poids considérable. Voyons donc l'histoire de chacun de ces métaux en particulier, et commençons par le fer, comme plus utile et plus précieux que l'or.

— Hum ! grommela Pierrot, les petites pièces de cinq francs en or, et même les grosses en argent, ont bien aussi leur mérite.

— Pas d'après l'opinion de Publius Ovidius Naso du moins, dit Eugène en riant, puisqu'il proclame en fort bon latin que

Ferroque nocentius aurum.

—Qu'est-ce qu'il entend donc par ce baragouinage-là, votre monsieur Naso ?

— Que l'or est plus nuisible que le fer, répondit le bachelier.

— En voilà un qui faisait le dégoûté ! ajouta dédaigneusement le petit jardinier.

— Monsieur Pierrot, dit Rosine d'un petit ton grondeur, si vous interrompez toujours, nous ne saurons rien. Soyez donc plus gentil que cela, et écoutez. »

Pierrot, tout rouge de la remontrance, baissa le nez et se tint coi.

« Le fer, reprit M. de Bouville, est le métal le plus abondamment répandu dans la nature ; il est aussi le plus résistant, le plus tenace : ainsi un fil de fer de 2 millimètres de diamètre (à peu près la grosseur d'une plume d'oie), peut supporter, sans se rompre, un poids de 250 kilogrammes.

— Et d'où vient donc, cher papa, dit Jules, cette propriété qu'ont certains morceaux de fer d'attirer à eux de la limaille, des aiguilles et même des pièces plus fortes que cela ?

— Ta demande, mon cher ami, équivaut à cette question : « Qu'est-ce que l'*aimant ?* » Je pourrais te répondre par cette définition assez banale que la physique applique à tant de choses : C'est un corps qui, en vertu d'un *fluide* doué d'une force d'attraction et de répulsion... Mais qu'est-ce que ce fluide ?... Hélas ! la science humaine n'en dit pas plus, n'en sait pas plus. Dieu seul en sait l'origine et le secret, et ce secret il ne l'a encore révélé à personne.

— C'est égal, dit tout bas Pierrot à l'oreille de son voisin Ernest, c'est joliment amusant et drôle que l'aimant. Il y avait, l'année dernière, à l'école, le fils à la mère Catiche qui avait un couteau aimanté. Nous nous sommes mis à frotter tous nos *eustaches* contre le sien et nous enlevions un tas de petites choses en fer, et si M. Grinchon, le maître d'école, qui dormait pendant ce temps-là, ne s'était pas réveillé tout à coup, j'allais je crois, enlever un hanneton qui me courait sur la main. »

Ernest, qui avait à peine écouté l'incorrigible petit bavard, lui poussa le coude pour le faire taire et donna

Le fils de la mère Catiche avait un couteau aimanté.

toute son attention à M. de Bouville, qui continuait ainsi :

« Je vous ai dit que le fer ne se trouve que rarement isolé; eh bien, approchons-nous de cette fenêtre qui donne sur les ateliers, et nous étudierons bien mieux toutes les opérations de la fonderie.

« Vous voyez là-haut le minerai qu'on décharge dans

le *gueulard* conjointement avec le charbon. Cette espèce de cailloutage est un assemblage de matières siliceuses, calcaires, quartzeuses, mais contenant du fer à l'intérieur. Tout cela va se fondre bientôt dans l'ardent brasier entretenu jour et nuit dans le haut fourneau....

— Pour s'écouler ensuite par l'ouverture qui est en bas, dit Ernest ; mais comment le fer peut-il sortir pur si tout est jeté pêle-mêle dans le fourneau ?

— Bien ! mon ami. Cette réflexion prouve que vous observez avec fruit. Eh bien, voici ce qui se passe : Les matières étrangères, le caillou, la chaux, etc., beaucoup plus légères que le fer, doivent nécessairement surnager. Or, voyez : toute cette masse, vitrifiée par la chaleur, déborde par la partie supérieure du creuset et se perd comme résidu sans valeur, tandis que la fonte, tout à fait purgée de substances siliceuses et autres, reste seule et pure au fond.

— Cette fonte, dit Rosine, n'est pas encore du fer ?

— Non, il faut pour cela qu'elle passe au fourneau *d'affinage*, c'est-à-dire qu'elle soit réchauffée fortement et soumise au contact de l'air, afin d'oxyder le carbone et autres matières étrangères. Enfin cette même fonte, devenue *fer*, sera soumise à un martellement énergique sous les coups redoublés de marteaux qui pèsent jusqu'à 500 kilos et que fait mouvoir une puissante machine à vapeur.

— Par la conversion de la fonte en fer, demanda Eugène, il doit y avoir une perte de matière assez considérable.

— A peu près le tiers de son poids, répondit M. de Bouville.

« Le fer, continua-t-il, n'est encore coulé qu'en *gueu-*

ses, c'est-à-dire en grosses masses fort peu maniables.
Mais voyez maintenant ces ouvriers armés d'énormes
pinces, ils vont traîner ces masses informes jusqu'aux
gros cylindres que vous voyez là couchés horizontale-
ment et qui tournent encore par la force de la vapeur....

— Ah! que c'est étonnant! que c'est prodigieux!
s'écrièrent les enfants; voilà qu'à peine ce fer est happé
par les cylindres qu'il ressort par derrière en carrés et
en plaques de toutes grosseurs.

— Et prêt à être livré au commerce, ajouta le maître de forges.

— Et à faire des petits couteaux en pur acier, comme
mon eustache de deux sous, dit Pierrot qui ne pouvait
pas tenir sa langue.

— Oh! oh! des couteaux de deux sous en acier, reprit Ernest en riant, c'est un peu douteux cela.... mais
cela me fait venir une pensée; comment donc conver-
tit-on le fer en acier?

— Par la *cémentation* et la *trempe*, répondit M. de
Bouville.

— De ces deux mots-là, il y en a un que je ne connais pas : c'est la *cémentation*.

— Eh bien, voici comment se fait cette opération.
On chauffe fortement du fer en barre, puis on l'enveloppe d'une certaine poussière composée de charbon
pilé, de suie, de cendre et de sel, et l'on fait chauffer
le tout à la chaleur rouge. Quand le degré de chaleur,
qui est toujours assez difficile à saisir, est au point
voulu, on plonge le paquet tout entier dans un bain
d'eau additionné d'un peu d'huile, ou simplement
tiède. Il y a encore un autre procédé : c'est de *décar-
burer*, c'est-à-dire d'enlever le carbone du fer et les

autres matières étrangères; pour cela on chauffe fortement le fer le plus pur et on l'expose ainsi à un fort courant d'air.

« Voilà, messieurs, tout ce que nous pouvons dire sommairement du fer. Passons au *cuivre*, si vous voulez bien. Vous en voyez là plusieurs minerais : celui-ci est un composé pyriteux de soufre, de fer et de cuivre.

— Oh! il n'y a pas à douter qu'il y a du cuivre dans cette masse caillouteuse : on le voit assez à ces nuances brillantes et irisées, dit Rosine.

— Cet autre, dit le maître de forges, est carbonaté.... vous vous rappelez sans doute ce qu'on entend par *carbone*, ce corps simple qu'on rencontre si fréquemment dans la nature, soit sous forme de masses charbonnées, telles que la houille. le charbon de terre, etc., soit sous une apparence lamelleuse, comme la plombagine ou mine de plomb, soit enfin cristallisé et dans sa dernière expression de pureté, tel qu'est le diamant.

« Le cuivre est, comme le fer, fort résistant : un fil de 2 millimètres de diamètre peut supporter un poids de 137 kilogrammes. Lorsque, débarrassé de sa gangue, il est fondu, il prend une couleur rouge-jaune très-prononcée....

— Mais, papa, dit Jules, les boules de cuivre de la rampe des escaliers, ce garde-feu, ces instruments de physique, sont en cuivre d'un jaune tout à fait pâle.

— Alors c'est qu'il n'est plus pur, répondit M. de Bouville. Il a été fondu et mélangé avec du zinc, et prend alors le nom de *laiton*.

— J'ai bien peur, dit Pierrot, que les deux bagues en or que j'ai eues pour cinq sous à la fête, ne soient plus maintenant que du misérable laiton.

— C'est plus que probable, mon gros garçon, lui dit M. de Bouville en riant.

« Le cuivre allié avec d'autres métaux prend encore différents noms. Ainsi quatre-vingt-dix parties de cuivre et dix de zinc donnent le *chrysocale* dont on fait les faux bijoux; cet alliage s'appelle encore *similor* ou *tombac*.

« Le *bronze* est un alliage à proportions très-variables de cuivre et d'étain, mais où le cuivre domine. Ces proportions seraient trop difficiles à retenir : sachez seulement que de leurs combinaisons se fabriquent les médailles, les canons, les cloches, les cymbales, les tamtams, les miroirs de télescope et les statues. Dans la composition de quelques-uns de ces objets on ajoute un peu de fer, pour leur donner ou plus de solidité ou plus de sonorité.

« Le cuivre enfin est, après le fer, le métal le plus utile, le plus souvent employé dans l'industrie, spécialement pour confectionner les batteries de cuisine...

— Utile, utile, dit Pierrot, je ne dis pas que non; cependant c'est à condition qu'on ne laissera pas pousser du vert-de-gris dans les casseroles, car je me rappelle encore la fameuse colique que j'ai attrapée pour avoir seulement trempé mon pain dans la sauce de miroton qu'on avait laissée refroidir dans une bassine de cuivre.

— Cela ne m'étonne pas, maître Pierrot, lui dit M. de Bouville. Je ne sais pas si c'était de ta part un trait de friandise; mais c'était assurément de la part de la cuisinière un acte de haute imprudence; car tout vase de cuivre qui sert à faire la cuisine, doit être soigneusement étamé, c'est-à-dire recouvert à l'intérieur d'une couche d'étain ou de zinc.

— Et qu'est-ce donc que ce *vert-de-gris?* dit Rosine.

— Le vert-de-gris, répondit le maître de forges, est un sous-carbonate de cuivre qui se forme sur les ustensiles de cuivre, les monnaies, les statues, par le seul contact de l'humidité ou de l'air.

« Tenez, continua M. de Bouville, voici de charmants boutons de manchettes que mon bon Adolphe m'a achetés hier.... Eh bien c'est — et il ne s'en doute

Je me rappelle encore la fameuse colique...

pas, le cher enfant — c'est tout bonnement du cuivre.

— Comment, du cuivre! s'écria le jeune homme qui devint rouge jusqu'aux oreilles, cette pierre d'un si beau bleu-vert à nuances laiteuses, n'est pas de la malachite?

— Si fait, mon enfant; mais la malachite n'est autre chose qu'un carbonate vert de cuivre, ce qui ne l'empêche pas d'être une pierre (ou minerai) fort belle et fort précieuse.

— Console-toi, Adolphe, dit Eugène, songe que si la malachite n'est que du cuivre, le diamant n'est que du charbon. »

Cette plaisante explication fit rire tout le monde et Adolphe tout le premier.

« Passons maintenant au *plomb*, continua M. de Bouville. En voici le minerai, qu'on appelle *galène*; c'est un composé de soufre et de plomb.

— Il me semble, dit Rosine, avoir vu quelque chose de semblable à la faïencerie de Lunéville, lorsque nous l'avons visitée l'année dernière.

— En effet, ma chère demoiselle, c'est avec de la galène, nommée aussi alquifoux, que l'on compose ce vernis qu'on applique sur la poterie ou la faïence commune.

— Et moi, ajouta Eugène, je lui connais un emploi beaucoup plus relevé que cela, car c'est avec cette substance que les belles dames dans l'Orient se teignent les sourcils et les cheveux.

— Le plomb, continua le maître de forges, est, comme vous le savez, un métal très-mou, très-malléable surtout, témoin ces feuilles si minces, dont sont enveloppées les tablettes de chocolat. Il est avec cela fort peu résistant, car c'est tout au plus si un fil de plomb de deux millimètres de diamètre peut supporter un poids de 9 kilos.

« Le *minium*, cette couleur rouge dont les peintres recouvrent les grilles ou ferrures avant d'y appliquer la première couche de peinture, est un composé de plomb et d'oxygène qui rougit ainsi par le moyen de la chaleur.

14

— Absolument comme les écrevisses, dit Pierrot; il ne leur faut qu'un bouillon pour que de grises elles deviennent écarlates.

— Il est terrible ce petit bavard-là, dit Rosine, en riant malgré elle, il ne nous laissera pas écouter.

— Au fait, ajouta Ernest, on peut bien se moquer un peu de ce vilain métal-là qui n'est bon qu'à faire des balles pour tuer le monde, et jusqu'aux pauvres petits oiseaux.

— S'il tue, dit M. de Bouville, il sait guérir aussi, car c'est avec le plomb, sous forme de sous-acétate, qu'on compose l'*extrait de Saturne* ou *eau blanche* dont la chirurgie se sert avec avantage en lotions, pour guérie les foulures ou autres accidents de ce genre.

« La *céruse*, cette peinture d'un si beau blanc, mais si dangereuse à manier, est encore un carbonate de plomb.

— Allons, dit Ernest, me voilà un peu raccommodé avec le plomb. Je vous demanderai maintenant, monsieur, quel est ce minerai si curieux, si brillant, dont les facettes étincellent comme du cristal.

— C'est le minerai cristallisé de l'*étain* combiné avec l'oxygène; c'est ainsi qu'on le trouve dans les mines.

— L'étain est-il plus tenace que le plomb? demanda Rosine.

— Un peu plus, répondit le maître de forges, car un fil d'étain de 2 millimètres peut supporter un poids de 15 kilogrammes.

« Les propriétés de ce métal sont assez limitées. On l'emploie, il est vrai, fort utilement comme alliage. Il sert encore aux plombiers et aux ferblantiers pour faire des soudures, aux chaudronniers pour l'étamage. Enfin il compose encore l'*or mussif*, sorte d'amalgame pour donner aux statues de bronze le ton du vert antique et pour frotter les coussins des machines électriques.

« De l'étain passons au *zinc*. Si ce métal est sans éclat, il n'est pas sans utilité, car le bâtiment et l'industrie en tirent un grand profit. Son minerai s'appelle *blende*, composé variable, formé ou de silice, ou de soufre, ou de carbone, d'où la fonte extrait plus facilement le zinc. Laminé en planche, il est beaucoup plus cassant que le plomb et l'étain. En l'alliant au cuivre, comme on fait de l'étain, on obtient encore le laiton. Vous savez à quels usages on peut employer ce métal : on en couvre des maisons, on le façonne en tuyaux de conduite, en gouttières, on en fait des baignoires, des brocs. On double même la coque des navires en lames épaisses de zinc. Les peintres emploient le *blanc de zinc* dans leurs couleurs, la médecine même introduit le chlorure de zinc dans certains collyres. Enfin un service assez important que rend encore ce métal, c'est de préserver la tôle ou le fil de fer des ravages de l'oxydation, par l'opération du zingage, appelée improprement galvanisation, en plongeant ces objets dans un bain de zinc en fusion qui est un véritable étamage.

« Nous en avons fini, je crois, avec le zinc, ajouta M. de Bouville, en tournant ses regards vers un bocal que les enfants n'avaient pas encore remarqué et dans lequel s'épanouissait une sorte de végétation métallique dont les rameaux et les feuilles, aussi brillantes que de l'acier poli, faisaient un singulier et charmant effet.

— Oh! que c'est joli! s'écria-t-on de toutes parts. Qu'est-ce donc que cela?

— Rien autre chose que du zinc, dit le maître de forges.

— Mais c'est une véritable végétation, dit Rosine, et les feuilles en sont aussi délicatement et aussi gracieusement découpées que celles du cerfeuil.

— Et pourtant ce bel arbre, ajouta le maître de forges, s'est fait tout seul, et vingt-quatre heures ont suffi pour le faire pousser et grandir comme vous le voyez là.

— Oh! que je serais heureuse d'en faire venir un comme celui-ci! dit Rosine; mais ce doit être bien difficile sans doute.

— Dès aujourd'hui vous pouvez le commencer, et sans peine et sans frais vous aurez demain un arbre semblable. »

Ce ne fut qu'un cri de joie parmi tous les enfants.

« Comment s'y prend-on? J'en veux avoir un. Quel bonheur!... oh! dites, dites, s'il vous plaît, monsieur!

— Voici donc mon procédé, qui est magnifique et pas cher, reprit M. de Bouville en riant de l'enthousiasme que mettaient ses petits auditeurs à avoir leur *arbre de Saturne.*

« Procurez-vous un bocal....

— A cornichons? s'écria Pierrot.

— Oui, mais veuf de ses pensionnaires. Vous l'emplirez d'eau distillée, ou au moins très-soigneusement filtrée....

— Jusqu'à présent, ce n'est pas bien difficile, dit Ernest, un alambic en papier buvard fera l'affaire.

— Vous chercherez un bouchon de liége qui ferme très-exactement ce bocal. Dans votre eau vous jetterez à peu près pour vingt à vingt-cinq centimes *d'acétate de plomb* (c'est une poudre blanche que vous vendra le pharmacien). L'eau deviendra aussitôt trouble et comme laiteuse, mais vous la passerez dans votre filtre, plusieurs fois s'il le faut, jusqu'à ce qu'elle ait repris toute sa limpidité. Puis vous attacherez à votre bouchon quelques fils de laiton contournés à peu près en spirale, de telle sorte qu'ils s'étendent presque jusqu'au fond du vase. Enfin à ce même bouchon, et à l'extrémité du faisceau de fils de laiton, attachez solidement un morceau de zinc....

— Du zinc, du zinc.... et où s'en procurer? dirent les enfants, le pharmacien n'en vend pas.

— C'est vrai; mais le premier morceau de gouttière, le moindre fragment de zinc que vous trouverez à la cave ou au grenier fera parfaitement l'affaire.

— Et puis après? dit-on.

— Eh bien! mais c'est tout. Le tour est fait; car dès l'instant que le zinc trempe dans l'eau acidulée, on voit se produire une très-remarquable efflorescence, des points brillants apparaissent sur ce zinc déjà gonflé comme une éponge, puis les feuilles se dessinent, et ainsi à vue d'œil tout ne fait que croître et embellir.

— Oh! merci, merci! monsieur, cria-t-on en chœur, dès ce soir nous ferons l'expérience!

— Et ceci, qu'est-ce donc? dit Ernest, en prenant sur l'étagère un certain objet d'un blanc bleuâtre et dont la cassure paraissait fort brillante. Il me semble que ce métal ne fait pas partie des neuf que nous devons passer en revue.

— En effet. C'est que l'usage qu'en fait l'industrie est assez limité; c'est de l'*antimoine*, métal qu'on ne trouve jamais à l'état natif, mais bien combiné avec le soufre. Il s'emploie comme alliage dans les caractères d'imprimerie, dans les planches à graver. C'est particulièrement l'antimoine qui entre dans la composition du tartre stibié, nommé vulgairement *émétique*....

— Pouah!... fit Pierrot, qui avait pris ce minerai dans sa main et qui le reposa bien vite. Quelle affreuse drogue! Rien que d'y penser j'ai déjà des....

— Tu ne fais pourtant pas autant le dégoûté, lui dit Eugène, quand tu prends du thé dans la belle théière de maman; elle est pourtant fabriquée avec un mélange de plomb, d'étain, de bismuth et.... d'antimoine. Du reste c'est là la composition de ce qu'on appelle le *métal d'Alger*.

— Revenons, dit M. de Bouville, à nos métaux et voyons le *platine*, le plus lourd de tous. Nous aurons toutefois peu de chose à en dire Il a toutes les propriétés des métaux fins : il est très-dur, tout à fait inoxydable comme l'or et l'argent, et susceptible de prendre un beau poli, comme l'argent : de là lui vient son nom, *plata* en espagnol signifiant argent. On s'en sert pour faire des pièces délicates d'horlogerie, des thermomètres métalliques, des creusets même, et quelques objets de fantaisie tels que des tabatières de luxe.

— Alors ce métal doit être très-cher? dit Ernest.

— Il coûte un franc le gramme, ce qui fait mille francs le kilogramme, une bagatelle, un rien, n'est-ce pas? Mais voyons maintenant un métal non moins curieux, le mercure. »

CHAPITRE XIX.

M. de Bouville venait à peine d'annoncer ce nouveau sujet d'étude que Mme B*** et sa sœur firent irruption dans le cabinet. Quoique leur figure fût rayonnante de contentement et de cette douce joie qu'on éprouve toujours quand on se trouve chez de vrais et bons amis, elles essayaient, on le voyait bien, à se donner un certain air grondeur, du reste assez mal dissimulé.

« Mais vraiment, messieurs mes fils, dit la première, en s'adressant aux enfants, je vous admire ! Vous me semblez avoir tout à fait oublié qu'il existe au monde une habitation qui s'appelle Mahonbonne, et que cette pauvre maison est veuve de ses habitants depuis bientôt vingt-quatre heures.

— Ce n'est que trop vrai ! ajouta Mme de Monterey ; on se met ici grandement et largement à son aise, on abuse du temps et de la complaisance du bon M. de

Bouville, et à voir ces mines épanouies, on ne se douterait pas que tout ce petit monde-là est d'un sans-gêne et d'une indiscrétion abominables.

— Mais, mes chères dames, reprit vivement M. de Bouville, ces chers enfants n'ont rien oublié du tout, pas même Mahonbonne ; ils savent très-bien, assurément, que votre maison et celle-ci n'en font qu'une et qu'ils sont tout à fait chez eux ici...

— Certes, dit Mme B***, on ne peut pas parler d'une façon plus polie et plus gracieuse que vous le faites, cher monsieur ; mais ces vilains petits enfants savent très-bien, dans leur âme et conscience, d'abord qu'ils s'emparent ainsi de vous, qu'ils vous font perdre un temps précieux ; ensuite qu'il y a là-bas, à cette maison à laquelle ils ne pensent guère, des devoirs de vacances à faire, du latin, du grec, des mathématiques à étudier.

— Et un piano et des broderies qu'il ne faut pas oublier, ajouta Mme de Monterey.

— Bah ! fit le maître de forges en riant, c'était fête hier, et il n'y a pas de belle fête sans lendemain.

— Voyez du reste votre père, dit encore Mme B*** qui se sentait un peu faiblir et qui cherchait des arguments plus forts. Voyez votre père qui, j'en suis sûre, nous attend, qui s'impatiente.... »

Un immense éclat de rire accueillit aussitôt ces paroles et toute la petite bande joyeuse s'écria :

« Oui, en vérité, il y pense si bien qu'il est à cette heure dans le parc, le fusil sur l'épaule et chassant les cailles et les alouettes. »

Mme B*** et Mme de Monterey étaient vaincues, et ne trouvant rien à répliquer, elles retournèrent en riant rejoindre Mme de Bouville.

Tout fiers de leur victoire, les enfants se mirent à battre joyeusement des mains, et M. de Bouville, qui paraissait aussi heureux qu'eux, continua sa leçon de métallurgie.

« Nous en sommes donc au *mercure*, dit-il; voici un minerai composé de ce métal et de soufre, et, comme vous le voyez, d'une teinte rouge vermillon fort remarquable; c'est en effet de là que se tire le cinabre ou vermillon des peintres.

— Ainsi, dit Ernest, ce mercure que je vois ici dans ce thermomètre, ne se trouve pas isolé dans la nature?

— Si, mais rarement, c'est plus communément de sa gangue de cinabre qu'on l'extrait; c'est du reste, de tous les métaux, le seul qu'on trouve à l'état pour ainsi dire liquide. Il peut donc s'allier facilement avec d'autres métaux sous forme d'amalgame. Aussi l'emploie-t-on ainsi dans la dorure des métaux et des cadres, dans plusieurs médicaments énergiques. Il est surtout d'une grande utilité pour les instruments de physique, tels que les baromètres et les thermomètres, car l'air ne lui fait éprouver aucune altération.

« Voilà, je pense, ajouta le maître de forges, tous les métaux principaux passés en revue, sauf l'*or* et l'*argent*, que nous pouvons aborder tout de suite, si vous voulez; mais j'éprouve, je vous l'avoue, un certain regret, et presque un remords de vous tenir ainsi renfermés dans ce cabinet, si près du bruit et de la chaleur des ateliers, tandis que le ciel est si beau et l'ombrage si frais dans le parc. Allons donc continuer nos causeries en plein air; du reste nous aurons sans doute le plaisir de rencontrer par là notre bon commandant et de lui demander si, avec mon fusil Lefaucheux et mes deux petits bassets, il a fait bonne chasse. »

Ouvrir la cage à des oiseaux, ou proposer une promenade à des enfants, c'est être sûr d'obtenir même résultat, c'est-à-dire de les voir s'envoler les uns et les autres; aussi à peine l'invitation était-elle faite, que tout le jeune auditoire était déjà sautant, riant et courant dans les allées du parc.

Toute la petite volée se resserra cependant bientôt autour du maître de forges, car Eugène venait de soulever une question qui paraissait intéressante.

« J'ai beaucoup admiré, dit-il, cette boucle de ceinture dont Jules a fait présent à sa maman; mais, j'avoue ici mon ignorance, je ne sais pas trop ce que c'est que de l'*aluminium*.

— Je ne m'en étonne pas, dit le maître de forges, car c'est un métal nouvellement découvert et mis en œuvre. Son origine a quelque chose d'étrange et ses propriétés sont merveilleuses : il est plus dur que l'argent, beaucoup plus léger que le fer et possède un éclat des plus agréables.

— Si c'est si beau, dit Pierrot, ça doit se trouver au moins au Pérou ou dans la Cochinchine, cette marchandise-là?

— Pas tout à fait aussi loin, mon garçon, car en ce moment tu la foules aux pieds.

— Pas possible ! s'écria le petit jardinier en regardant bien vite à terre; mais, ajouta-t-il, je suis sur de la terre glaise et du caillou !

— Eh bien, cette terre glaise ou argile contient une forte proportion d'alumine, qui, chauffée à grand feu, laisse libre l'aluminium, que l'industrie transforme en gracieux bijoux, et c'est avec ce jeune métal que cette magnifique boucle de ceinture a été faite.

— Ah ben ! il est malin, on peut le dire, répliqua le petit jardinier, celui qui a été trouver une matière à faire des broches et des boucles de ceinture dans le sable d'un jardin.

— C'est l'Allemand Wœhler, continua M. de Bouville, qui le premier a isolé l'aluminium, et ensuite le savant chimiste Henri Sainte-Claire-Deville a inventé des procédés qui permettent d'en produire des quantités considérables et à un prix peu élevé.

— Maintenant, mes enfants, parlons de.... » mais en jetant un regard autour de lui, le maître de forges s'aperçut que ses petits auditeurs, qui avaient flairé dans ce beau parc l'air et la liberté, étaient loin d'être au complet; l'un fourrageait dans les massifs de framboisiers, l'autre moissonnait des fleurs, tous enfin gambadaient çà et là à qui mieux mieux. Il comprit alors que la séance était levée, et que le jeu seul restait à l'ordre du jour. La causerie scientifique fut suivie d'une partie de barres à laquelle le bon M. de Bouville prit part lui-même.... toujours d'après le fameux adage *utile dulci*.

Enfin la cloche du déjeuner rappela tout le monde à la maison. On s'y rendit tout en babillant, et en compagnie du commandant qui, tout essoufflé, rapportait deux lièvres et six perdreaux, magnifique butin pour un homme qui n'a plus l'habitude de la chasse. Il en fit galamment hommage à Mme de Bouville, laquelle alla sournoisement glisser ledit gibier dans le coffre de la voiture qui devait bientôt ramener les habitants de Mahonbonne à leur domicile.

« Eh bien, dit Mme B*** à ses enfants, en les voyant rouges comme des roses pompons et les cheveux tout mouillés, tant le jeu les avait animés, en avez-vous assez pris de toutes les manières, de l'exercice et du plaisir? Voyez comme ils ont chaud! Allez bien vite vous asseoir et vous reposer,

— Grondez aussi mon mari, ajouta Mme de Bouville en riant, car il est encore plus enfant qu'eux.

— Oh oui! nous nous sommes bien amusés, dit Ernest en s'essuyant le front. On passerait des semaines entières sans s'ennuyer avec le bon de M. de Bouville, qui sait tant de belles choses.

— Et qui en fait pousser même dans la terre glaise, ajouta Pierrot. Ah! s'il pouvait, maintenant que les pêches et les abricots sont passés, faire venir seulement sur mes espaliers qui sont à sec de quoi faire un dessert; ce serait un fameux sorcier.

— Tiens! se dit en lui même le maître de forges, en entendant le petit jardinier faire ce souhait, voilà une idée.... j'ai justement dans mon cabinet tout ce qu'il faut...Eugène, dit-il en s'adressant à notre jeune bachelier, venez avec moi, que je vous communique un projet.»

Puis il emmena le jeune homme à part et causa confidentiellement à voix basse avec lui, tout en se rendant à la salle à manger.

On se mit à table et l'on causa longuement des deux bonnes journées qu'on venait de passer.

Au dessert, des fruits, des fromages glacés, des pâtisseries de toutes sortes arrivèrent.

« Eh bien! dit M. de Bouville au domestique qui servait : et des pêches, des abricots, des raisins, vous n'en apportez pas!

Il emmena le jeune homme à part.

— Mais, monsieur.... répondit celui-ci, vous n'ignorez pas que les enfants d'abord.... et les guêpes ensuite ont fini tout cela depuis huit jours, et que le raisin n'est pas encore mûr.

— Ah! peste! fit le maître de forges en affectant un air contrarié.... comment me tirer de là maintenant, moi qui viens d'en offrir?... Si au moins nous étions encore au temps des fées, je n'aurais qu'à faire un souhait.

— Si nous essayions tout de même, dit Mme de Bouville qui était dans le secret.

— Au fait, reprit M. de Bouville, je sais un mot grec qui évoque infailliblement la fée Pomone; mais pour qu'elle obéisse, il faut qu'on fasse ses conjurations devant un bol de punch tout flamboyant. Baptiste, dites à l'office qu'on nous fasse du punch. »

Le domestique sortit, et Eugène, qui avait le mot, s'éclipsa dans le cabinet-laboratoire du maître de forges qui était contigu à la salle à manger.

Les enfants, dont la curiosité était éveillée, étaient impatients de voir ce qui allait se passer. Enfin, au bout de dix minutes, le bol de punch arriva. Puis Eugène vint sans bruit se remettre à sa place, en cachant certaines choses sous sa serviette.

« Voyons, ma bonne petite Rosine, dit le maître de forges en s'adressant à la jeune fille, commençons.... Dites comme moi : ce fameux mot grec, c'est *Thésaurochrysonicochrysidès*. Puis faites le souhait du fruit que vous désirez.

— Mais, monsieur, dit Rosine en riant, je ne pourrai jamais prononcer ce mot-là : il a au moins six pieds.

— Alors, fit M. de Bouville en se grattant le front,

comme quelqu'un de désappointé.... je ne sais trop comment la fée Pomone va prendre cela.... c'est qu'elle est terrible, cette fée : si on ne lui formule pas clairement et intégralement son souhait, elle vous paye de la même monnaie, et ne vous donne au lieu de la réalité que l'apparence des choses.

On a beau la prier,
La cruelle qu'elle est se bouche les oreilles
Et vous laisse crier.

Enfin, essayez toujours de mon mot grec et dites auparavant ce que vous désirez.

« Vous savez, c'est Thésaurochrysonichrysidès.

— Fée Pomone! dit Rosine, je voudrais bien une pêche, Thésaurocrico.... cocri.... dodi.... dodo..... sidès.

— Eh bien? fit M. de Bouville.

— Impossible d'en venir à bout, répondit la pauvre jeune fille toute rouge des efforts qu'elle faisait pour arracher de son gosier cet affreux mot grec.

— Aussi voilà tout ce que j'ai pu obtenir, dit Eugène, en passant à sa cousine une tasse de porcelaine contenant tout simplement une belle feuille de papier vélin sur laquelle était dessinée une branche verte de pêcher.

— Eh quoi! s'écria la jeune fille, rien que les branches!

— Mais ne savez-vous pas, chère demoiselle, que l'automne est frileux et qu'il lui faut de la chaleur pour faire pousser ses fruits? Approchez donc un peu cette branche verdoyante de la flamme du punch et nous verrons ce qui en arrivera.

« — Ah ! quel prodige, quel bonheur ! s'écria Rosine émerveillée, voilà des fleurs qui poussent !... Maman, maman, vois donc ! voici maintenant deux belles pêches qui apparaissent, qui grossissent et qui se colorent à vue d'œil ! »

Et en effet, le dessin donné par Eugène semblait s'animer de lui-même et devint bientôt une branche de pêcher au grand complet, avec fleurs et fruits [1].

Les épreuves continuèrent à peu près de la même façon. Personne ne pouvant prononcer d'un seul coup le terrible mot, il fallut qu'on se contentât, comme disait M. de Bouville, de *l'apparence de la chose*. Ainsi Eugène, qui avait deviné ce qui lui serait demandé : pêches, abricots, raisins, oranges, etc., avait-il donné à chacun son lot.

Vint enfin le tour de Pierrot.

« Que désire monsieur? lui demanda le maître de forges.

— En fait de fruits, répondit le petit jardinier, comme j'en fais pousser toute l'année, je connais ça

---

1. Cette floraison spontanée sur le papier se produit très-facilement au moyen d'*encres de sympathie*, liqueurs incolores d'abord, mais qui prennent différentes teintes, quand on les expose à la chaleur. Ainsi, pour obtenir l'effet dont on vient de parler, on dessine d'abord une branche avec des couleurs apparentes en ménageant la place des fleurs et des fruits, puis avec les encres de sympathie décrites ci-après on trace ce qui doit apparaître plus tard.

Pour les teintes *brunes :* suc de citron ;
— — *rougeâtres :* acide sulfurique très-affaibli ;
— — *rouge pâle :* vinaigre ;
— — *rose vif :* solution de nitrate de cobalt ;
— — *vert :* chlorure de cobalt ;
— — *jaune :* chlorure de nickel ;
— — *bleu :* cobalt pur ;
— — *brun :* jus d'oignon.

comme ma poche; je voudrais donc avoir.... une grosse brioche.

— Je m'en étais douté, dit tout bas Eugène, et j'ai son affaire.

— Eh bien! lui repartit M. de Bouville, si tu te tires bien de mon mot grec, tu goûteras au moins de la réalité; car les brioches sont de toutes les saisons. Voyons, écoute bien : Thésaurochrysonicochrysidès.... Va maintenant.

— Je le tiens, dit Pierrot. Voilà : coricoco.... cricrinicaise.... »

Un éclat de rire général accueillit cette bouffonne parodie de l'invocation à la fée Pomone.

« Voilà, voilà! cria Eugène du ton d'un traiteur émérite, servez chaud à monsieur. »

Et il passa à Pierrot un dessin sur lequel était représentée une assiette de dessert, laquelle se remplit bientôt d'une monstrueuse brioche que la flamme du punch fit éclore.

« C'est égal, dit notre petit bonhomme, en considérant sa *surprise*, j'ai bien du guignon de n'avoir pu prononcer ce grand imbécile de mot. »

Mais le désappointement de tout ce monde attrapé cessa bientôt; car, avant qu'on prît le punch, un domestique, à qui Mme de Bouville avait donné des ordres en secret, apporta un magnifique assortiment de pêches, d'abricots, d'oranges et de raisins *véritables* qu'on était allé chercher à la ville, et nous ajouterons qu'il s'y trouvait même une brioche pour M. Pierrot.

Le déjeuner fini, on partit pour Mahonbonne; les remercîments, les protestations d'amitié furent échangés de nouveau, et un quart d'heure après la famille B*** était chez elle.

CHAPITRE XX.

La Bohémienne.— La chaîne de jaseron de Catiche et le collier de la reine d'Espagne.— L'or; ses alliages. — L'argent; ses alliages; arbre de Diane; pierre infernale.

Un matin Nanette la cuisinière et Catiche la fille de basse-cour étaient assises en dehors de la cour de Mahonbonne : la première plumait des pigeons pour le dîner; l'autre, pensant bien plus à sa toilette qu'à sa besogne, essayait, avec du sablon, à faire revivre le brillant sur une vieille boucle d'acier, et paraissait assez mécontente de ses infructueux efforts.

« C'est donc samedi prochain que tu vas à la noce de ton cousin? lui dit la cuisinière.

— Mais oui, la Nanette, répondit la jeune fille, et je vais me faire belle pour ce jour-là.

— Ça sera-t-il ta robe à carreaux rouges ou la vert pomme?

— Ah ouitche! J'ai bien mieux que ça vraiment.

— Bah! fit Nanette, en ouvrant de grands yeux.

— Ma fine! je me suis dit : on ne va pas à la noce tous les jours.... et dame! toutes mes économies y ont passé, et je me suis acheté une robe en vraie popeline[1].

— T'as tort, la Catiche! c'est trop de luxe pour des gens comme nous autres.

— C'est vrai, la Nanette; mais que voulez-vous? le marié est mon cousin germain.

— Et après? c'est tout, je l'espère.

— Ah dame oui! puisque ma bourse est à sec.... Cependant je me suis demandé si ma chaîne en jaseron[2], qui me fait trois fois le tour du cou, était bien encore de mode....

— Eh bien! eh bien! c'est du solide cela, du cossu, et c'est lourd! Et qu'en veux-tu faire?

— C'est ancien, ça date, et maintenant on en fait de si brillantes, de si grosses.... et je me suis dit si en changeant ma chaîne de jaseron qui est si longue pour une petite bien plus à la mode....

— T'aurais tort, la Catiche. On sait ce qu'on tient, on ne sait pas ce qu'on aura.

— C'est vrai, la Nanette; mais ma future cousine, vous savez, Reine, la fille au père Bidance, m'a dit qu'elle m'avait choisie pour sa première fille d'honneur.... hein! quelle vexation pour la Suzon, celle qui a les cheveux rouges! elle ne sera que seconde demoiselle d'honneur!

— Mais, dit la cuisinière qui n'écoutait qu'à demi le babil de Catiche, qu'est-ce que j'entends donc derrière la charmille? On dirait que quelqu'un....

---

1. *Popeline,* sorte d'étoffe dont la chaîne est de soie et la trame de laine lustrée.

2. *Jaseron,* chaîne d'or à fines mailles

« — Non, interrompit la future demoiselle d'honneur, c'est le vent. Qui voulez-vous qui nous écoute? Et puis après tout...

— Mais dis-moi donc, la Catiche, te voilà à astiquer ta vieille boucle depuis une heure, as-tu donné le grain à la volaille, ce matin? as-tu trait la vache? m'as-tu écossé ces haricots-flageolets que j'attends?

— Ah! mon Dieu, mon Dieu! s'écria la fille de basse-cour, je n'ai pensé à rien de tout cela. J'y cours bien vite. »

Trois quarts d'heure après cette conversation, Catiche revint, elle tenait à la main sa chaîne et la montra à la cuisinière tout en faisant une petite moue dédaigneuse.

« Tenez, le voilà, mon jaseron, voyez comme c'est antique.

— Mais aussi comme c'est lourd! dit Nanette, c'est du fameux or, ça. »

Comme elle achevait ces mots, une femme sortit de derrière la charmille.

« Votre servante, mesdames, dit-elle. N'y a-t-il pas parmi vous une nommée Catiche, celle-là qui doit être première demoiselle d'honneur de la fille au père Bidance?

— Oui, c'est moi, répondit la fille de basse-cour; mais comment savez-vous cela, vous?

— Ce n'est pas bien malin, je sors d'avec ces demoiselles, et la preuve c'est que voici les pareils bijoux de ceux qu'elles viennent de m'acheter, et c'est à vous que m'envoie Mlle Reine, la fille au père Bidance comme vous savez, en me disant à l'oreille : « Tâchez que ma « première demoiselle d'honneur soit la mieux parée,

« elle fera crever de dépit Suzon la grosse rouge. »

— Je vois que vous ne mentez pas, dit Catiche, mais montrez-moi donc toutes ces belles choses.

— Vous êtes donc marchande de bijoux? demanda la cuisinière avec un air de défiance.

— Pour vous servir, madame, » dit cette femme en faisant une révérence aussi profonde, aussi cérémonieuse que les saluts du grand Opéra.

Pendant que Catiche regardait avec des yeux avides et éblouis toutes les belles choses enfouies dans la cassette de la marchande, Nanette examinait celle-ci avec curiosité.

Son costume, tout à la fois luxueux et misérable, consistait en une robe taillée à la mode espagnole, d'un velours qui avait dû être vert, mais qui n'était plus que d'un jaune olivâtre passé, tant cette robe était fanée et usée. On voyait cependant à quelques rares endroits des restes de passementeries, qui probablement avaient été au siècle dernier des torsades soie et or. Cette étrange créature était coiffée d'un béret basque auquel adhérait encore un tronçon de plume de héron. Ses jambes, hélas! ses jambes étaient bien terminées par deux robustes pieds chaussés de souliers bien renforcés, bien garnis de clous; mais toute espèce de bas faisait défaut pour le moment.... Il est vrai qu'on était alors en juillet.

Mais ce qu'il y avait de plus remarquable, de plus frappant dans la personne de cette inconnue, c'était l'étrangeté de sa figure d'un type tout asiatique, son teint d'un jaune brun assez foncé, ses yeux à la chinoise, ses cheveux et ses sourcils d'un noir corbeau magnifique, la petitesse de sa taille, et une prononciation impossible à définir, car elle tenait tout à la fois du français, de l'espagnol et de l'indien.

Du reste, disons tout de suite que cette femme était
une bohémienne pur sang. On sait que cette race, disséminée par toute la terre, tire son origine des parias
des Indes, dernière classe de la société chez ce peuple.
Chassés de leur pays par Tamerlan (au quinzième siècle), ces parias se jetèrent sur l'Europe, en y conservant leur religion, leurs mœurs et leurs détestables habitudes de fainéantise et de rapines. On les appelle
Bohémiens en France, *Gypsies* en Angleterre, *Gitanos*
en Espagne et *Arami*, c'est-à-dire *voleurs*, chez les
Arabes, qui leur ont donné leur vrai nom.

Voilà entre quelles mains Catiche était tombée.

Après avoir examiné sans perdre un détail la prétendue marchande, la cuisinière poussa le coude à sa compagne et lui dit tout bas :

« T'as tort, la Catiche, de te fier à cette femme; moi,
je m'en défie tout plein.

— C'est vrai, la Nanette, répondit celle-ci, mais
voyez donc les belles affaires. »

Puis s'adressant à la bohémienne en lui montrant
une chaîne à larges plaques brillantes incrustées de
pierres précieuses et de *diamants :*

« Tout cela est *du vrai*, n'est-ce pas ?

— Comment, si c'est du vrai! vous me demandez cela
à moi qui fournis la camarera mayor[1] de la reine de
toutes les Espagnes?... mais cette chaîne que vous tenez
m'avait été commandée pour Sa Majesté elle-même, et

1. Première camériste; c'est la surintendante du palais et la
première dame d'honneur de la reine.

comme j'avais mis des rubis pour des topazes qu'on
voulait, elle m'est restée pour mon compte; ce qui fait
que je la changerais volontiers pour une chaîne en jaseron dont j'ai grand besoin en ce moment ci pour une
vieille demoiselle de soixante-dix-sept ans.... Mais

Voyons, fit la bohémienne.

je ne sais en vérité où en trouver.... tant c'est mal
porté.

— J'en ai bien une, dit Catiche, hésitant, et osant à
peine montrer son jaseron.

— Voyons, fit la bohémienne d'un air dédaigneux;

et en soupesant la chaîne, c'est bien léger! c'est bien passé de mode, dit-elle, mais enfin!

— T'as tort, t'as tort, la Catiche, souffla Nanette à l'oreille de la vaniteuse et imprudente fille de basse-cour.

— C'est vrai, la Nanette, répondit celle-ci; mais songez donc, son collier avait été commandé pour Sa Majesté la reine d'Espagne.... Et puis quel crèvecœur ça va être samedi pour Suzon la grosse rouge! »

Bref, malgré les avertissements et les coups de coude de la cuisinière, l'échange fut fait et conclu.

Et la bohémienne s'éloigna rapidement, emportant la chaîne de jaseron et sa boutique de bijouterie, qu'au besoin elle aurait bien pu donner tout entière par-dessus le marché.

« Pourquoi donc, la Nanette, lui dit Catiche, que vous me poussiez et que vous me faisiez tant de cligne-ments d'yeux?... Croyez-vous donc que je n'ai pas fait un superbe et magnifique marché?

— Je n'en sais rien, répondit la cuisinière, mais allons, si tu veux, voir ce bon M. de Saint-Martin, c'est un savant homme que celui-là! Et du reste il a une certaine petite pierre noire qui nous dira la vérité sur ton nouveau collier. »

On alla donc trouver le bon vieux professeur. Il était en ce moment avec les enfants, qui le priaient de conti-nuer la leçon de métallurgie commencée par M. de Bou-ville, et de leur parler de l'*or* et de l'*argent*.

L'arrivée des deux femmes de service interrompit la conversation ; toutefois M. de Saint-Martin accueillit la Nanette et la Catiche avec sa bonté ordinaire et leur demanda ce qu'elles désiraient.

« Bien des pardons, dit la fille de basse-cour, mais je prends la liberté, monsieur, de venir vous demander combien de mille francs peut valoir cette chaîne qui avait été commandée pour la reine de toutes les Espagnes. Avec votre pierre noire vous le saurez tout de suite. »

M. de Saint-Martin prit la chaîne en souriant et reconnut bien vite au poids et à l'apparence l'erreur de la pauvre fille. L'épreuve de la pierre de touche eût été superflue.

« Combien vaut cet objet, dis-tu, mon enfant?

— Oui, monsieur, tout au juste.

— Eh bien ! tout au juste, il vaut.... trente sous. »

A ces mots, Catiche, comme foudroyée, recula jusqu'à la cloison, et sentit ses jambes se dérober sous elle.

« Et.... les rubis?... et les diamants? dit-elle d'une voix pleine d'anxiété, quand elle eut recouvré la parole.

— Ces rubis.... ces diamants?... fit le professeur, après avoir regardé ces pierres colorées, le marchand de verre cassé paye cela cinq sous le kilo ordinairement. Est-ce que par hasard tu aurais acheté?... »

Mais Catiche n'entendait plus, ne voyait plus, et la bonne cuisinière n'eut que le temps de l'emporter pour la faire revenir à elle, en lui répétant encore tout bas : « Je te l'avais bien dit! » Refrain bien monotone, il est vrai, mais aussi plein de sagesse, et auquel l'état déplorable de la pauvre fille ne lui permit plus de répondre cette fois : « C'est vrai, la Nanette. »

Le malheureux collier était resté sur le bureau du professeur. Ernest et Rosine l'examinèrent avec curiosité.

« J'aurais pourtant, moi aussi, pris cela pour de l'or, dirent-ils ensemble.

— Et ces morceaux de verre pour des rubis et des diamants? leur demanda Eugène en riant.

— Oh! non pas! s'écria Ernest, car les uns sont d'un rouge trop douteux, et les autres d'un éclat trop équivoque.

— Du reste, ajouta Rosine, ils sont si bien taillés qu'ils écorchent les doigts rien qu'en les touchant.

— Alors, reprit Ernest, après avoir réfléchi quelque temps, je me vois donc pour toujours exposé à être trompé comme la pauvre Catiche, car je ne saurais jamais reconnaître l'or vrai du faux.

— Et cette fameuse pierre de touche, dont la fille de basse-cour venait invoquer le témoignage, dit M. de Saint-Martin, est-ce qu'elle n'est pas là toujours toute prête à venir au secours des gens?

— Et par quel moyen, demanda Rosine, s'assure-t-on au moyen de la pierre de touche que l'argent est bien de l'argent et que l'or est bien de l'or.

— Rien n'est plus facile, répondit M. de Saint-Martin. On fait sur cette pierre, qui est un silex d'un beau noir, et inattaquable par les acides, on fait, dis-je, en frottant avec l'objet qu'on suppose recéler de l'alliage, une trace de quelques millimètres, puis on imbibe ce trait d'une goutte d'eau-forte. Ce réactif dissout seulement le cuivre et laisse sur la pierre ce qu'il y a d'or dans l'objet éprouvé; c'est à la largeur du trait d'or restant qu'on juge du titre de l'alliage.

— Et si la pierre est toute de cuivre? dit Rosine.

— Alors le trait laissé sur la pierre de touche et imbibé d'eau-forte paraît rouge et s'efface aussitôt tout à fait. Si c'est une pièce d'argent, l'empreinte qu'elle laisse sur la pierre reste intacte après l'épreuve; elle s'efface entièrement, après avoir laissé une traînée d'un blanc bleuâtre, si la pièce est fausse.

« Mais je vois, dit le bon professeur, que pour compléter les quelques notes que vous avez déjà recueillies sur les principaux métaux, il faut vous parler de ces deux derniers, l'or et l'argent.

« Commençons, si vous voulez bien, par l'*argent*.

« Ce métal existe dans la nature sous différentes formes; cependant on le trouve plus communément dans des minerais dits sulfures d'argent.

— *Sulfure*, dit Ernest, veut dire, je crois, combinaison de soufre avec un autre corps. Vous nous avez déjà dit, du reste, que le soufre est un des corps les plus répandus dans la nature, et qu'on le trouve presque partout.

— L'argent, continua M. de Saint-Martin, se rencontre encore dans la terre à l'état natif, c'est-à-dire sans être sensiblement altéré par un mélange. Il est inoxydable à l'air et dans l'eau.

— Inoxydable, si j'ai bonne mémoire, dit Rosine, veut dire, qui ne se combine pas avec l'oxygène. Ainsi le fer, le cuivre, etc., ne sont pas inoxydables, puisqu'ils engendrent la rouille, le vert-de-gris, etc. Cependant, monsieur, j'ai vu quelquefois les couverts d'argent, les timbales devenir tout noirs, lorsque....

— Ah! c'est vrai! interrompit vivement Pierrot, en se tenant le nez à deux mains, c'est surtout lorsque certains ouvriers viennent la nuit vider.... vous savez quoi....

— Nous comprenons, dit Eugène en riant.

— C'est vrai, dit le professeur, et quand ces ouvriers, dont vous connaissez le nom, envoient à la cantonade ces malheureuses émanations chargées d'hydrogène sulfuré, il se forme sur les pièces d'argenterie exposées à l'air une couche de sulfure d'argent qui en ternit momentanément l'éclat, mais qu'un peu d'huile ou de blanc d'Espagne fait bien vite disparaître.

« L'argent n'est pas fort résistant, car un fil de 2 millimètres d'épaisseur ne peut supporter qu'un poids de 85 kilogrammes. Ce métal, du reste, est si ductile qu'on peut, par le martelage, le réduire en feuilles assez minces pour que 800 de ces feuilles posées l'une sur l'autre aient à peine la hauteur de 2 millimètres. De même, en tirant à la filière un hectogramme pesant d'argent, on aurait un fil de deux millions cinq cent quarante mille mètres.

— Grand Dieu! s'écria Pierrot, mais ça ferait au moins vingt fois le tour de Lunéville....

— Cela ferait soixante-seize fois le tour de la terre!

— Hein! ajouta le petit bavard, embrouillez donc un écheveau de fil comme cela, et puis tirez-vous de là après.

— Mais si l'argent est si malléable, ou si mou, dit Ernest, comment se fait-il que cette pièce de cinq francs que je tiens là, soit si dure, si résistante? car, malgré tous mes efforts, je ne puis la faire ployer.

— Peut-être y aurait-il quelque alliage.... du cuivre par exemple, mêlé à cet argent, dit M. de Saint-Martin en souriant.

— Ah! ce serait fort! s'écrièrent les enfants; du cuivre dans ces belles pièces si blanches et si belles!

— Et même dans ces belles pièces d'or si brillantes,

ajouta le professeur, en montrant quelques pièces de vingt francs. Et cela est nécessaire, mes amis, sans cela notre monnaie serait trop tendre, et ne garderait pas longtemps son empreinte.

Le collier de Caliche.

« Notre monnaie française, or et argent, contient un dixième de cuivre.

— De sorte, dit Rosine, que, sur dix pièces, il n'y a que la valeur de neuf pièces en argent pur, le reste est du cuivre.

— C'est cet alliage, reprit M. de Saint Martin, qui constitue ce qu'on appelle *titre* du métal; ainsi l'argent pur vaut 222 fr. 22 le kilogramme et l'argent monnayé n'en vaut que 200.

— Et le collier de la Catiche, ajouta Pierrot, pourrait être estimé sur le pied de quarante sous la livre, juste ce que se paye la batterie de cuisine.

— Je t'ai parlé, à propos du zinc, d'une végétation métallique nommé *arbre de Saturne*, que nous devons commencer demain, dit Eugène à son frère; je pourrais t'en indiquer une autre appelée *arbre de Diane*, qui s'obtient avec l'argent, mais qui, je t'en préviens, revient un peu plus cher.

— Dis-moi toujours, répliqua vivement Ernest, je l'essayerai, dussé-je y faire passer toutes mes économies.

— Eh bien, voici comment se fait l'expérience. On abandonne, pendant quelques jours, du mercure dans une dissolution légèrement concentrée de *nitrate d'argent*. Au bout de ce temps des points brillants surgissent du mélange que l'on a dû mettre dans une coupe un peu évasée, puis on voit monter le long des parois un magnifique feuillage argentin qui s'étale gracieusement en feuilles d'acanthe.

— Ce mot de *nitrate d'argent*, que tu viens de prononcer, mon cousin, dit Rosine, me rappelle un certain petit bâton de pierre noire avec lequel on m'a brûlé des excroissances de chair qui m'étaient venues au doigt, à la suite de mon panari. Le médecin appelait aussi cela de la *pierre infernale*. Est-ce que c'est fait avec de l'argent?

— C'est en effet de l'argent dissous dans de l'acide nitrique; ce composé est d'une énergie extrême.... Mais

laissons parler M. de Saint-Martin qui tient là une petite masse formée de petits grains arrondis, et que je
suppose être de l'or.

— C'est en effet une pépite d'or lilliputienne dont un
capitaine de vaisseau de mes amis m'a fait hommage à
son retour de Californie; c'est ainsi qu'on trouve l'or
natif dans certains pays et dans les terres meubles ou
au fond des lits desséchés de certains torrents. On cite
une pépite de cinquante kilos trouvée dans la province
de Quito. L'Australie, dit-on, en fournit aussi en abondance.

« L'or se recueille encore allié à d'autres métaux, tels
que l'argent, le palladium, etc.

— Tous les objets qui se font en or, demanda Rosine, sont-ils invariablement dans la proportion de neuf
dixièmes d'or pour un dixième de cuivre?

— Non pas, ma chère enfant, et c'est avec raison
qu'on a établi trois titres bien distincts auxquels doivent se soumettre les fabricants de bijoux. Ainsi, les
bagues, les broches, les boucles d'oreilles, qui sont au
dernier titre, c'est-à-dire vingt-cinq parties de cuivre
pour soixante-quinze d'or, n'ont jamais une grande valeur intrinsèque, et laissent voir même parfois des traces
d'oxydation.

— C'est pour cela, dit Eugène, que lorsqu'on vend au
bijoutier une bague qui a coûté trois francs, il en donne
à peine vingt sous.

— L'or, reprit M. de Saint-Martin, n'est pas très-
résistant, car un fil d'un millimètre de grosseur ne peut
supporter qu'un poids de 68 kilos.

— Outre les différents titres qu'on donne à l'or par
les alliages, demanda encore Rosine, est-ce qu'on en

trouve de différentes nuances? Voici, par exemple, mes boucles d'oreilles dans lesquelles on a figuré des ornements, des fleurons, des feuillages en or jaune, rouge ou vert. Pourtant tout est en or.

— Certainement, répondit le vieux professeur; ces couleurs diverses s'obtiennent par certains alliages : ainsi l'or vert est un composé d'or et d'argent; les autres couleurs contiennent ou du cuivre, ou du fer etc.... Du reste le poinçon de l'orfévre et mieux encore celui de l'administration des monnaies garantissent à l'acheteur le titre de l'objet qu'il achète; c'est un contrôle obligé que doit présenter tout honnête bijou d'or ou d'argent.

« Voilà, mes enfants, ajouta M. de Saint-Martin, à peu près tout ce qu'il y a à dire sur ces deux métaux précieux, l'argent et l'or. Quant à ceux qui sont moins connus, moins souvent mis en usage, nous n'en parlerons pas; ils rentrent trop dans le domaine de la science pour trouver place dans nos causeries familières.

—Du reste, dit Ernest, voilà mon petit cahier de notes bien richement garni d'excellentes notions sur les métaux, les minéraux, le gaz.... Mais, j'y pense, depuis le commencement des vacances et depuis que nos observations et nos remarques roulent sur toutes choses, nous n'avons pas abordé l'étude d'un seul corps animé ou provenant de matières animales ou végétales.

— C'est peut-être un peu à dessein, répondit M. de Saint-Martin, que votre frère et moi-même avons appelé votre attention exclusivement sur ces seuls objets qui n'ont ni vie ni végétation ou, pour parler plus savamment, qui sont sans organes.

— Ah! je comprends maintenant: tout corps qui ne

vit, ni ne se meut, ni ne pousse, est dit alors un corps *inorganique*, et par conséquent tout corps qui a vie, qui peut changer de place par le jeu de ses propres forces, ou bien qui change de forme par la croissance, comme les végétaux, est un corps *organique*.

— C'est parfaitement compris et raisonné. Eh bien, dit M. de Saint-Martin, puisque nous avons épuisé les uns, nous pourrons maintenant nous occuper tout spécialement des autres. »

Cela dit, les petits étudiants et le professeur se séparèrent, enchantés, les uns de la bonté de leur savant ami, le maître de l'ardeur et de l'intelligence de ses élèves.

DEUXIÈME PARTIE.

CORPS ORGANIQUES.

CHAPITRE PREMIER.

Encore le bon Petit-Jacques. — Un nouveau tour de la bohémienne. — Le sucre. — Sucre extrait d'un morceau de bois.

Ce bienheureux samedi qui devait combler les vœux de Catiche, première demoiselle d'honneur de Mlle Reine, était enfin arrivé. Cependant la pauvre fille était loin d'être gaie : elle regrettait avec amertume cette chaîne de jaseron qu'elle avait eu la sottise de troquer contre l'affreux collier de cuivre qu'on lui avait estimé trente sous. Ce désastreux marché l'avait presque entièrement guérie de sa vanité et même de l'envie d'humilier la grosse Suzon aux cheveux rouges.

Tout le monde dans la maison plaignait sincèrement la pauvre Catiche.... Il y avait bien ce petit malin de Pierrot qui trouvait toujours quelques quolibets à lui lancer à propos du fameux bijou de la camarera mayor de la reine de toutes les Espagnes.

« Dis-donc, la Catiche, lui soufflait-il à l'oreille, pendant qu'elle attendait l'heure de partir pour la noce, la femme à la robe de velours n'est pas encore aussi savante et aussi maligne que M. de Saint-Martin, va! Elle sait faire de l'or avec du cuivre et des diamants avec du verre; mais lui, c'est pis encore, il dit qu'il ferait un morceau de sucre avec un bâton de chaise.... Tiens, tu as l'air de ne pas y croire; c'est pourtant ce que je l'ai entendu assurer ce matin. Il doit même faire cette expérience tantôt.

— Tais-toi donc, méchant Pierrot, lui répondit Catiche avec humeur. J'ai bien le temps vraiment d'écouter tes mauvaises plaisanteries. Tu te moques de moi aujourd'hui; mais laisse faire, mon tour viendra. »

Comme elle achevait ces mots, on sonna à la porte de la rue, mais avec une telle violence que toute la maison en retentit.

« Ah! mon Dieu! s'écria Pierrot, est-ce que ce sont les cosaques qui reviennent? »

Et il se retira prudemment au fond de la cour.

Catiche, effrayée, comme tout le monde, de ce tintamarre, courut cependant ouvrir.

Or devinez, je vous prie, qui se présentait de la sorte à la porte de Mahonbonne? Je vous le donnerais en cent que vous ne trouveriez pas.

C'était Petit-Jacques.

Il était tout rouge, tout haletant, tout essoufflé; mais avant qu'il eût pu dire un mot, Catiche, dont la mauvaise humeur était déjà au comble, s'écria :

« Allons, bon! en voilà encore un autre! vient-il aussi se moquer de moi, ce petit mioche?

— Mam'selle Catiche, mam'selle Catiche, dit le petit marchand de mouron, je, j'ai....

— Va-t'en au diable! lui dit brutalement la fille de
basse-cour, en lui barrant le passage, je n'écoute rien. ..
Mais voyez donc ce petit impertinent qui carillonne à
casser la sonnette!

— Mais, mam'selle Catiche, je vous dis que.... mais
écoutez-moi donc!

— Veux-tu te sauver, petit monstre!

— Mais.... mais j'ai votre chaîne d'or, la voilà....
tenez.

Catiche était folle de joie.

— Ma chaîne! s'écria Catiche avec une explosion de
surprise et de bonheur. C'est pourtant vrai! c'est elle,
c'est bien elle. Oh! cher amour d'enfant, viens donc que
je t'embrasse. Oh Jésus! ma belle chaîne! Et qui te l'a
donnée? qui te l'a rendue? qui me l'envoie? Mais est-il
gentil ce chérubin de Petit-Jacques! »

Catiche était folle de joie. Toute la famille B***, at-
tirée dans la cour par le formidable coup de sonnette
de Petit-Jacques, avait beau l'interroger, elle n'entendait, elle ne voyait personne, et enfin l'heure du départ

pour le mariage étant arrivée, elle eut à peine le temps de passer sa chère chaîne à son cou et de courir à son poste de demoiselle d'honneur.

Ce fut donc Petit-Jacques qu'on interrogea ; mais il ne savait autre chose, si ce n'est qu'il venait de trouver près de sa cabane cette chaîne cachée sous une pierre, et que, la reconnaissant pour l'avoir vue souvent au cou de Catiche, il avait tout quitté, même Gris-Gris, à qui il devait donner une botte de foin, pour venir la rapporter à Mahonbonne.

M. B***, charmé de voir tant de probité dans cet enfant, tira de sa poche une pièce de monnaie et la présenta à Petit-Jacques.

« De l'argent !... dit celui-ci tout surpris, mais, monsieur, je n'apporte ni fagots ni mouron aujourd'hui.

— Je le sais, mon petit ami, repartit M. B***, mais laisse-moi récompenser ta bonne action.

— Comprends-pas, dit Petit-Jacques. Est-ce que tout le monde ne rapporte pas ce qu'il trouve ?

— En effet, dit Mme B***, ce n'est pas avec de l'argent qu'on peut récompenser tant de candeur et d'honnêteté. Voyons, mon cher ami, continua-t-elle, en prenant affectueusement la main de Petit-Jacques, moi, je voudrais te faire un cadeau, non pas pour ce que tu viens de faire, mais parce que j'aime bien les petits enfants qui, comme toi, ont bien soin de leur grand'mère....

— Mais..., dit Petit-Jacques, toujours étonné, tous les enfants aiment et soignent leur bonne maman. Est-ce que le bon Dieu les aimerait eux-mêmes sans cela ?

— Certainement. C'est encore tout naturel cela. Mais

réponds à ma question. J'ai grande envie aujourd'hui de te donner quelque chose. Dis-moi vite ce que tu désires. »

Petit-Jacques, toujours étonné de cette persistance, finit par se rendre.

« Eh bien! madame, dit-il, je serais bien content si.... mais non, je n'oserais jamais vous demander cela.

— Dis toujours.

— C'est que.... oh non! décidément ce serait trop.

— C'est égal, te dis-je, achève.

— Dame! fit Petit-Jacques en hésitant encore et en se grattant l'oreille, je serais bien content d'avoir un peu de sucre, mais pas beaucoup, madame, pour sucrer la tisane de grand'mère, qui est enrhumée comme tout.... Elle la sucre bien avec du réglisse en bois, mais ça ne donne pas de goût du tout.

— Enfin! s'écria Mme B***, en riant, mais tout attendrie à ce nouveau trait de l'enfant, voilà donc ce qui t'était si difficile à dire! Eh bien, sois tranquille, ta grand'mère pourra mettre pour quelque temps son réglisse de côté, et elle remerciera une fois de plus le bon Dieu de lui avoir donné un si charmant enfant. »

Puis, appelant Nanette : « Ayez la complaisance, lui dit-elle, de reconduire cet enfant jusque chez sa mère; vous vous informerez de ce dont elle peut avoir besoin, et vous lui porterez en même temps un pain de sucre. »

Petit-Jacques, qui avait toujours grand'peine à comprendre comment il avait mérité cette bonne aubaine, partit comblé d'éloges et de caresses.

Disons maintenant comment cette chaîne de jaseron s'était retrouvée. Catiche n'était pas, on le suppose bien, la seule vi... me qui eût eu à souffrir des tromperies de la bohémienne; il y avait tous ceux à qui, pendant et après la fête de Bénaménil, cette voleuse émérite avait vendu de faux bijoux : aussi était-elle guettée et recherchée activement par tous les dupés et par le garde champêtre lui-même, à qui elle avait eu le talent d'acheter une vieille montre en or, car elle brocantait de toutes les façons, et de le payer en fausse monnaie.

Enfin, à sa sortie de Mahonbonne, elle fut vue et happée par tous ces gens qui étaient à sa piste et conduite d'une main vigoureuse par le garde champêtre jusqu'à Lunéville pour y être bien et dûment incarcérée en attendant son jugement et sa condamnation.

Notre bohémienne était donc prise et bien prise cette fois, et elle n'ignorait pas ce qui allait lui en revenir, car ces gens-là connaissent leur code pénal sur le bout du doigt. « Si je puis me débarrasser des preuves de conviction que j'ai sur moi, pensa-t-elle, ce sera déjà une circonstance atténuante. » Et, se laissant tomber de manière à faire croire à une véritable chute, elle glissa sous une pierre la chaîne de jaseron, et cela dans les environs du domicile de la mère Bertaud. Le tour fut joué en un clin d'œil, et le garde champêtre, qui était bon homme au fond, aida même la rusée voleuse à se relever.

« C'est déjà quelque chose, se dit-elle, mais ce n'est pas assez, attendons les événements. »

Pour arriver chez le commissaire de police, il fallait passer devant l'embarcadère du chemin de fer. Or, en ce moment le train de Paris à Strasbourg était en gare, et le coup de sifflet du départ venait d'être donné; les wagons allaient se mettre en marche quand l'audacieuse bohémienne, qui, pour mieux jouer son jeu, avait jusque-là affecté une grande résignation, fit un brusque mouvement qui la délivra des mains du garde champêtre, puis, s'élançant dans la gare, dont la porte n'était pas encore refermée, elle se jeta résolûment sur le marche-pied d'un wagon, ouvrit lestement la portière et disparut, laissant le vieux garde stupéfait de tant d'audace et hors d'état de pousser un cri pour réclamer sa prisonnière. Quand sa fureur put faire explosion, il était trop tard : le train roulait à toute vapeur.

. Mais laissons le représentant de l'autorité avec sa grosse et légitime colère, laissons l'intrigante marchande de bijoux faux dans le chemin de fer, qu'elle payera sans doute encore en fausse monnaie, et revenons à nos jeunes étudiants qui, habitués à saisir les idées au vol, demandaient à M. de Saint-Martin des renseignements sur l'origine et la fabrication du *sucre*.

« Les pierres, les métaux et les gaz, dit Ernest avec le petit ton assuré d'un écolier qui a bien retenu sa leçon, nous ont assez occupés, j'espère ; nous allons maintenant porter toute notre attention sur ce que vous appelez les corps *organiques ;* alors c'en est fini et bien fini avec les hydrogène, oxygène et compagnie.

— Mais vous êtes dans une profonde erreur, mon cher ami, lui dit le bon professeur, car nous les retrouverons tous ces gaz-là, dans une infinité de corps parfaitement organiques.

— Ah ! ah ! frérot, fit le petit jardinier en riant, voilà ce que c'est que de n'avoir pas tourné sept fois sa langue dans la bouche avant de parler, vous n'auriez pas dit une.... suffit !

— Ainsi que je vous le disais ce matin, reprit M. de Saint-Martin, les corps organiques ont cela de particulier que certains d'entre eux, étant combinés ou mélangés, peuvent en produire d'autres tout à fait différents de propriétés, de saveur, d'aspect; ainsi, je le répète, avec des chiffons, de simples chiffons, on peut faire de la gomme, de l'alcool, du sucre, etc.

— C'est pourtant ce que je disais à la Catiche qui, à ce propos, s'est permis de douter de mes paroles.... Mais je lui pardonne, la pauvre fille; ça a si peu d'éducation! Et que serait-ce donc s'il fallait qu'elle dise, comme moi, ce fameux mot grec Thesaucricri.... trocui.... et le reste.

— Insigne bavard! dit Ernest, tu ne pourras donc pas, une fois dans ta vie, être muet comme un poisson, seulement pendant cinq minutes?

— Le sucre, reprit M. de Saint-Martin, se vendait chez les apothicaires, il y a trois cents ans, par petite quantité et à un prix exorbitant; aujourd'hui il s'en consomme cent vingt millions de livres par an et il coûte en réalité fort peu de chose. Presque toutes les plantes en contiennent plus ou moins abondamment.

— Eh quoi! dit Rosine, ce n'est pas seulement de la canne et de la betterave qu'on l'extrait?

— C'est de ces deux plantes, en effet, qu'on en obtient relativement les plus grandes quantités, mais on retrouve une matière sucrée analogue dans le raisin, les figues, les melons, le maïs, les châtaignes, dans les racines de carottes, de navets, dans la séve de certains arbres, etc.; seulement, ce n'est qu'après des manipulations minutieuses qu'on obtient de ces dernières substances cette matière sucrée, au lieu que c'est sans effort et sans grand travail qu'on l'extrait de la canne à sucre.

— Je serais bien curieuse cependant, dit Rosine, de savoir comment on s'y prend.

— Des nègres, en Amérique, reprit M. de Saint-Martin, portent sous d'énormes cylindres, mus par la vapeur, des brassées de ces cannes lorsqu'elles sont arrivées à leur maturité; le jus qui en sort est reçu dans des chaudières et chauffé à soixante degrés, et comme il n'est pas très-pur, on ajoute un peu de chaux qui aide à le clarifier.

— Et le sucre est fait? demanda vivement Ernest.

— Oh! pas encore, ce n'est jusqu'à présent que de la *cassonade* dont le résidu le plus grossier est de la mélasse.

— Qui n'est pas du tout à dédaigner! fit Pierrot.

— Le sucre en cet état, continua le professeur, est envoyé en Europe aux raffineurs qui l'épurent encore et le font cristalliser en beaux pains blancs comme vous le voyez sur nos tables. Du reste, la fabrication du sucre de betterave ne diffère pas beaucoup de celle du sucre de canne.

— J'ai vu, dit Ernest, chez une marchande de comestibles à Paris, une canne à sucre qui avait près de quatre mètres de hauteur; cela doit, ce me semble, donner énormément de sucre.

— Pas autant que vous croyez, mon ami, car sur cent parties de jus il y en a soixante-douze d'eau, onze de parties ligneuses et de *pectine* et seulement seize de sucre pur.

— La partie ligneuse, dit Rosine, c'est le bois de la plante, je le sais, mais qu'est-ce donc que la *pectine?*

— C'est, répondit M. de Saint-Martin, une sorte de gelée qui existe dans tous les fruits et qui a une consistance de gomme ; c'est ce principe en effet qui fait prendre en gelée les confitures de groseilles et d'autres fruits.

— N'a-t-on pas essayé, dit Eugène, de faire du sucre avec du raisin ?

— En effet, lors du blocus continental sous Napoléon Ier et alors que les Anglais interceptaient tout arrivage de sucre de nos colonies, le chimiste Proust, pour remédier à la pénurie d'une denrée aussi précieuse, essaya de faire du sucre avec du raisin. L'empereur l'en récompensa par la croix d'honneur, et par un petit cadeau de cent mille francs.

— Eh bien ! s'écria Ernest, voilà du sucre tout trouvé, car il ne manque pas de vignes en France

— Oui, mais c'est qu'il était impossible de le cristalliser, ce n'était qu'une matière d'un aspect terne et grenue. Un autre chimiste parvint à le blanchir, mais n'alla pas plus loin, bien qu'un million de francs, somme assez rondelette et assez tentante, fût promis à qui arriverait à la cristallisation.... mais on cherche encore. Il en est de même de toute matière sucrée autre que celle de la canne et de la betterave, on ne peut la solidifier, témoin le miel, les jus de pommes, de poires, etc.

— Et ce fameux sucre de bâton de chaise ? dit tout bas Pierrot, en avançant timidement un vieux débris de chaise qu'il était allé ramasser dans un cellier.

— Donne toujours, mon garçon, dit M. de Saint-Martin en prenant son morceau de bois. Un honnête homme n'a que sa parole : j'ai promis, je dois donner. »

Le bon professeur émietta un fragment de ce bâton en petits copeaux très-menus, qu'il mit dans un vase, en les arrosant légèrement avec un peu plus de leur poids d'acide sulfurique.

Ces fragments brunirent bientôt et se réduisirent en une pâte glutineuse.

« Maintenant, reprit M. de Saint-Martin, en regardant Pierrot, il me faudrait une main habile et exercée pour me remuer cela sans discontinuer, au moins pendant un gros quart d'heure.

— Donnez-moi cela, dit le petit jardinier, ça me connaît, j'ai assez tourné la bouillie autrefois pour mon petit *fillot*.

— Eh bien, pendant que Pierrot s'évertue à sa fricassée, dit Ernest, je vais demander comment se fait.... le sucre d'orge.

— Très-improprement appelé sucre d'*orge*, repartit Eugène, car il n'entre pas une parcelle d'orge dans cette friandise, qui, je le vois, est de ton goût, puisque tu t'intéresses à sa confection, et sans doute aussi à celle de ses congénères le sucre de pomme, le sucre candi, etc. Eh bien, le sucre d'orge est tout simplement du sucre qu'on fait fondre jusqu'à ce qu'il soit arrivé à cette teinte blonde ou rousse qui lui donne en effet une apparence d'orge brûlé, puis on le laisse s'épaissir et on le roule en petits bâtons sur un marbre huilé. — Le *sucre de pomme* est un véritable sirop composée de sucre fondu et de gelée de pomme qu'on aromatise ensuite à volonté. Le *sucre candi* enfin se fabrique de la manière que voici : on fait d'abord un sirop qu'on laisse évaporer et épaissir jusqu'à ce qu'une goutte jetée sur un corps froid s'y coagule. Alors on verse le tout dans une terrine dans laquelle on a tendu préalablement des fils. On laisse le bain se refroidir doucement, et la cristallisation se faisant toute seule, le sucre se candise, comme tu le connais, en prismes réguliers. »

Pendant ces explications, Pierrot qui tournait toujours, mais qui commençait à en avoir assez, s'écria tout d'un coup d'un ton dérouragé : « Ah! je comprend maintenant combien les malheureux nègres employés aux sucreries doivent avoir de mal, car moi qui ne fabrique en ce moment qu'un méchant brin de sucre, je ne puis déjà remuer ni bras ni jambes,

— Allons, c'est bien, dit en riant M. de Saint-Martin, ton ragoût est cuit à point, nous allons y mettre le dernier assaisonnement. »

On fit donc bouillir sur un réchaud à esprit-de-vin cette pâte gommeuse, puis on y ajouta de l'eau pour l'étendre, et un peu de chaux pour l'éclaircir et neutraliser surtout les effets trop énergiques de l'acide sulfurique. On filtra ensuite le tout, on laissa évaporer l'eau au grand air, on fit subir à la masse une nouvelle cuisson pour la concentrer encore plus intimement et enfin on obtint un résidu qui était une pâte sucrée, du vrai sucre cette fois, auquel chacun put goûter du bout du doigt.

Pierrot, qui avait aidé si puissamment pour sa part au succès de l'opération, battit des mains de joie en voyant ce beau résultat et s'écria : « Plus souvent que je vais maintenant jeter aux ordures ou brûler mes vieux manches d'outil ou mes brouettes cassées; ça me servira dorénavant à sucrer mon lait du matin

— Voilà, par exemple, dit M. de Saint-Martin, ce qu'on peut appeler le *nec plus ultra* de la science du fabricant de sucre ; mais je lui conseillerai toujours de choisir de préférence des cannes ou des betteraves, car, avec de vieux manches ou des brouettes cassées, un pain de sucre de dix kilos lui reviendrait un peu cher, sans compter qu'il ne serait pas de première qualité.

— Voulez-vous me permettre, dit Rosine, de vous faire encore quelques questions sur le sucre?

— Oh ! certainement, chère enfant, interrogez, interrogez toujours, dit l'excellent M. de Saint-Martin, ce n'est que comme cela qu'on s'instruit.

— Ce sucre poreux et léger, qui du reste ne sucre pas autant que celui qui est dur, est sans doute du sucre de betterave.

— Détrompez-vous. On fait avec les betteraves d'aussi bon sucre qu'avec les cannes ; mais celui que vous voyez ainsi poreux et léger l'a été fait avec intention. Il y a des établissements, les cafés particulièrement, qui veulent paraître donner *beaucoup de sucre* à leurs consommateurs, mais ne pas augmenter leurs frais pour cela ; c'est donc pour eux que les raffineurs en fabriquent de moins dur, de moins cristallisé. Règle générale, le sucre le plus compacte est celui qui sucre le mieux ; tel est celui dit sucre royal, qui fond toujours si difficilement.

— Et le sucre *en poudre*, sucre-t-il autant que celui qu'on laisse en morceaux?

— Un peu moins ; cette désagrégation des molécules apporte toujours une petite modification dans ses propriétés.

— Allons, allons, dit Eugène, n'abusons pas davantage de la complaisance de M. de Saint-Martin, qui se fatigue sans doute à parler depuis si longtemps.

« — C'est bien dit, cela, ajouta Pierrot; du reste nous avons tant parlé de sucre que ce ne serait pas mal de rester sur notre bonne bouche. »

Là, en effet, se termina la séance.

CHAPITRE II.

Disons quelques mots de cette noce à laquelle assistait Catiche. Les mariés et leurs invités étaient tous de bons et simples villageois; tout se passa donc très-convenablement. L'entrain certes ne manquait pas, mais c'était une gaieté franche et innocente : c'était, en un mot, selon les mœurs du bon vieux temps, et ce n'en était que plus charmant. Après le repas, les ménétriers de l'endroit vinrent s'installer sur un orchestre improvisé, composé d'un violon, d'un fifre et d'un tambourin. S'ils ne jouaient pas bien, en revanche ils jouaient fort et faisaient sauter et pirouetter leur monde à ébranler la grange, transformée en salle de danse.

Enfin, lorsque l'aurore — comme disaient les poëtes autrefois — lorsque l'aurore aux doigts de rose ouvrit les portes de l'orient, les danses et les crincrins duraient encore.

Revenons maintenant à Catiche. Ce n'était pas sans

17

une certaine émotion qu'elle se rendait à l'invitation de
son cousin ; certes elle était tout heureuse d'avoir sa
chaîne d'or en sa possession, mais ce n'était toujours,
se disait-elle encore tout bas, que du *jaseron*. Et la
Suzon ?... quelle toilette ! quels bijoux ! Quelle superbe et

Les mariés et leurs invités.

dédaigneuse contenance va-t-elle avoir vis-à-vis d'elle !....
Oh ! sans doute Suzon est dans une toilette ébourrif-
fante, à éclipser, à écraser toutes les autres !

Ce fut dans ces graves préoccupations d'esprit que
notre première demoiselle d'honneur aborda la société.

Mlle Reine, la mariée, le cousin, les nombreuses connaissances de Catiche, l'accueillirent avec la plus grande et la plus parfaite aménité.

Suzon parut enfin,... et Catiche resta stupéfaite de l'extrême simplicité de sa toilette.... Pas le moindre falbala à sa robe, encore moins de crinoline, pas l'ombre de chaîne ou de bijoux, mais tout simplement le modeste costume d'une villageoise un jour de dimanche.

Catiche avait bon cœur, Catiche était une bonne fille ; aussi, au lieu de paraître triomphante de se trouver mieux mise que celle qu'elle redoutait tant, elle parut interdite et attendrie à la vue d'une si modeste toilette.

Suzon vint à elle, et lui prenant affectueusement la main :

« Tu me vois la moins parée de toutes, lui dit-elle. Peut-être même ne devrais-je pas être ici, au milieu de tant de gens heureux ; mais ma mère l'a voulu et j'ai dû obéir.

« Oh ! reprit-elle avec des larmes dans les yeux, c'est que nous venons d'être cruellement éprouvés, ma bonne Catiche : la semaine dernière, mon pauvre père s'est blessé en levant la vanne du moulin ; hier, notre vache est morte ;... c'était notre gagne-pain à tous, et ma bonne mère, qui, tu le sais, est bien âgée, reste seule avec moi pour soutenir la maison. Et cependant elle a voulu, comme tu le vois, que j'assiste au mariage de Reine ;... elle est la filleule de maman, elle nous a quelques obligations, et c'eût été l'humilier peut-être que de ne pas répondre à son invitation.... Tu conçois néanmoins, ma chère Catiche, que si je suis ici, mon esprit est ailleurs, et certes je suis loin d'avoir le cœur à la danse et aux plaisirs. »

Suzon se tut, car ses larmes l'étouffaient.

« Tu as encore des amies, lui dit Catiche en l'embrassant, leurs bras et leur cœur seront toujours à ton service. »

Les invités ne se séparèrent, comme nous l'avons dit, qu'au petit jour. Chacun alla chez soi goûter quelques heures de repos, avant de reprendre les travaux des champs, car, à la campagne, un plaisir n'est jamais pris aux dépens du travail; la moisson n'attend pas.

Catiche revenait seule et rêveuse en pensant à la détresse de la famille de Suzon, et cherchant déjà dans sa tête comment elle pourrait lui venir en aide, quand elle aperçut dans un champ voisin la vieille mère de la pauvre fille, qui, péniblement courbée sur les sillons, glanait quelques rares épis oubliés par les moissonneurs.

« Pauvre femme! se dit Catiche, elle répare le temps précieux perdu par sa fille.... Mais, pensa-t-elle tout à coup, si je l'aidais moi-même à glaner; voici précisément un champ dont les épis sont abattus; je puis bien, il me semble, ramasser ceux qui sont là éparpillés autour des javelles. »

Et sans plus réfléchir, notre étourdie glana ou plutôt ramassa à brassées les épis non encore bottelés, bien persuadée, dans son âme et conscience, qu'elle ne prenait rien à autrui. Quand elle en eut une honnête provision, elle la posa sur le bord du champ et courut du côté de la mère de Suzon pour lui dire de venir prendre sa provende.

La bonne femme, qui avait fini de ramasser ses rares épis, n'était déjà plus là. Catiche l'appela, la chercha, et résolut enfin de lui porter sa gerbe chez elle.

Mais elle comptait sans un personnage spécialement chargé de surveiller les glaneuses indélicates. Près de sa gerbe était un garde champêtre, gros, gras et court, orné de deux formidables moustaches et porteur d'un grandissime sabre datant du temps du premier empire. Un peu plus loin se tenait Pierrot, que Nanette, inquiète de l'absence de la fille de basse-cour, avait envoyé au-devant d'elle.

Le garde, son calepin à la main, et son encrier pendu à la boutonnière, verbalisait, et notre petit moqueur de jardinier le regardait faire les bras croisés et d'un air tant soit peu narquois.

« Je te répète, petit bonhomme, disait le représentant de l'autorité, que cette gerbe n'a pas pu se faire toute seule, et que ce n'est pas un moissonneur qui l'a confectionnée; elle est trop mal fagottée pour cela.

— Eh bien! qu'est-ce que cela me fait à moi? répondit Pierrot sans s'émouvoir. Cherchez le coupable; c'est votre affaire. »

Catiche arrivait dans ce moment.

« Tiens? te voilà Pierrot, tu es bien gentil d'être venu; tu vas m'aider à emporter ma gerbe. »

Puis se tournant vers l'individu à moustaches, et lui faisant une belle révérence :

« Votre servante, monsieur le garde, lui dit-elle.

— Ah! ah! s'écria celui-ci d'un air triomphant, j'en tiens deux au lieu d'un, et pour le coup le délinquant ne m'échappera pas. Mais toi, la fille, ajouta-t-il en s'adressant à Catiche, tu m'as tout l'air d'être celle qui m'a si mal tourné cette gerbe-là. Or, tu connais la loi des 22 juillet et 6 octobre 1791 du Code rural, délit puni d'amende et de prison. Allons, leste! qu'on me suive au dépôt de la gendarmerie,.... et après l'on verra. »

A ce mot redoutable de gendarmerie, Catiche commença à trembler de tout son corps.

« Ah! mon bon monsieur le garde, s'écria-t-elle, ne m'emmenez pas, je vous en prie : je ne savais pas qu'on ne pût pas glaner dans un champ qui n'est pas entièrement moissonné. Jamais de ma vie je n'ai été en prison, et j'en mourrai de chagrin, bien vrai, bien vrai.

— Bah! bah! dit l'impitoyable garde en retroussant ses moustaches, ce qui chez lui était toujours un indice redoutable, si on écoutait tous les maraudeurs et si on les croyait sur parole, on ne ferait jamais le plus petit procès-verbal! Allons, dis-je, qu'on marche devant moi, et pas accéléré! »

Mais Catiche était plus disposée à se trouver mal qu'à faire un pas; ses jambes se dérobaient sous elle et tout son corps était agité d'un tremblement nerveux.

Pierrot en eut pitié. Un sentiment de générosité et de noble courage exalta son cœur bon et sensible.

« Et qui vous prouve que c'est cette fille qui est la coupable? dit-il au garde. Vous pêchez en eau trouble, mon cher; eh bien! c'est moi qui ai fait cette gerbe, et c'est vous qui avez la berlue. Allons, marchons nous deux, advienne que pourra.

— Ça m'est bien égal, répliqua le garde, pourvu que j'en aie un à coucher sur mon procès-verbal, je me moque de l'un ou de l'autre comme d'une guigne.... Mais toi, mon bonhomme, comme tu m'as l'air d'un malin petit singe, et qu'en ma qualité de garde j'ai toujours cultivé le fameux proverbe : « Un bon *tiens* vaut mieux que deux *tu l'auras*, » je commence par te mettre la main dessus. »

Et le gros rustaud de garde empoigna brutalement Pierrot au collet.

A cette vue, Catiche, qui s'imagina sans doute qu'il allait le manger tout vivant, retrouva subitement ses jambes et, poussant des cris de paon, s'élança, rapide comme une flèche, dans la campagne et arriva tout essoufflée, toute pantelante d'effroi à Mahonbonne, où elle répandit l'alarme, en disant que si Pierrot n'était pas mort en ce moment, il était pour le moins plongé dans un horrible cachot, à cent pieds sous terre, au pain et à l'eau, et probablement les fers aux pieds.

Nous laissons à penser l'effet terrible que produisit cette affreuse nouvelle.... Mais revenons au garde et à son prisonnier.

« Ah mais ! un instant, mon vieux ! s'écria Pierrot en se voyant happé comme un voleur, et fort peu soucieux de subir cet affront. Je ne joue pas à ce jeu-là, moi ! »

En disant cela, il se démena si bien et si habilement, qu'en un tour de main il eut retiré ses bras de dedans les manches de sa veste et fait un saut de carpe qui le mit à cinq pas du garde.

« Maintenant, dit-il, mon brave homme, allons-nous-en comme une paire d'amis, mais à distance, s'il vous plaît. »

. Le vieux garde, qui était colère et rageur comme un vieux troupier, eut beau débiter toute la kyrielle de gros jurons qui résonnent si souvent au bivouac ou font grincer les vitres des casernes ; il fut bien obligé de s'en tenir aux paroles, son gros ventre et ses courtes jambes lui interdisant tout autre exercice que celui de l'invective.

Ce fut ainsi que le cortége se mit en marche, Pierrot

Je ne joue pas à ce jeu-là, moi !

gambadant en avant, choisissant les passages les plus difficiles, et le garde clopinant et suant à grosses gouttes pour suivre *son prisonnier*.

On était arrivé ainsi aux portes de la ville, quand les choses vinrent changer subitement de face.

M. B*** se croisa tout à coup, au detour d'un mur, avec nos deux individus. Il appela aussitôt Pierrot, qui accourut à lui avec la figure rayonnante d'un captif à qui l'on apporte des nouvelles de prochaine délivrance.

« Mais quel est donc ce garde?.... demanda M. B***, en regardant le gros bonhomme qui s'avançait en s'essuyant le front.... Eh! que vois-je! s'écria-t-il, après l'avoir considéré quelque temps, c'est.... non, je ne me trompe pas,... c'est mon vieux Schabrack! mon ancien brigadier du 9ᵉ dragons.

— Ah! mille cartouches! s'écria le garde à son tour, ébahi et stupéfait, c'est mon commandant! mon bon commandant à qui je dois de ne pas avoir été haché par les Cosaques. Quelle heureuse chance! Ah! mon commandant, que je suis content de vous revoir et de pouvoir vous serrer encore la main!

— Eh! oui, c'est moi, mon vieux Schabrack, dit M. B***, en rendant au garde sa chaleureuse poignée de main; mais comment te trouves-tu ici, comment as-tu pu quitter notre régiment?

— Hélas! commandant, c'est bien plutôt lui qui m'a quitté. Ils m'ont trouvé trop vieux là-bas, et, avec toutes sortes de politesses et de certificats, ils m'ont donné mon congé en bonne forme.

— Et te voilà garde champêtre? dit le commandant.

— Depuis trois jours seulement.... Dame! ça vient en aide à ma pauvre petite pension d'invalide.

— Et tu as inauguré tes fonctions, je le vois, continua le commandant, en mettant la main sur ce petit maraudeur-là.

— Justement. Et j'étais en train de le conduire bel et bien en prison. Son affaire est claire.

« — Et tu faisais bien, mon brave ; il faut toujours faire son métier en conscience. »

A ces mots, Pierrot, tout stupéfait, regardait M. B*** et semblait perdre déjà de son assurance et de sa gaieté, quand le commandant ajouta :

« Seulement, mon vieux Schabrack,... tout en te louant bien sincèrement de faire aussi bien ton devoir, je ne t'en confisque pas moins ton prisonnier à mon profit. »

Pierrot commença à respirer, et ses couleurs, un moment effacées de ses joues, reprirent leur éclat.

« Mais, dit Schabrack,... pardon, excuse, mon commandant,... il y a flagrant délit, il y a procès-verbal ;... et cette gerbe, cette énorme gerbe....

— Cette gerbe a été faite dans un champ à moi, cette fille qui l'a bottelée, ce garçon que tu emmènes, sont deux personnes de ma maison,... et....

— Et, fit le garde, je le vois clairement, mon procès-verbal et moi nous sommes enfoncés ; mais n'importe, ajouta-t-il gaiement, je n'ai pas perdu ma journée, puisque je retrouve mon bon, mon excellent commandant.

— Chez qui, ajouta M. B***, tu vas venir tout de suite déjeuner, et à qui tu viendras souvent demander un petit verre de vieux kirsch et un bon cigare. »

Les choses ainsi éclaircies, et ces conventions acceptées, les trois personnages retournèrent gaiement à Mahonbonne.

Tout y était, comme on le pense bien, en grand émoi. « Pierrot est en prison !... Pierrot meurt de faim au fond d'un cachot !... » Voilà quelles étaient les lamentables rumeurs qui circulaient.

Mais quand le bon petit jardinier se présenta dans la cour, un cri de joie et de bonheur partit de toutes les bouches, et Mme B***, Mme de Monterey, Nanette, Catiche et tous les gens de la maison coururent l'embrasser.

« Et les enfants? dit le commandant en jetant les regards autour de lui, où sont donc Eugène, Ernest, Rosine?...

— Ah! mon Dieu! s'écria Mme B***, les voilà qui partent avec des provisions, des provisions à l'infini; tous les buffets et les garde-manger ont été mis au pillage, et tout cela pour consoler Pierrot dans son horrible cachot, à cent pieds sous terre. Vite, vite, Nanette, allez sonner la cloche : ils pourront sans doute l'entendre encore, car ils ne doivent pas être bien loin. »

En effet, au carillon désordonné que fit la cuisinière, on vit bientôt accourir Eugène, Ernest et Rosine, avec leurs lourds paniers chargés de viandes, de pain et surtout de gâteaux.

Les transports de joie recommencèrent de plus belle de part et d'autre et se terminèrent par un bon déjeuner auquel le vieux Schabrack, placé à côté de son prisonnier, fit le plus grand honneur.

N'oublions pas de mentionner ici, pour la morale de la chose, que des secours furent immédiatement envoyés à la famille de Suzon. Mahonbonne, ou mieux Maison-bonne, tenait, on le voit, à justifier son titre en toutes circonstances.

Après le déjeuner, les enfants allèrent selon leur habitude prendre leur dessert dans le jardin; cette fois il était presque entièrement composé de gâteaux qu'on avait recrutés de toutes parts pour les porter au *pri-*

sonnier : brioches, babas, savarins, biscuits de Savoie, échaudés, galettes, il y avait un échantillon de tout. Eugène avait composé exprès cette collection pour en faire le texte de la causerie du jour et pour répondre à cette question que Rosine lui avait adressée, en sortant de table : « Est-ce que cette gerbe que Catiche avait faite de si bon cœur, ce blé en un mot que produit le champ de la ferme, peut donner à la fois, et le pain blanc dont on se sert à table, et l'affreux pain noir qu'on donne aux prisonniers, et de délicieux gâteaux ? »

Quand chacun fut installé sous le berceau de chèvre-feuille qui, l'été, servait de salle d'étude, le jeune bachelier entama l'intéressante question de la fabrication du pain, et par suite des gâteaux. La leçon certes ne pouvait manquer cette fois d'être bien comprise, car les auditeurs avaient sous les yeux et dans leurs mains la matière même du discours.

« De même, dit Eugène en riant, que Petit-Jacques prétend qu'il y a fagots et fagots, de même, ma chère cousine, il y a pain et pain, et c'est ce que nous allons expliquer.

— Je le sais, dit la jeune fille, il y a le pain *blanc* et le pain *bis;* mais tout cela a la même origine, je pense.

— Oui, certainement, mais le premier est fait avec plus de soin et de perfection que l'autre.

« La *farine*, tu le sais, est le résidu du blé écrasé au moulin : ce premier résultat s'appelle *mouture;* on procède ensuite au *blutage* ou séparation plus ou moins complète de la farine d'avec le son....

— Ah! je comprends, interrompit Rosine, le pain *blanc* se fait avec de la farine soigneusement *blutée*, et le pain *bis* avec celle dans laquelle il reste du *son*.

— Mais, dit Ernest, le pain de munition, le pain des prisonniers, a une couleur plus foncée, un aspect et même un goût tout autre que le pain bis. D'où cela provient-il ?

— C'est qu'il est fait avec un mélange de farine de froment et de seigle. Il y a là une économie notable, car le seigle est moins cher que le blé.

— Et le gâteau ? dit Pierrot, tel que cette bonne brioche que je tiens là ?

— Et qui bientôt n'existera plus qu'en souvenir, dit Eugène, car la voilà déjà aux trois quarts. Eh bien ! le gâteau se fait, comme toutes les pâtisseries fines, avec de la farine de gruau.

— Ah !... s'écrièrent les enfants, et qu'est-ce que c'est que du *gruau ?*

— Le *gruau*, répondit Eugène, est cette partie du blé qui enveloppe le germe ; c'est la plus nourrissante ; on l'extrait de la farine proprement dite, d'autant plus facilement que cette substance grenue est assez dure à écraser. Les meuniers, en la recueillant ainsi, la mettent à part et elle est vendue dans le commerce sous le nom de *semoule*. Or vous savez que c'est avec la semoule qu'on fait d'excellents potages, et avec quoi encore se fabriquent le vermicelle, le macaroni, les lazagnes qui se colorent avec du safran.

« Ce même *gruau*, réduit en farine, sert aux boulangers à faire ces bons et croustillants pains de gruau qui équivalent presque à du gâteau.

— Et cette *eau de gruau* que l'on donne assez souvent comme tisane rafraîchissante, demanda Rosine, est-ce encore du blé qu'elle provient ?

— Non ; mais bien de l'orge dépouillée de son enveloppe, qui prend encore le nom d'*orge perlé* quand elle est arrondie en petits grains.

— On m'a parlé aussi, dit Ernest, de pain de *gluten*, de pain de *dextrine* : ce sont, je le sais, des pains de luxe ; mais qu'est-ce que c'est que du *gluten* et de la *dextrine* ?

— Je vais vous faire voir tout de suite du gluten : j'ai pris exprès sur moi mon petit microscope de poche, et plusieurs grains de blé. Tenez, en voici un que j'ouvre, regardez bien.

— J'aperçois, dit Rosine, une poudre blanche et fine qui semble retenue entre les mailles d'une sorte de réseau grisâtre.

— Eh bien ! ce réseau c'est le *gluten* ; c'est là la substance nutritive par excellence des céréales, c'est elle qui rend le pain léger et savoureux. Le gluten seul doit donc donner un pain des plus parfaits. Quant à la *dextrine*, c'est un des principes de l'orge, d'une nature gommeuse, dont on fait également des pains de luxe.

— Alors, dit Rosine, la farine privée de son gluten, et par conséquent de sa meilleure substance nutritive, n'est plus que.... que....

— Que de l'*amidon*, répondit Eugène, et Rosine, en bonne petite femme de ménage, doit avoir déjà fait connaissance avec cette marchandise-là.

—Certainement, dit la jeune fille, et je sais en outre que l'amidon bouilli donne de l'empois. Quand j'étais petite, les cols et bonnets de mes poupées, c'est moi qui les passais à l'amidon, et ma petite famille de poupées avait du linge blanc à ravir.

— Enfin, l'amidon prend le nom de *fécule* quand on l'extrait de la pomme de terre, et quand cette fécule vient du *manioc*, racine d'Amérique, elle s'appelle *tapioca*, quand elle vient d'une sorte de palmier (le sagouier), elle prend le nom de *sagou :* toutes choses, du reste, qui font de fines pâtisseries ou d'excellents potages.

— Maintenant, mes chers petits élèves en pâtisserie, dit le commandant qui surgit tout à coup, puisque la leçon me semble terminée, je vous engage à manger les pièces de conviction et à vous apprêter à venir faire avec vos mamans et moi une promenade à la Butte-aux-Grives, chez le bon fermier Guillaume, qui, m'a-t-on dit, a un de ses enfants malade. »

A cette nouvelle, tout ce qui restait de gâteaux, et la quantité, il faut bien l'avouer, en était déjà furieusement amoindrie, disparut comme par enchantement, et, quelques minutes après, toute la famille était en route pour la Butte-aux Grives.

CHAPITRE III.

Comme il s'agissait d'aller voir un malade, tout le
monde hâta le pas, et bientôt on fut rendu à la ferme.

L'aîné des fils de Guillaume était en effet fort souf-
frant, mais on ne savait quelle était la cause de ce malaise. Ce jeune homme, d'une constitution robuste et
énergique, semblait du reste lutter avec son mal, afin
de donner moins d'inquiétude à ses parents.

« Avez-vous vu un médecin? demanda M. B*** en
entrant.

— Eh! mon Dieu! répondit le fermier, nous sommes
sur les épines. Le médecin du bourg est depuis hier à
Beauménil, près d'un homme dangereusement blessé,
et nous l'attendons de minute en minute.

— Que ne l'ai-je su plutôt! s'écria le commandant,
j'aurais amené avec moi mon médecin.

— Voulez-vous que j'y coure? dit Pierrot, toujours prêt à rendre service.

— Attendons encore un peu, dit le malade; il me semble que je me sens mieux; du reste M. Lherminier ne peut pas tarder.

— Et comment a commencé cette indisposition? demanda Mme B***.

— Voilà,... dit la mère Guillaume; hier matin on est venu nous dire que le voisin Remi, en rentrant sa moisson, s'était donné un tour de reins à rester sur la place, et que cependant il avait encore pour une bonne journée de besogne à faire. Notre garçon s'est offert aussitôt à aller lui rentrer son reste de gerbes. Entre voisins, faut être obligeant; n'est-ce pas, messieurs, mesdames? Et cependant le père Remi n'a pas toujours été gentil pour nous, allez; témoin ce jour où il nous a ébranché trois superbes pommiers, parce que le bout des branches dépassait notre haie commune,... mais faut pas être rancunier, n'est-ce pas? J'aurais bien aussi à reprocher au père Remi de se vanter souvent sur le marché que ses poules donnent de plus beaux œufs que les nôtres; ce n'est pas brave cela; mais on lui pardonne. Faut pas être jaloux, n'est-ce pas? Il faut savoir pourtant que le père Remi est un peu sans gêne à l'endroit de nos volailles, car s'il s'en envole une dans son champ, c'est réglé, nous ne la revoyons plus,... et cependant chaque fois que ses canards passent par le trou de la haie pour venir manger le grain des nôtres, je les lui reconduis moi-même tout bravement. Dame! faut pas être vindicatif, n'est-ce pas, messieurs, mesdames? Il y a bien encore....

— Mais, ma bonne femme, interrompit Guillaume,

tout en te vantant ainsi un petit brin, tu fais passablement la confession du voisin,... et je te dirai à mon
tour : Faut être indulgente pour son prochain. Et puis,
du reste, si tu vas de ce train-là, ton histoire ne sera
pas finie demain. Voilà donc la chose, reprit le fermier,
en s'adressant à ses visiteurs : notre gars a si bien employé sa journée, que le soir tout le blé de Remi était
engerbé. Il allait s'en aller, mais le voisin a exigé qu'il
mangeât au moins la soupe avec lui....

— Oui, interrompit la mère Guillaume, à qui un
long silence pesait toujours, un beau potage vraiment !
une méchante soupe à l'oseille qui a si bien réussi à
notre pauvre garçon, que c'est depuis qu'il l'a mangée
qu'il est dans l'état où vous le voyez. »

A ces mots, M. B*** réfléchit un instant.

« Et comment avait-elle été faite cette soupe? deman-
da-t-il?

— Dame! je ne sais trop, dit la mère Guillaume;
réponds donc, garçon. »

Le malade, après avoir fait quelques efforts pour parler, dit enfin :

« C'est la Jeanne, la vachère, qui a fait cette maudite soupe.... Je ne voulais pas en manger, parce que
dans cette maison on ne connaît guère la propreté, et
sa batterie de cuisine n'est pas ce qu'il y a de plus re-
luisant.

— Qu'en dis-tu, Eugène, demanda le commandant à
son fils.

— Je serais d'avis, répondit le jeune bachelier, qu'en
attendant l'arrivée du médecin, on apprêtât tout de suite
un breuvage composé de lait et de blancs d'œufs... Je
me doute fort que le vert-de-gris, ou sous-acétate de

cuivre, est l'unique cause du malaise de ce jeune homme. »

Comme il achevait ces mots, la mère Guillaume, qui regardait alors par la fenêtre, s'écria :

« Voilà un petit gars qui vient de Beauménil, c'est le fils de la mère Bertaud ; il nous apporte sans doute des nouvelles du docteur. »

Petit-Jacques entra en effet.

« Eh bien ? lui dit-on.

— Eh bien ! répondit le petit marchand de fagots, le médecin ne viendra que demain soir. Il m'envoie, moi et mon âne, pour vous le dire.

— Il n'est pas possible d'attendre jusque-là, s'écria Eugène. Père Guillaume. hâtez-vous de faire ce que je viens d'indiquer. »

Pendant qu'on s'occupait de ce soin, Pierrot tira à part Petit-Jacques.

« Aimes-tu les pommes ? lui dit-il.

— Tiens ! dit l'autre, est-ce que ça se demande ça ?

— Eh bien ! viens par ici. En voilà cinq que le petit Guillaume m'a données, va les manger là-bas, va vite.

— Et pourquoi là-bas ? demanda le fils de la mère Bertaud.

— Va toujours, je te le dirai après. »

Et il le poussa vers une grange qui était derrière la maison.

Deux minutes après, Pierrot, monté sur Gris-Gris, et une bonne houssine à la main, galopait dans la direction de Lunéville ; peu de temps après un cabriolet entrait dans la cour de la ferme et l'on en vit descendre le médecin de la famille B***.

Il accourut aussitôt au lit du malade.

« C'est un empoisonnement par le vert-de-gris, dit-il; toutefois on pourrait conjurer le mal immédiatement s'il était possible d'avoir.... tout de suite, tout de suite....

— Ceci?.... dit Eugène, » en présentant les blancs d'œufs battus dans du lait.

Le docteur ne répondit pas, mais à son air de satisfaction en prenant le breuvage, on vit bien que notre jeune bachelier avait deviné juste. Il le présenta au malade qui le but avec avidité.

« Mon cher ami, dit-il ensuite à Eugène, à vous tout l'honneur de la cure : vous avez sauvé ce pauvre garçon, sinon de la mort, du moins d'atroces coliques qui n'allaient pas tarder à le prendre, si je n'avais eu sous la main votre préparation albumineuse qui va conjurer à l'instant même tout accident.

— Et c'est ce blanc d'œuf qui va opérer ce prodige? dit Mme B .

— Ce b anc d'œuf, répondit le médecin, est de l'*albumine* presque pure. Cette substance est un des principes constitutifs de tous les corps organisés; on la retrouve presque partout, dans le sang, dans les cheveux, dans les ongles; ces incommodes durillons qui nous viennent quelquefois aux pieds sont formés d'albumine solidifiée. Mais c'est surtout dans le blanc d'œuf qu'on la rencontre presque pure; elle a là le précieux avantage, étant prise dans un cas d'empoisonnement par des sels minéraux, cuivre ou mercure, de décomposer ces solutions métalliques et de former avec ces sels de nouveaux corps presque neutres, ou qui du moins n'ont plus d'effets dangereux sur l'économie. »

Le malade, en effet, ne tarda pas à sentir diminuer très-sensiblement son malaise, et reprit presque immédiatement son teint ordinaire et son état normal.

Nous ne parlerons pas de la joie de la famille Guillaume et de celle des obligeants visiteurs qui étaient arrivés si à propos. On le comprendra mieux que nous ne pourrions l'exprimer.

Après avoir passé plus d'une heure à la ferme, et s'être bien assurés que le malade était tout à fait hors de danger, le commandant et sa famille reprirent le chemin de Mahonbonne, accompagnés du docteur qui était un ami de la maison, et qui se trouva charmé de revenir en si aimable compagnie.

C'était certes une trop belle occasion pour nos jeunes étudiants, toujours si avides d'acquérir des connaissances nouvelles, pour ne pas faire à l'obligeant docteur mille questions intéressantes.

« Voyez un peu comme c'est traître ce vert-de-gris, dit Mme B***. Vraiment, Nanette, ajouta-t-elle en riant, n'a qu'à bien se tenir maintenant, j'aurai souvent l'œil sur sa batterie de cuisine.

— Moi, ajouta Ernest, je ne touche plus, même du bougt du doigt, à tout ce qui aura trace de vert-de-gris.

— Et si c'était ce poison qui vînt à vous de lui-même ? dit le médecin.

— Comment cela ? demanda-t-on.

— Vous ne connaissez donc pas la mystérieuse et fatale aventure de lord Mac M***?.... Alors permettez-moi de vous la narrer.

« Ce jeune lord venait d'hériter d'un vieux château en Écosse, et quand ses occupations le lui permirent, il voulut aller visiter sa nouvelle propriété. C'était une construction grandiose, riche de beaux souvenirs, mais elle avait été laissée dans un état déplorable d'abandon et de ruine. Cependant, comme il voulait y passer au moins une nuit, il chercha dans tout le manoir une chambre où il pût se faire dresser un lit. Après avoir parcouru toutes les pièces sans trop savoir sur laquelle fixer son choix, il s'arrêta enfin à un cabinet dont la vue sur les montagnes, plutôt que l'ameublement et les tentures délabrées, le séduisit.

« Je coucherai ici, » dit-il à son intendant.

« Celui-ci ne répondit rien, mais devint pâle comme un mort.

« Qu'avez-vous donc ? lui dit lord Mac M***.

« — Rien…. oh! rien ; mais si Sa Seigneurie m'en croyait, elle choisirait un autre gîte pour la nuit.

« — Et pourquoi ? La chaleur a été étouffante aujourd'hui , je laisserai ce vasistas ouvert. Le papier de cette pièce, ajouta-t-il en riant, me semble si agréablement et si largement découpé en longues banderoles qui retombent le long des murs, que l'air extérieur n'aura pas de peine à les agiter et à en faire de véritables ventilateurs. C'est donc décidé, je couche ici cette nuit.

« — Mais Sa Seigneurie me permettra de lui dire que…. la nuit…. dans cette chambre, balbutia l'intendant plus tremblant que jamais.

« — Est-ce que par hasard, mon vieux Murray, reprit lord Mac M*** en riant plus fort encore, tu as quelque histoire de revenants à me raconter, par exemple ?

« — Ma foi, dit vivement l'intendant, j'y croirais presque. Que Votre Seigneurie sache donc que depuis quinze ans tous ceux qui ont couché dans cette pièce n'en sont sortis que morts ou mourants.

« — Oh! oh! fit le jeune lord; ton histoire, mon bon Murray, prend une tournure toute dramatique. Eh bien! j'aime les aventures, moi; et celle-ci me tente. Fais-moi apporter ici du thé, des cigares.... et mes pistolets. »

« Le pauvre intendant eut beau supplier, se mettre presque aux genoux de son maître pour le faire changer d'idée, rien ne put ébranler la résolution du jeune homme.

« Bonsoir, Murray, dit celui-ci, en riant et surtout demain fais-moi servir un bon déjeuner. »

« L'intendant obéit et se retira; toutefois il chargea des hommes armés de veiller toute la nuit, à la porte et au bas des fenêtres, et lui-même vint plusieurs fois faire sa ronde pour s'assurer si rien d'extraordinaire ne se produisait au dedans ou au dehors du cabinet.

« La nuit se passa dans le plus grand calme et aucun bruit extraordinaire ne vint éveiller l'attention des sentinelles.

« Et le lendemain on trouva lord Mac M*** dans son lit, mais sans connaissance et mourant.

« On appela aussitôt un médecin, sir Taylor, homme érudit et méthodique. Il examina le malade, étudia les diagnostics de la maladie sur ses traits déjà décomposés, et un doute lui vint déjà à l'esprit.

« Mais d'un doute à une certitude il y a encore loin.

« Le docteur promena ses regards autour de l'appartement, remarqua d'abord ce papier en lambeaux que le vent du vasistas ouvert faisait violemment voltiger et plissait et déplissait comme la bise fait quelquefois onduler les drapeaux fixés au faîte des édifices. Une fine poussière voltigeait presque imperceptiblement çà et là et retombait sur les meubles.

« Sir Taylor eut l'idée de goûter au bout de son doigt à cette poussière. Elle était âcre et caustique.

Le lendemain on trouva lord Mac M*** sans connaissance.

« Le doute alors se changea pour le médecin en certitude. Il courut au papier et en examina les dessins et la peinture; c'étaient d'épais feuillages dans lesquels dominait le vert de Scheele. Or vous saurez que le vert de Scheele, qui s'emploie souvent dans la fabrication des papiers peints, n'est autre chose qu'un arsénite de cuivre extrêmement vénéneux. Pendant son sommeil le pauvre lord Mac M**· avait absorbé de cette fatale poussière par la bouche, par le nez, par tous les pores, et se trouvait littéralement empoisonné.

« Mais le médecin venait de connaître la cause du mal, il sut heureusement y apporter remède, et à force de soins il put sauver l'imprudent malade.

— Quel bonheur ! s'écria-t-on de toutes parts.

— Ceci, dit le commandant, est toujours un bon avertissement pour ceux qui ont des appartements à faire décorer. Qu'ils se défient du vert de Scheele.

— Allons, messieurs, dit Mme de Monterey, inclinons-nous devant les œuvres de Dieu, et n'accusons que nous des accidents auxquels nous expose notre vaniteuse ignorance, et s'il y a dans la nature des substances malfaisantes, des plantes vénéneuses, elles ont certainement leur raison d'être.

— Cette réflexion, dit le docteur, en soulèverait de bien plus graves encore si nous voulions dépasser les limites d'une simple causerie familière : aussi n'y répondrai-je que dans ce sens. Il y a, il est vrai, des poisons parmi les minéraux et les végétaux ; mais pourquoi notre impatiente curiosité où plutôt notre imprudence se hâte-t-elle d'en user et d'en abuser ! Du reste ces poisons mêmes, bien étudiés et sagement employés, viennent presque tous en aide à nos besoins et à nos maux.

« Ainsi l'*opium*, dont la bénigne influence calme les douleurs les plus cuisantes et procure au malade un sommeil tranquille et réparateur, l'opium deviendra un poison terrible si l'on en prend sans raison. L'*acide sul-furique* n'a-t-il pas sur l'économie les effets les plus re-doutables? Eh bien! combinez-le avec l'alcool et vous créerez ce liquide bienfaisant qu'on nomme éther, dont, en un jour de migraine, on est tout heureux, n'est-ce pas, mesdames, de s'appliquer au front une compresse

L'opium deviendra un poison terrible.

qui calme ou soulage aussitôt la douleur. L'*aconit*, cette belle fleur bleue en forme de casque, et qu'on devrait néanmoins proscrire de nos parterres, a des effets délétères extrêmement dangereux, et cependant elle offre à la médecine, et surtout à messieurs les ho-méopathes, de nombreuses ressources pour la guéri-son d'une foule de maladies. La *jusquiame*, dont les seules émanations trop longtemps respirées peuvent donner la mort, est utilement employée à l'extérieur, en.... Mais je m'arrête, car je m'aperçois que je vais vous faire un cours complet de toxicologie, ce qui nous mènerait bien loin. Je tenais seulement à prouver que, bien que la science ait déjà découvert bien des choses et fait d'immenses progrès, l'humanité en gé-néral doit se souvenir que cette nature, si admirable-ment créée par Dieu, marche invariablement vers un but qui lui est marqué et dont le Créateur seul a le der-nier mot. »

On en était là de cette conversation, qui, comme on le voit, allait prendre une tournure assez sérieuse, quand de loin on aperçut un nuage de poussière et l'on entendit deux voix d'enfants, accompagnées en faux-bourdon de celle d'un âne. Les enfants riaient, criaient, chantaient: l'âne tout au contraire poussait au ciel de lamentables hi-han! ce qui faisait le plus étrange des concerts.

Enfin, on put reconnaître, arrivant à franc étrier, et l'un portant l'autre, Pierrot, Petit-Jacques et Gris-Gris.

« Prends garde à mon mourron! criait le petit fils de la mère Bertaud, le voilà qui se répand par toute la route; tire à gauche.

— Prends garde à ces messieurs et à ces dames que nous pourrions éclabousser, disait Pierrot, tire à droite. »

Mais le pauvre baudet, tiré à gauche, tiré à droite, et ne sachant plus à qui entendre, perdit tout d'un coup tête et jambes, et roula bel et bien, avec ses deux cava-liers, au beau milieu d'une mare, peu profonde, il est vrai, mais dont l'eau passablement limoneuse, était nuancée des plus belles teintes vert-olive, brunes ou noirâtres qu'on puisse imaginer. Ce fut donc dans ce lit douillet que s'étalèrent, les quatre pattes en l'air, Gris-Gris, Pierrot et Petit-Jacques.

Un cri de saisissement et d'effroi sortit de toutes les poitrines à la vue de cette culbute générale, mais ce cri se changea bientôt en un fou rire quand on vit se relever sains et saufs les trois intrépides champions. Mais hélas! dans quel état étaient-ils? Pierrot surtout! Non, Neptune sortant des eaux tout couvert de roseaux, la grenouille s'élançant de son marais toute tachetée de vase multicolore, ne donneraient qu'une idée imparfaite de la toilette de ces messieurs.

Gris-Gris s'était remis le premier sur ses pattes, et comme il en avait sans doute assez de la houssine de ses deux cavaliers, il jugea à propos de leur fausser compagnie, car, prenant aussitôt le galop, il enfila la route qui conduisait à son écurie, en laissant Petit-Jacques, son maître, tout scandalisé et tout stupéfait de tant d'audace.

Pierrot, dont les habits ruisseraient de cette eau noire et fétide, se secoua d'abord comme un caniche au sortir d'un bain; mais il vit bien vite que tout le monde se sauvait de lui pour ne pas être gratifié de ses éclaboussures peu odorantes. Le malheureux jardinier comprit alors qu'il n'avait pas d'autre parti à prendre que d'imiter l'exemple du baudet.

« Pardon,... messieurs, mesdames, balbutia-t-il, rouge comme une pomme d'api; mais je crains de ne plus être présentable, et je pense que je ne ferais pas mal d'aller me débarbouiller,... j'en ai un peu besoin.»

Et comme fit Gris-Gris, Pierrot prit un temps de galop du côté de Mahonbonne.

Tout le monde riait de si bon cœur, qu'il était déjà loin avant qu'on eût songé à lui répondre.

Dans cette belle dégringolade dans la mare, Petit-Jacques avait toutefois été le moins malheureux des trois, car il était tombé à travers des joncs et d'autres herbages, et se trouvait encore assez présentable.... d'un côté. Ce fut donc cette face non maculée qu'il présenta à la compagnie pour faire une belle salutation avant de s'en aller.

« Tiens, mon bonhomme, lui dit M. B*** en lui mettant quelque argent dans la main, voilà pour te dédommager de ton mouron répandu sur la route et de ta journée perdue.

— Mais, monsieur, fit Petit-Jacques, en regardant ce qu'on lui donnait, vous vous trompez joliment;... je n'en gagne pas tant dans toute une semaine.

— Bien, bien, dit le commandant, garde toujours, c'est pour toi.

— Sapristi! fit Petit-Jacques en frappant dans ses mains, et en faisant un bond de joie, si je gagnais souvent des journées comme cela, maman Bertaud et moi nous roulerions bientôt carrosse. »

Et là-dessus l'honnête paysan fit une belle révérence à la compagnie et prit la route qu'avait suivie son baudet.

Quelques instants après, tout le monde arrivait à Mahonbonne. Le docteur fit ses adieux et retourna chez lui, après avoir promis d'aller faire une visite au malade le lendemain matin.

CHAPITRE IV.

Dans l'après-midi nos jeunes étudiants étaient réunis
au jardin dans leur salle de verdure et s'entretenaient
des événements de la journée, quand Ernest s'aperçut
que son frère de lait n'était pas là.

« Où donc est ce petit furet de Pierrot, dit-il? Il lui
arrive rarement de nous faire faux bond, quand nous
venons causer ici.

— Me voici, me voici, frérot, dit le petit jardinier en
apparaissant tout à coup. Ah dame! c'est que je tra-
vaillais dur là-bas, à la pompe! J'en ai les bras sans
connaissance.

— Eh! que faisais-tu donc de si fatigant? demanda
Eugène.

— Et ma pauvre veste de nankin donc? vous ne vous
souvenez plus comme elle a été barbouillée de boue et

de vase, dans la culbute que nous avons faite dans la mare, Petit-Jacques, l'âne et moi?

— Eh bien! dit Rosine, un peu d'eau et de savon et ces taches partiront bien vite.

— Oui, celles-là, répliqua Pierrot, mais c'est que malheureusement cela m'en a fait découvrir d'autres, toutes petites, il est vrai, et qu'on ne voit qu'en regardant de près, telles que taches de framboises, d'herbes, de cidre, taches d'encre, de vin, de rouille, de cambouis, de peinture, taches de....

— Ah çà mais, interrompit Eugène en riant, c'est donc un véritable habit d'arlequin que cette veste de nankin avec ses taches imperceptibles! Du reste, je puis t'indiquer quelques recettes utiles pour les enlever, chacune selon sa nature, sa ténacité et son ancienneté, toutes choses assez importantes à considérer.

— Bon! fit Rosine, j'en profiterai pour les cas à venir.

— Et moi, ajouta Ernest, je prendrai des notes s'il y a lieu.

— Sur le linge blanc ou les étoffes non teintes, dit le jeune bachelier, les taches de fruits rouges, de cidre, de bière, s'enlèvent sans difficulté avec le savon.

— Voici déjà un sujet à traiter, dit Ernest, en prenant note; je serais bien aise de savoir comment se fabrique le *savon*.

— Les taches d'encre et de rouille disparaissent très-bien sous le sel d'oseille; — celles de peinture et de graisse cèdent à l'essence de citron; — la benzine, la térébenthine enlèvent encore les taches les plus tenaces

— Bon! bon! en voilà à demander, dit Ernest en écrivant toujours, *sels, essences, benzine, térébenthine.*

— Eh! bon Dieu! s'écria Pierrot, que va devenir

ma pauvre veste si je lui mets tout cela sur le dos, et
comment m'y prendrais-je du reste?

— Le plus court, crois-moi, lui répondit Eugène,
ce serait de l'envoyer tout bonnement au dégraisseur ;
il s'y entendra un peu mieux que toi.

— Maudit baudet, étourneau, écervelé de Gris-Gris !
exclama Pierrot, m'en as-tu fait du dégât?

— Eh bien ! mon frère, nous t'écoutons, dit Ernest.
Si tu voulais bien nous dire quelques mots de la fabrication du savon?

— Volontiers, répondit Eugène. Le *savon* est un
corps obtenu par la trituration d'un corps gras, huile
ou graisse, avec une base telle que la *potasse* ou la
soude, sous l'influence de l'eau. Or qu'est-ce que la potasse? pas autre chose que des cendres de végétaux bien
lavées, puis calcinées au rouge dans un four. Quant à
la *soude* spécialement destinée à cet usage, c'est le résultat des mêmes opérations faites sur des *plantes marines*. Il y a des savons blancs et d'autres veinés de
bleu ; les bonnes ménagères doivent choisir de préférence ce dernier, parce qu'il contient bien moins d'eau
que le blanc, et par conséquent bien plus de matière utile.

— Eh bien ! voilà encore ce qui me faisait endêver,
dit Pierrot ; tout à l'heure, j'avais beau vouloir avoir de
la mousse avec mon savon, que je trempais dans de l'eau
du puits,... ah! bien oui! il moussait comme si c'eût
été un morceau de terre glaise.

— Je le crois bien, répondit Eugène : l'eau des puits
est toujours chargée de sels calcaires, et ton savon ne
formant plus qu'un mélange d'acide et de chaux presque
tout à fait insoluble, avait perdu ainsi ses qualités premières.

— Et de quoi est fait ce savon qui sent si bon, demanda Rosine, et dont maman et moi nous nous ser-
vons pour la toilette?

— Ces savons sont d'abord aromatisés avec des huiles
essentielles de toutes sortes d'odeurs. Puis ils sont composés de soude triturée avec de l'huile d'amandes douces, de palme, etc., ou du saindoux, du suif ou du
beurre. Le savon de Windsor a pour base de la soude
et du suif de mouton.

— Et ces beaux petits pains de savon presque trans-
parents dont les hommes se servent pour la barbe, comment les obtient-on ainsi? demanda Ernest.

— On les fait tout simplement fondre préalablement
dans l'alcool que l'on a coloré en rose, en jaune, etc.,
et parfumé avec des essences de rose. de vanille, de
violette, etc.

— Il y a encore le *savon vert*, dit Rosine, tu sais,
mon cousin, ce savon qui est si mou et qui mousse si
facilement.

— Ce sont des savons fabriqués avec de la potasse et
des huiles de chènevis, d'œillette, de colza, etc.

— Mais ce qui m'étonne, quand j'y réfléchis, dit Rosine, c'est que le savon étant fait avec de l'huile ou de
la graisse, il ne *graisse* pas lui-même le linge ou l'étoffe
dont on l'imbibe.

— Cette remarque, ma chère cousine, fait honneur à
ton jugement. Eh bien! en voici la raison : la soude ou
la potasse, qui sont des alcalis, sont ici en excès, et obli-
gent les matières impures ou les corps gras qui souil-
lent l'objet qu'on savonne, à se détacher et à se mêler à
l'eau qui les entraîne.

— Je t'ai entendu parler d'*essences*, dit Rosine, je sais

déjà que ce sont des odeurs obtenues des fleurs par un
procédé quelconque....

— Tu n'es pas tout à fait dans le vrai, ma chère
cousine; les essences ne sont pas toutes odoriférantes,
témoin l'essence de térébenthine, d'aspic, etc.; toutefois
c'est pour avoir leur principe ou colorant ou thérapeu-
tique, ou odorant, qu'on extrait de certaines substances
végétales cette huile volatile qu'on appelle aussi essence.
Ainsi le zeste de citron donne une huile qui en rappelle
parfaitement le goût et l'odeur. Il en est de même de la
semence d'anis, des baies de genièvre, de l'écorce de
cannelle, des amandes amères (essence qui par parenthèse constitue un poison très-violent), et enfin des pétales d'une foule de fleurs : girofle, menthe, thym,
oranger, rose, etc.

— Eh bien! dit encore Rosine, pendant que nous
sommes dans les odeurs, je vais te demander quelques
mots sur les *baumes*.

— Les *baumes*, comme les *résines* et les *gommes*,
répondit le jeune professeur, sont des sucs qui décou-
lent de l'écorce incisée des arbres et qui se coagulent
ou se durcissent à l'air.

« On appelle *résines* ou *baumes* celles de ces substances qui contiennent assez d'huile essentielle pour devenir
liquides, telles que la résine dite *térébenthine*, le baume
de la *Mecque*, le *benjoin*, le baume de *Tolu*, etc., etc.
Celles qui restent solides, sont la colophane, la sanda-
raque, la gomme laque, etc. Enfin on donne le nom de
gomme à ce suc jaune ou rougeâtre qui découle de nos
arbres fruitiers et que l'on recueille encore d'autres
arbrisseaux exotiques : de là vient la *gomme arabique*,
la *gomme adragant*, etc.

— Et le *caoutchouc?* et la *gutta-percha?* dit Ernest, ne sont-ils pas de la même famille?

— A peu près. Le *caoutchouc* est le produit d'un suc laiteux et épaissi de l'hévéa et du jatropha, arbres d'Amérique et des Indes. La *gutta-percha* est une substance gommo-résineuse fournie par l'isonandra, grand arbre des îles de l'Asie. Ensuite il y a le *camphre*, dont vous ne me parliez pas : c'est une sorte d'essence ou huile volatile concrète qui découle du laurier-camphrier, arbre très-répandu dans tout l'Orient; et enfin l'*encens*, dont vous connaissez parfaitement l'arome doux et pénétrant, mais dont vous ne connaissez sans doute pas l'origine. Il est tout à la fois gomme, résine et aromate, et découle d'un arbre, le *juniperus thurifera*. Il nous vient de l'Afrique, et surtout du mont Liban, en Asie. Voilà, je crois, à peu près tout ce qu'il y a de remarquable en fait de résines et de gommes.

— Mais, dit Ernest, tu ne nous as pas parlé du *goudron;* c'est sans doute aussi une résine?

— Il est du moins de la famille, répondit Eugène; le goudron n'est qu'un produit obtenu artificiellement : ainsi les pins, sapins et autres arbres résineux, après avoir été à peu près privés de leur résine, sont distillés dans des fours, et laissent alors couler cette matière noire et visqueuse qu'on appelle goudron, et dont la marine fait un si grand usage.

— Eh bien! Pierrot, dit tout à coup Ernest, en s'adressant au petit jardinier, tu ne dis rien. Est-ce que la conversation sur les résines ne t'amuse pas!

— Pas énormément, je l'avoue, répondit celui-ci en cherchant à étouffer un immense bâillement.... Et voyez-vous, frérot, je ne vous le cache pas, mais je croyais bien que M. Eugène eu savait plus long que cela,... et mieux que cela.

— Comment! s'écrièrent à la fois Rosine et Ernest tout scandalisés, que veux-tu dire?

— Comment est-il Dieu possible, reprit Pierrot avec

Cette matière noire et visqueuse qu'on appelle goudron.

animation, qu'on n'ait rien autre chose à dire sur les arbres que de les montrer dégouttants de résine, de gomme et d'un tas d'incongruités pareilles!... Mais moi, moi qui ne suis qu'un aide-jardinier, je pourrais dire une infinité de bonnes choses sur les arbres, et surtout sur les arbres fruitiers.

— C'est vrai, dit Ernest en riant, tu en ferais découler

de la marmelade, des confitures, du raisiné, des cerises à l'eau-de-vie, des chinois, etc., etc.

— Eh bien! c'est à tout cela que je pensais, quand on parlait de caoutchouc et de goudron, répondit le petit paysan.

— Pierrot a raison, mille fois raison, reprit Eugène; car pour considérer en effet le beau côté des arbres, c'est par les fruits et les fleurs qu'il faudrait commencer. Mais que voulez-vous? la science semble toujours dédaigner le connu pour aller à l'inconnu : dans l'amande elle voit le poison, dans la pêche l'acide prussique, dans le pavot l'acétate de morphine.... Décidément la science n'est pas du tout le fait des gens positifs à qui il ne faut pour vivre que des poulets rôtis ou des crèmes au chocolat. Cependant, je l'avouerai, le formidable bâillement de maître Pierrot, et les raisons fort judicieuses qu'il vient d'émettre avec tant de lucidité, ont piqué mon amour-propre, et me font faire un retour sur moi-même. Je vais donc finir par où j'aurais dû commencer, je vais vous parler un peu de tout ce qu'on peut tirer de bon de l'arbre en général.

— Attention! Pierrot, dirent Rosine et Ernest en riant, c'est pour toi qu'on va parler. »

Le petit jardinier, tout ahuri de la tirade à la fois comique et sérieuse de M. Eugène, devint rouge jusqu'aux oreilles et se promit tout bas de mieux se cacher une autre fois quand l'envie de bâiller le prendrait.

« Prenons le végétal par la racine, dit le jeune bachelier. Que peut-elle nous donner? Cherchez bien.

— Comme aliments, dit Rosine, il y a la pomme de terre, dont on fait de la fécule, l'oignon, le....

— Ah! oui, les oignons, s'écria Pierrot, je voudrais

bien savoir pourquoi je pleure toujours quand j'en épluche.

— Ce larmoiement est dû aux émanations d'une huile volatile sulfureuse qui monte aux yeux quand on coupe ce légume.

— La chicorée, continua Rosine, lorsqu'elle a été brûlée ou mêlée au café pour ôter à celui-ci ses propriétés échauffantes.

— J'en doute fort, reprit Eugène ; la chicorée n'a en vérité que le triste mérite d'affaiblir le café ; de plus, elle en dénature l'arome en lui communiquant un goût âcre fort peu estimé des véritables amateurs.

— Enfin, reprit la jeune fille, les radis et une foule de légumes trop connus pour que j'en parle.

— La médecine, reprit Eugène, tire un très-grand parti de certaines racines. Vous connaissez les propriétés émétiques de la racine de l'*ipécacuanha*. Le *gingembre* donne à la fois un assaisonnement agréable et une huile très-irritante. La racine de *guimauve* est, vous le savez, adoucissante et émolliente ; enfin, pour abréger cette nomenclature pharmaceutique, je vous rappellerai qu'il y a des racines à principes gommeux ou mucilagineux, amers, doux ou sucrés.

« Enfin il y a encore les racines tinctoriales : ainsi la racine de *garance* donne un beau rouge, celle de *curcuma* un jaune orangé fort agréable, celle d'*orcanette* un rouge vermeil, tel que vous le voyez dans les tubes des thermomètres à esprit-de-vin.

« Si nous passons au *bois*, nous lui trouverons encore bien des propriétés. Je ne vous parlerai ni du bois de chauffage, ni du bois de construction, mais je vous dirai qu'il y en a dont on extrait d'assez belles couleurs en les soumettant à l'ébullition, tels que les *bois d'Inde*, de *Brésil*, de *Campêche*, de *Santal*, et plusieurs autres.

« De l'*écorce* même de certains arbres on retire des produits précieux : ainsi celle du chêne possède un principe, l'acide tannique, qui, en se combinant avec les peaux de bœuf, de veau et autres, qu'apprêtent les corroyeurs, rend ces peaux incorruptibles. L'écorce du *quinquina* recèle un alcali qui est le plus souverain fébrifuge qu'on connaisse.

« Les *feuilles* des végétaux donnent, comme nous l'avons déjà dit, des essences ou huiles volatiles, telles que le thym, la lavande, l'absinthe, la ciguë.

« Je ne vous parlerai que pour mémoire des délicieuses propriétés du thé.

— Connu, connu, dit Pierrot ; c'est-il bon, surtout quand c'est bien sucré ! Mais moi, je vais vous dire une petite friandise que je fais quelquefois. Quand, *par hasard*, je n'ai que du lait à mon déjeuner, ce qui m'arrive bien six fois par semaine, je vais me chercher dans le jardin une feuille de laurier-amande et je la fais bouillir un instant dans ce lait, qui prend aussitôt un délicieux goût d'amande.... Essayez-en, messieurs, et vous aussi, mesdames, et vous m'en direz des nouvelles.

— Je terminerai l'histoire des feuilles par celle de l'*indigotier*, continua Eugène ; la belle et riche couleur bleue qu'on en obtient fait seule l'éloge de ce précieux arbuste des Indes.

« Les *fleurs*, par leurs brillantes couleurs, par les teintes vives ou foncées qu'elles présentent, sembleraient être le principe de ces couleurs diverses employées par les peintres ; cependant elles ne nous en donnent que très-peu. Le *safran* et le *carthame* sont les seules à peu près dont les pétales servent à cet usage : le safran donne cette riche teinte dorée qu'on lui connaît; le carthame donne, selon la préparation qu'on lui fait subir, des teintes ponceau, cerise, rose ou couleur de chair, et encore ces teintes sont-elles fugaces et peu solides, quoique assez brillantes.

— Comment, dit Ernest, ces couleurs roses, vertes, bleues, jaunes, que j'ai en pains ou en pastilles dans ma boîte de couleurs, n'ont pas été extraites des pétales des fleurs?

— Nullement. J'en excepterai cependant la *violette*, qui peut fournir aux teinturiers un bleu pourpre fort beau; mais tes couleurs, mon cher ami, ont pour principe formateur les matières suivantes : le *blanc*, la céruse ou le blanc de plomb ou de zinc; le *jaune*, les ocres (substances argileuses), la gomme-gutte, le chrome (corps métallique); le *rouge*, le carmin (matière animale de la cochenille), le cinabre (combinaison de soufre et de mercure), les laques (sorte de résine donnée par le *ficus indica*); le *bleu*, l'outremer (substance minérale extraite du lapis-lazuli), le bleu de Prusse (formé d'un gaz, le cyanogène, et d'oxyde de fer); le *noir*, formé de l'ivoire, des os et du noir de fumée carbonisés; le *vert*, extrait des baies de nerprun. Voilà ce qu'on appelle les couleurs naturelles ou primitives. Tu sais, mon cher ami, qu'en les mélangeant on obtient au besoin une infinité de teintes intermédiaires.

« Si les pétales des fleurs sont peu aptes à former des couleurs, ils n'en sont pas moins doués, comme les autres parties de la plante, de principes semblables et donnant de même des huiles volatiles, des extraits gommeux ou mucilagineux.

« Arrivons enfin aux *fruits*, dit le jeune bachelier, nous aurons là une ample moisson à faire. Je ne vous parlerai toutefois pas de ces fruits que vous connaissez fort bien et qui se mangent tels quels, c'est-à-dire crus ou cuits, mais seulement de ce qu'on peut faire avec les fruits, des principes qu'on en peut extraire. Ainsi la canne à sucre ne se mange pas en vert, mais donne le sucre; le raisin est non-seulement un fruit délicieux, qui se mange, mais encore et surtout il se convertit en vin, en eau-de-vie, en une sorte de confiture nommée raisiné, etc.; le café ne s'utilise que torréfié; l'orge, le gland, la châtaigne, la chicorée peuvent encore changer de nature et devenir café artificiel; mais quel café, bon Dieu! il n'a fallu rien moins qu'un blocus continental pour forcer les amateurs les plus courageux du vrai café à lui substituer ces malheureux ingrédients. Enfin que d'espèces de fruits qui, mélangés et bouillis avec du sucre, font d'excellentes confitures! qui, confits dans l'eau-de-vie ou dans le vinaigre, font des conserves qui certes ne sont pas à dédaigner!

« Si j'aborde la question des boissons, la nomenclature en sera longue : la *limonade*, l'*orangeade*, fournies par les citrons ou les oranges; le *vin de palmier*, que donne la séve aigrie du palmier: la *bière*, qui se fait avec l'orge et le houblon; le *cidre*, avec les pommes; le *poiré*, avec des poires; le *rhum*, avec l'écume du sucre; le *rack*, avec du riz, du coco, etc.; le *kirschwasser*, avec des cerises, ou mieux des merises.

« Par infusion, on obtient, vous le savez, cette boisson, que vous aimez tant aux soirées d'hiver....

— Le thé! dirent simultanément les trois enfants; mais le *chocolat* d'où vient-il?

— D'une fève nommée *cacao*, qu'on écrase sous des rouleaux avec du sucre, et qui, pour être pur et bon, ne doit contenir surtout ni fârine, ni fécule,... ce qui n'arrive pas toujours.

« Enfin on obtient par infusion une foule d'autres boissons théiformes, telles que certaines tisanes, certains vulnéraires, etc.

« Les fruits nous donnent tout cela, puis des huiles volatiles, des gommes, de l'amidon, du sucre, etc., etc.

— A la bonne heure! s'écria Pierrot, quand Eugène eut fini de parler, voilà une leçon qui m'a fait bien plaisir : on y a au moins dit tout ce qu'il y a de bon à penser sur ces pauvres arbres que j'avais tant peur de voir oublier. »

CHAPITRE V.

Vers l'après-midi, Mme B***, Mme de Monterey et Rosine causaient dans le jardin de leurs *pensionnés*, c'est-à-dire des familles indigentes qu'elles avaient l'habitude d'aller visiter une fois par semaine pour leur porter des secours en vêtements et en argent. C'était précisément leur jour de sortie.

« Une pauvre femme très-âgée et sans ressource aucune, dit Mme B*** en consultant son carnet, a été recueillie hier près de la Butte-aux-Grives par Guillaume qui l'a installée aussitôt à la ferme, dans la chambre que nous avons fait meubler à cet effet....

— Je le savais déjà, répondit Mme de Monterey, j'allais t'en parler. Guillaume, qui avait rencontré ton mari une heure après, a reçu l'ordre de l'héberger autant de temps qu'il faudrait, elle et sa jeune fille. Ces deux pauvres femmes viennent de Châlons à pied, la mère se traînant péniblement, et la fille se louant dans les fermes, pour payer l'hospitalité et la nourriture qu'elles reçoivent.

— C'est tout à fait l'histoire de Ruth et de Noémi, dit Mme B*** les larmes aux yeux. Nous commencerons par ces pauvres gens, si tu le veux bien. »

On en était là de la conversation, quand on vit accourir Catiche, tenant une lettre à la main. La pauvre fille de basse-cour pleurait comme une Madeleine.

« Hélas! sainte Vierge! que j'ai donc du chagrin! s'écria-t-elle en arrivant devant Mme B***.

— Et qu'as-tu donc, ma pauvre fille? dit celle-ci tout effrayée.

— Ah! madame, que ça me fait de la peine! »

Puis changeant tout à coup de ton : « Et tout de même je suis joliment contente de ce qui m'arrive; oh! quel bonheur!

— Bon! fit Mme de Monterey, voilà déjà le rire qui remplace les pleurs.

— Ah! je n'ai pourtant pas trop envie de rire, reprit Catiche en se remettant à pleurer. Ah! si vous saviez, mes bonnes dames, mon oncle Cra.... Cra.... »

Mais les sanglots lui coupant la voix, elle fut obligée de s'arrêter tout court.

« Eh bien! ton oncle?... demandèrent les deux sœurs.

— Eh bien! reprit la fille de basse-cour, en faisant un effort sur elle-même, ce pauvre cher oncle.... Craquelin, qui demeurait à Berlin, on dit que c'est en Prusse, mais ce n'est pas possible, c'est trop loin, eh bien! ce cher homme d'oncle, que je n'ai jamais connu, vient de mourir. Quel malheur! ah! quel malheur!...

Mais ce qu'il y a de joliment heureux là dedans, reprit Catiche avec une figure rayonnante, c'est qu'il nous laisse à ma mère et à moi de quoi avoir trois vaches, deux porcs, je ne sais combien de poules et de canards, et de plus un bon petit lopin de terre. .. et me voilà fermière pour de vrai. »

Et là-dessus Catiche fit un bond de joie.

« Mais elle devient folle, dit Mme B*** en riant.

— En tout cas, ajouta Mme de Monterey, ce n'est pas du chagrin de la mort de son oncle Craquelin.

— Eh bien ! demanda la mère de Rosine, que veux-tu faire maintenant, mademoiselle la fermière ?

— Eh ! voilà d'où vient mon chagrin, chère bonne madame, c'est qu'il faut que je vous quitte,.... et.... tout de suite, dans une heure au plus tard. Ma mère m'écrit qu'elle sera à Nancy par le train de cinq heures, et celui de Strasbourg à Nancy va passer à trois heures.

— Et tu n'as par conséquent, dit Mme de Monterey, que juste le temps de t'apprêter et de te rendre à la gare.

— Oui, mais qu'est-ce que je dirai à cette gare ? demanda la fille de basse-cour.

— Tu demanderas ton billet pour Nancy.

— Et à Nancy, qu'est-ce que je dirai ?

— Tu descendras et tu attendras ta mère. Mais pourquoi te donne-t-elle rendez-vous à Nancy, elle qui demeure à Toul ?

— C'est parce que la ferme que nous laisse mon oncle Craquelin se trouve à Saint-Nicolas, à trois lieues de Nancy ; mais on dit qu'il y a une voiture nommée l'*hirondelle* qui y conduit. Et qu'est-ce que je dirai à

cette *hirondelle?* Et du reste où sera-t-elle ma mère ?
Est-ce à la gare ou à *l'hirondelle?* Mon Dieu ! que ça
va être difficile à trouver tout cela, et je vas-t'i avoir
peur là-bas toute seule !

— Elle est dans le cas de faire quelque énorme bé-
vue, dit Mme B***; pauvre fille, va ! Eh ! mais j'y pense,
c'est l'affaire de deux ou trois heures à peine, et Nanette te rendra bien ce service-là. Allons, rassure-toi,
tu ne partiras pas seule. Va bien vite dire à la cuisinière qu'elle t'accompagne jusqu'à Nancy. Là elle pren-
dra l'*hirondelle* et te déposera à Saint-Nicolas, puisque
cette voiture passe par là pour revenir à Lunéville. »

Catiche, dans tous ces détails d'itinéraire, n'avait
compris qu'une chose, c'est qu'elle n'allait pas partir
seule, et surtout c'est que, dans quelques heures, elle
allait être installée dans *sa ferme.* Elle voulut remercier
Mme de Monterey ; mais, comme elle s'était embarquée
pour cela dans une série de grandes phrases dont elle
ne put sortir, elle termina tout d'un coup sa harangue
en se jetant au cou de sa bonne maîtresse, de Mme de
Monterey et de Rosine, puis d'une même haleine elle
s'élança vers la cuisine pour dire cette bonne nouvelle
à la complaisante Nanette.

Et quelques instants après, elles roulaient toutes
deux vers Nancy.

« Eh ! mon Dieu ! s'écria Mme de Monterey, en retournant à la maison avec sa sœur et Rosine, je viens
de faire un beau coup, vraiment !

— Et quoi donc? lui demanda Mme de Monterey.

— Eh bien ! comment dînerons-nous maintenant ? la
cuisinière et son aide sont parties.... Ce n'est pas ce
qui m'embarrasserait en tout autre moment, car je sau-

rais fort bien mettre la main à la pâte; mais nos *pauvres* attendent. Et ceux-là ne doivent pas être ajournés.

— Dis-moi donc, ma bonne tante?... fit Rosine en s'approchant de Mme B*** d'un petit air câlin. Si tu voulais.... C'est peut-être bien hasardeux, bien osé même de ma part de demander cela....

— Eh! mon Dieu, qu'est-ce donc? Voyons, ose toujours.

— Si tu me permettais, pour aujourd'hui seulement, de ne pas vous accompagner, et de rester ici pour faire.... le dîner, ce serait mon coup d'essai; mais que je serais heureuse si je réussissais.

— Mais, ma chère enfant, avec grand plaisir.... Et qu'en pense ta maman?

— Moi? dit Mme de Monterey en riant, mais j'en serais enchantée, et j'allais même t'en faire la proposition, ma bonne fille.

— Accordé à l'unanimité, dit Mme B***, et dussions-nous dîner aujourd'hui.... un peu plus mal, je serai enchantée de goûter la cuisine de mademoiselle de Monterey.

— Et moi, dit le commandant, qui avait entendu cette dernière conversation, je vous annonce une aide de cuisine de premier ordre, une laveuse de vaisselle émérite.

— Qui donc? lui demanda-t-on aussitôt.

— La fille de cette pauvre femme qui est chez Guillaume. Elle vient de me faire offrir ses services d'aide de cuisine, et j'ai consenti. Dans une heure elle sera ici.

— Eh bien! c'est cela, dit Rosine toute joyeuse, cette fille fera le gros ouvrage, Pierrot épluchera les légumes

et moi je cuisinerai ; mais surtout, ajouta-t-elle, tâchez
ne n'avoir guère faim à dîner, car je ne vous promets
pas un festin de Balthazar. »

Les choses ainsi arrangées, les deux dames partirent
pour se rendre près de leurs pauvres et visiter la personne recueillie par Guillaume.

Une heure à peu près s'était écoulée après leur départ : Rosine terminait une sonate sur son piano ; le
commandant était sorti ; Eugène et Ernest, enfermés
dans leur chambre, travaillaient à leurs devoirs ; Pierrot
cueillait des fraises pour le dessert, quand un coup de
sonnette bien faible, bien humble, se fit entendre à la
grille de la maison.

Le petit jardinier y courut.

« Ah ! fit Rosine, voici sans doute notre fille de cuisine. Pourvu qu'elle sache quelque chose au moins ;
mais j'ai bien peur que toute la responsabilité de ce
dîner ne retombe sur moi.... Vraiment je commence à
regretter de m'être tant avancée. •

Pierrot ouvrit en ce moment la porte de Rosine en
annonçant d'un ton légèrement moqueur :

« Mademoiselle, la laveuse de vaisselle. »

Rosine aperçut une jeune fille de quinze à seize ans
qui était restée dans l'ombre, et qui semblait ne pas
oser avancer. Elle était coiffée d'un petit béguin d'in-
dienne, vêtue d'une robe fort commune, et chaussée
de gros sabots.

« Hélas ! hélas ! pensa Rosine, si c'est là mon aide,
gare au dîner ! car elle m'a l'air bien gauche.

« Avancez, ma fille, » dit-elle, d'un ton de voix qui
toujours chez elle était des plus bienveillants et des
plus doux.

La jeune fille entra, s'avança timidement jusque auprès de Rosine, et lui fit une gracieuse révérence.

« Quelle tenue modeste ! quelle figure prévenante ! pensa Mlle de Monterey. En vérité, pour une pauvre paysanne, elle se présente fort bien. »

« Est-ce vous, dit-elle à la jeune fille, qui venez ici comme aide de cuisine ?

— Si vous voulez bien le permettre, mademoiselle, répondit la nouvelle venue. Je m'efforcerai de faire tout ce qui dépendra de moi, pour mériter votre bienveillance.

— Quel langage ! se dit encore Rosine en elle-même, ce n'est certainement pas là le patois que parlent les paysans.

— Approchez-vous, mon enfant, dit-elle à la jeune fille, en lui prenant une de ses mains, qu'elle trouva d'une blancheur et d'une douceur extrêmes. Vous paraissez avoir bien chaud et être bien fatiguée, reposez-vous un instant. »

Et elle la fit asseoir près de son piano.

« Ma place ne devrait pas être ici, dit timidement la jeune fille, en faisant quelque difficulté pour s'asseoir.

— On n'est déplacé nulle part, répliqua Rosine subjuguée par ces manières pleines de distinction, quand on s'y présente aussi convenablement que vous le faites, mademoiselle.

— Oh ! appelez-moi Françoise, dit vivement la nouvelle venue. C'est le seul nom qui me convienne. »

Et à ces mots une larme vint perler dans ses yeux.

Rosine ne savait plus que penser, et, comme elle l'avoua plus tard, elle se trouvait en ce moment plus embarrassée que cette étrangère en béguin et en sabots.

« Eh bien!... Françoise,... lui dit-elle, causons un instant.

— Je vous dérange peut-être, reprit la jeune fille, vous dessiniez, je crois, ou vous faisiez de la musique. Voici en effet une charmante aquarelle, le ciel est tout à la fois limpide et chaud; on dirait un beau soir de Sicile. Et ce groupe d'arbres si bien senti; les feuilles en sont tellement transparentes qu'on sent le soleil qui est derrière.

— Eh quoi! vous connaissez la peinture! s'écria Rosine de plus en plus étonnée.

— Un peu, mademoiselle. Et cette sonate, de qui est-elle? Ah! c'est un motif du *Don Juan* de Mozart. Que j'aime cette belle musique! quelle âme, quelle mélodie, quel mouvement dans les opéras de ce jeune maître! quel génie! quelles œuvres impérissables!

— Vous êtes donc musicienne, vous touchez du piano? dit Rosine avec enthousiasme. Oh! mettez-vous là, je vous en prie, et, puisque vous connaissez Mozart, dites-moi comment je puis interpréter ce passage dont l'exécution est au-dessus de mes forces. »

Françoise, assise devant le piano, exécuta ce morceau de *Don Juan* avec une habileté, un brillant d'artiste, qui acheva de confondre Mlle de Monterey.

« Non, se disait Rosine, ce n'est pas là une paysanne. Cette jeune fille n'est pas ce qu'elle dit être. Il y a là-dessous quelque triste mystère, quelque profonde infortune qui se cache et qui soufre. »

Et quand la jeune pianiste eut achevé son morceau, elle lui prit affectueusement les deux mains.

« Et vous vous présentez ici, lui dit-elle, comme une simple fille de cuisine? Cela n'est pas possible!

— Votre bon et excellent cœur, répondit la jeune fille excessivement troub.ée, vous inspire seul le désir de me connaître. Mais à quoi bon? Oh! je vous en supplie, ajouta-t-elle, en prenant à son tour les mains de Rosine et les baisant avec transport, ne voyez en moi que la pauvre Françoise, qu'une servante humble et soumise qui vient vous offrir ses services et sa bonne volonté;... et merci, oh! merci de cœur, mademoiselle, de ce tendre intérêt que vous voulez bien me témoigner. »

Que pouvait faire Rosine après ces paroles et cette prière?... Insister, c'eût été indiscret et peut-être cruel. Et cependant une sorte de sympathie irrésistible l'entraînait vers cette jeune personne.... Rosine donc, cédant à cette mystérieuse influence et aux inspirations de son cœur, prit la jeune fille dans ses bras, et l'embrassant avec effusion : « Eh bien! soyez Françoise, soyez la fille de cuisine si vous voulez pour tout le monde, lui dit-elle, mais pour moi vous êtes déjà une amie. »

Tels sont en effet les cœurs bons et simples : la première impression les domine, les entraîne. Ils cèdent spontanément à cette irrésistible sympathie, à ces nœuds secrets qui, comme dit le poëte :

> S'unissent l'un à l'autre et se laissent charmer
> Par un je ne sais quoi qu'on ne peut exprimer.

Bref nos deux jeunes personnes, que semblaient séparer au premier abord leur rang et leur éducation, s'entendaient si bien en ce moment, que ce fut bras dessus bras dessous qu'elles descendirent à la cuisine, où Pierrot, déjà en train de ratisser des navets, recula de trois pas à la vue d'une telle intimité, et eut dès ce moment pour la *laveuse de vaisselle* une considération tout autre que celle qu'il avait laissé voir au début.

« Eh ! mais, dit Rosine, l'heure s'avance et il faut que notre dîner soit prêt pour six heures ; allons, allons, vite à la besogne ! Françoise, par où allons-nous commencer ?

— Hélas ! hélas ! mademoiselle, c'est moi qui vous le demande.... ; cependant, je crois que c'est ordinairement par le potage qu'on commence un dîner. Qu'en dites-vous ?

— C'est vrai, dit Rosine, et nous avons de la chance, car je vois là dans le garde-manger une énorme jatte de bouillon, ce sera déjà un souci de moins.

— Et il me paraît excellent, car il est tout en gelée.

— Qu'est-ce donc que cette gelée ?

— La gelée, mademoiselle, c'est tout simplement la gélatine des viandes qui est liquéfiée, et la *gélatine* est cette substance qu'on obtient en faisant bouillir la viande, mais plus particulièrement les os, les tendons et les parties musculaires du bœuf ou du veau.

— Alors on pourrait se passer de viande pour faire d'excellent bouillon ? demanda Rosine.

— Bouillon de malade, oui ; mais celui qu'on obtient par la viande même est bien plus succulent et plus riche en parties nutritives et surtout en osmazome.

— Oh ! mais comme vous êtes savante, ma chère Françoise ! Et qu'est-ce donc que l'osmazome ?

— C'est un principe aromatique qui donne au bouillon cette saveur succulente et cette teinte brune qu'on aime trouver dans un bon consommé.

— Eh! eh! mesdemoiselles, dit Pierrot, voilà mes navets épluchés; votre canard est vidé, flambé, et tout prêt. Il paraît que Nanette vous avait joliment avancé la besogne.

— Faire un canard aux navets? dit Rosine d'un air désespéré. Et qui de nous trois osera entreprendre la confection de ce plat?

— Dites donc, mesdames, reprit Pierrot, si vous saviez lire dans ce grimoire qui est là, et que Nanette consulte souvent, peut-être que vous sauriez comment on fait la fricassée en question.

— Ah! la bonne trouvaille! s'écria Rosine, c'est la *Cuisinière de la ville et de la campagne.*

— Ah bien! dit le petit jardinier, il ne manque dans ce livre-là ni sel, ni poivre, ni girofle, ni bouquet de persil; car on en a fourré dans tous les plats.

— Ce qui me rappelle ce vers de Boileau, ajouta Françoise :

Aimez-vous la muscade, on en a mis partout. »

A ce nouveau trait d'érudition, Rosine jeta encore à la dérobée un coup d'œil sur son *aide de cuisine.*

« Mais quelle est donc cette jeune fille? se dit-elle de nouveau. Assurément, par le temps qui court, et comme le vent est aux brevets de capacité, elle doit avoir le sien en poche.... Mais pourquoi, avec tant d'instruction, en est-elle réduite à se faire servante? Toutefois, ajouta-t-elle mentalement, cet air modeste, doux et distingué tout à la fois, ne laisse à l'esprit qu'une pensée : c'est de la plaindre et de l'aimer. »

Pendant ce temps le canard aux navets allait son train. Françoise avait fait roussir les navets avec du beurre et un peu de sucre. Puis elle avait fait un *roux* et mis, selon la formule, l'inévitable *bouquet garni*, persil, ciboule, thym, ail et laurier, et le volatile au long bec avait été lancé dans cet océan où il mijotait tout doucettement.

« Mais ce sera un manger des dieux, dit Rosine en admirant les tons dorés que prenait peu à peu la chair du canard. Et maintenant qu'allons-nous servir à notre monde? Il faudrait, je pense, un plat de légumes.

— J'ai votre affaire, s'écria Pierrot : donnez-moi seulement dix minutes, et en un tour de main vous aurez de charmants petits pois verts que je choie depuis quinze jours, et que je crois arrivés à point pour être fricassés. »

Et le petit jardinier s'élança d'un bond dans le potager.

« Oh! ce sera mon plat, dit Rosine. Je sais parfaitement comment cela s'arrange : du bon beurre d'abord, et toujours du beurre, car c'est là la base de toute cuisine, puis des petits oignons, un cœur de laitue, sel, sucre, bouquet de persil, et un petit feu bien raisonnable, bien doux. Voilà tout ce qu'il faut. »

Bientôt, en effet, ce nouveau plat fut attaqué et conduit à bonne fin.

Pendant ces préparatifs, nos deux cuisinières, enchantées d'elles-mêmes, et devenues de vieilles connaissances, se mirent à causer près de leurs fourneaux.

« Vous me paraissez, ma chère Françoise, dit Rosine, aussi habile à faire la cuisine, témoin votre canard qui sent déjà si bon, qu'à en expliquer la théorie, et je vais vous demander, à propos de ce beurre, que, Dieu merci, nous ne ménageons guère, s'il n'y a pas une certaine analogie entre le beurre, la graisse et l'huile, car on les emploie en certains cas aux mêmes usages.

— Ces trois substances, répondit la jeune fille, ont en effet les mêmes propriétés, au dire des chimistes; elles sont toutes trois des *corps gras* fondant à une basse température, insolubles dans l'eau et inflammables. Toutes trois aussi, combinées avec la soude ou la potasse, sont aptes à faire du savon.

— Et le beurre, ce trésor des ménages, dit Rosine, lorsqu'il est frais et qu'il a comme celui-ci un si bon goût de noisette, il a donc aussi en lui un principe, un acide quelconque qui en détruit, assez promptement même, les bonnes qualités en le faisant rancir.

— Le beurre en effet, en vieillissant, dégage un acide huileux, d'une odeur fétide, qui le fait rancir et lui donne ce goût âcre que vous lui connaissez. Ce même acide, qu'on nomme *butyrique*, fait également fermenter et gâter les fromages.

— Et la graisse, telle que celle que rend aujourd'hui notre canard, est sans doute dans les mêmes conditions!

— A peu près. Mais la graisse, sous beaucoup de points de vue, offre plus d'intérêt encore que le beurre, ne serait-ce que celle qui nous donne le suif.

— Ah! c'est vrai, on fait des chandelles avec le suif de mouton....

— Et les bougies donc! les bougies du Phénix, de l'Étoile, du Soleil!

— Mais toutes ces bougies sont faites de cire?

— Il n'y en entre pas une parcelle, croyez-le bien.

— Ah! par exemple! s'écria Rosine étonnée; mais

en voici là, dans les chandeliers de la cuisine. Voyez donc, elles ont bien le poli et même la transparence de la cire.

— Elles en ont en effet l'apparence, mais je vous assure qu'elles sont faites avec de la graisse de mouton, et voici comment : En chauffant le suif avec du lait de chaux et le soumettant à certaines autres opérations, on obtient, de même que de tout corps gras du reste, graisse ou huile, un corps solide cristallisable, d'un blanc de nacre qui rappelle assez la teinte de la bougie, et que l'on nomme *stéarine*, et cette même *bougie* que vous tenez là, mademoiselle, ne porte réellement qu'un faux nom : c'est bel et bien de la stéarine, substance bien moins chère que la cire et qui en possède presque toutes les bonnes propriétés.

— Mon Dieu, Françoise, que vous savez de choses !

— Hum ! fit la jeune fille ; avec tout cela, je ne sais encore trop si je suis capable de faire un bon canard aux navets ; car il me semble que le dos de celui-ci brunit outre mesure.

— Ah ! mon Dieu ! s'écria Rosine, je crois même qu'il sent légèrement le brûlé.

— Voilà ce que c'est que d'entreprendre à la fois deux choses reconnues de tout temps incompatibles : causer et faire la cuisine.

— Mais, dit Rosine, après s'être approchée tout près de la casserole, je crois que c'est une fausse peur que vous avez eue là. Ce canard a au contraire une excellente odeur de rôti. Voyons, Pierrot, met ton nez à ce fumet et dis-nous ce que tu en penses.

— Faut-il aussi y goûter ? demanda le malin petit bonhomme, qui avait déjà un couteau à la main.

— Inutile, monsieur le gourmand, c'est à votre nez seulement que nous demandons une consultation, dit Rosine en riant.

— Alors, mesdemoiselles les cordons bleus, c'est parfait ; on dînerait rien qu'avec cette odeur-là et un morceau de pain.

— C'est bon, c'est bon, petit flatteur. Allez maintenant nous cueillir bien vite un beau dessert : des pêches, des poires, des groseilles et tout ce que vous avez de meilleur dans votre potager.

— Peste ! fit Pierrot en sortant, quel dîner on donne aujourd'hui ici ! Bien sûr qu'on attend le sous-préfet ou quelque gros bonnet de la ville.

— Maintenant, dit Rosine après trois ou quatre minutes de réflexion, récapitulons notre menu.... D'abord un excellent potage au gras.

— Un canard aux navets, reprit Françoise,... et non brûlé, ajouta-t-elle après avoir de nouveau flairé son ragoût.

— Des petits pois au sucre,... continua Rosine ; mais sera-ce assez de cela pour cinq ou six personnes ?... Bon, j'aperçois un renfort, c'est ce pâté de volaille à peine entamé,... on le resservira. Et si nous faisions à présent une crème au chocolat ?... »

En ce moment on sonna à la grille.

« Ah ! mon Dieu, mademoiselle, dit Françoise, voilà votre monde qui arrive.

— Sauvons-nous dans la salle à manger, s'écria Rosine, notre couvert n'est pas mis. »

CHAPITRE VI.

Mme B*** et Mme de Monterey rentraient en effet,
en compagnie du commandant qui avait été les chercher à la ferme de Guillaume.

Ce fut Pierrot qui alla ouvrir.

« Le dîner est-il prêt? demanda M. B***; je ne sais
pourquoi j'ai une faim atroce aujourd'hui.

— Cela tombe bien, dit en riant Mme B***, car, bien
que nous ayons deux cuisinières, je doute fort que nous
ayons un dîner.

— Comment donc? madame, dit Pierrot, mais c'est
tout chaud, tout bouillant. Et bon!... mais bon!... nous
étions du reste quatre à le faire : d'abord Mlle Rosine,
ensuite la laveu..., non, une demois..., eh! non, ce
n'est pas une demoiselle, puisque c'est la remplaçante
de Catiche ... En tout cas, je ne sais pas trop comment
elle se fera comprendre de la vache et des canards, car
elle parle bien autrement que la Catiche. Vraiment

elle s'exprime aussi bien que vous et moi. Le troisième cuisinier, c'est.... votre petit serviteur, et le quatrième enfin, c'est ce vieux livre un peu fané, un peu gras sur la couverture, qui est toujours sur la table de cuisine, et qui à lui seul en sait plus que nous trois.

— Et comment cette.... aide de cuisine s'en est-elle tirée?

— Tirée de quoi? demanda Pierrot, de la conversation?... c'est ce qu'elle sait le mieux, car elle en a dit, elle en a dit!... au point que le malheureux canard qui se carrait dans la casserole avec mes navets en a un peu brû....

— Allons, c'est assez, monsieur le bavard, dit Mme B***. Du reste, allons bien vite achever l'œuvre commencée, afin d'abréger le supplice de M. B*** qui meurt de faim.

— Veux-tu, mon ami Pierrot, dit Mme de Monterey, aller dire à cette jeune fille de vouloir bien monter dans ma chambre?

— Avec ses gros sabots? demanda le petit jardinier.

— Oui, avec ses sabots; mais va vite. »

Une demi-heure après cette conversation, tout étant prêt pour le dîner, chacun se rendit à la salle à manger. Rosine, un tablier de cuisine devant elle, et des assiettes à la main, s'apprêtait à remplir sa charge de *bonne*.

On allait s'asseoir, quand Eugène et Ernest, qui venaient de descendre de leur cabinet d'étude, dirent ensemble: « Où donc est ma tante?

— La voici qui descend avec.... Françoise, dit en souriant Mme B***.

— Oh! mais non, fit Pierrot, car je n'entends pas les gros sabots de la lav.... »

Il n'avait pas achevé, que la porte s'ouvrit, et Mme de Monterey parut tenant par la main une jeune personne charmante de simplicité et de grâce.

Ce fut comme un coup de théâtre. Les enfants restèrent muets d'étonnement. Rosine surtout était stupéfaite et toute tremblante de ce saisissement que donne une joie inattendue.

« Tiens, tiens, tiens, dit Pierrot, voilà deux demoiselles Rosine; je reconnais sa robe lilas, son joli petit chapeau blanc, ses....

— Mais c'est Françoise! s'écria enfin Rosine, en se précipitant vers la nouvelle venue.

— Non, non, ce n'est plus Françoise, dit Mme de Monterey, ce n'est plus la pauvre servante de tout à l'heure, mais c'est Alice Dermont, ma chère et bien-aimée nièce. Allons, ma Rosine, et vous, mes enfants, embrassez votre cousine. »

Alice et Rosine étaient dans les bras l'une de l'autre.

« Ah! mon cœur l'avait déjà deviné, dit cette dernière en versant des larmes de bonheur, elle devait être mon amie, ma sœur! »

Alice fut donc embrassée, fêtée par tout le monde et saluée jusqu'à terre par maître Pierrot qui put s'apercevoir, en s'inclinant si profondément, que de charmantes petites bottines avaient remplacé les gros vilains sabots.

« Tout ceci est encore bien mystérieux pour vous, mes enfants, dit Mme de Monterey; mais bientôt nous l'éclaircirons. Sachez seulement que j'ai le bonheur d'avoir retrouvé une bonne et excellente sœur que je croyais perdue pour moi depuis longtemps, et une nièce, cette chère Alice, que vous voyez, la plus tendre et la meilleure des filles.

— Mais où donc est cette nouvelle tante que nous aimons déjà de tout notre cœur? dirent Eugène et Ernest.

— C'est, répondit Mme de Monterey, cette pauvre, cette malheureuse femme que votre père a recueillie ici près presque mourante de fatigue et de misère et qu'il a confiée aux soins de Guillaume. Elle serait déjà ici, si une grande faiblesse et le besoin de repos ne la retenaient forcément à la ferme; mais demain nous irons tous la chercher....

— Et nous remercierons Dieu de tout notre cœur, ajouta Mme B***, car il vient d'augmenter notre famille en nous envoyant cette excellente femme, et l'ange de bonté et de douceur que vous voyez dans notre chère Alice.

— Oh! ma tante, ma tante, s'écria Alice toute confuse et en se cachant dans le sein de Mme B***.

— Allons, je me tais, reprit celle-ci, mais ce ne sera que pour un instant; car je te préviens que je lirai ton journal, que je dirai quels ont été pour ta mère ton dévouement, ton courage, ta tendresse, et ta modestie aura beau me demander grâce, on vous connaîtra, mademoiselle. En attendant dînons, cela calmera tous les esprits. »

Alice, que cette diversion remettait tout à fait à l'aise, s'élança près de Rosine en riant, et, une serviette sur le bras, s'apprêtait à faire le service de la table; mais Nanette rentrait en ce moment de sa course à Saint-

Nicolas : elle reprit immédiatement ses fonctions. Les deux cousines purent donc se mettre à table.

Le potage fut trouvé convenable,... tout le monde avait faim : ce qui fit qu'on s'aperçut à peine que quelques grains de sel de plus n'auraient pas mal fait.

Après qu'on eut servi quelques hors-d'œuvre, radis, beurre, anchois, olives, on apporta la pièce de résistance : le pâté de gibier.... Ici la critique n'avait aucune prise, attendu que ce plat était déjà de l'histoire ancienne.

Vint ensuite le canard.

Ce fut M. B*** qui, selon son habitude, se chargea de le découper.

« Il me semble,. dit-il, en le flairant légèrement, qu'il sent le brû.... »

Mais Mme B***, lui poussant vivement le coude, lui dit tout bas : « Ayez pitié de nos deux cuisinières.

— Oui, reprit le commandant, qu'il sent.... excessivement bon. »

Rosine et Alice se lancèrent toutefois un coup d'œil qui signifiait : « Nous ne sommes pas dupes du compliment. »

Enfin parurent les petits pois au sucre.... Les convives les mangèrent sans dire mot, mais chacun à part soi fit probablement cette judicieuse réflexion : « C'est sans doute depuis que l'impôt sur le sel est diminué, que les cuisinières ne se font pas scrupule d'en user largement. »

On en fut quitte pour retourner plus souvent à la bouteille et à la carafe....

Le dessert, par exemple, fut digne de celui qui l'avait

ordonné. Pierrot s'était surpassé dans le choix des fruits, et par l'addition de magnifiques grappes de raisin muscat, heureuses primeurs de la saison.

Le dîner finit donc aussi gaiement qu'il avait commencé. Rosine avait une figure rayonnante de bonheur et ne pouvait quitter sa chère Alice.

« Tu coucheras dans ma chambre, n'est-ce pas? maman m'a permis de t'y faire établir un lit. C'est convenu?... mais quoi! tes yeux semblent se remplir de larmes.

— Hélas! mon amie, dit la jeune fille, en étouffant un soupir, mon pauvre cœur ne pourra supporter tant de bonheurs à la fois.... Et cependant,... ce que tu me demandes pour ce soir,... je le voudrais bien, mais.... »

Et la pauvre enfant tourna vers M. B*** des yeux suppliants dans lesquels se lisait toute sa pensée.

« Je ne te comprends pas,... fit Rosine presque effrayée.

— Et moi, je la comprends et je l'admire, reprit le commandant, c'est sa mère qui lui manque encore, c'est d'elle qu'elle ne peut se séparer, même pour une nuit. N'est-ce pas, Alice, que j'ai deviné juste? »

Pour toute réponse Alice se jeta dans ses bras.

« Allons, messieurs, fit le commandant, sur pied! et prenez vos chapeaux, nous partons pour la Butte-aux-Grives, où nous allons reconduire votre cousine. La soirée est belle, la lune est splendide.

— Allez, allez, mes enfants, ajouta Mme B*** en les conduisant jusqu'au perron, si rien en effet n'est plus beau qu'un beau soir d'été, une bonne action est plus belle encore. »

La route fut franchie lestement et gaiement. M. B***, ses deux fils, Alice.... et Pierrot furent reçus chez Guillaume avec de grandes démonstrations de joie, surtout par Mme Dermont, qui ne savait qui elle devait le plus remercier ou sa fille ou ceux qui la lui ramenaient. Sa grande faiblesse ne lui permit pas toutefois d'entrer dans de longues explications ; elle ne put qu'embrasser ses neveux, et, par discrétion, on se retira presque aussitôt.

Après cette courte visite, on prit congé des fermiers, d'Alice et de sa mère. Ajoutons que le fils de Guillaume allait tout à fait bien ; nos quatre personnages reprirent le chemin de Mahonbonne.

« Comme cette lune est belle ! dit Ernest. Ne dirait-on pas un gros diamant qui vaut à lui seul des milliers de becs de gaz ?

— Et le soleil donc ! s'écria Pierrot. Oh ! je voudrais trouver quelqu'un d'assez malin pour me dire à combien de chandelles peut être évaluée la lumière qu'il donne.

— Et si j'étais ce quelqu'un-là ? dit Eugène.

— Ah bah ! fit le petit paysan, ce serait possible ?

— Écoute ! Suis bien mon raisonnement : Une lampe Carcel donne une lumière qui équivaut à celle de dix bougies : un bec de gaz, à treize bougies ; la lumière électrique à cent mille bougies, et enfin la lumière solaire vaut celle de trois cents millions de bougies.

— C'est incroyable ! s'écria Pierrot ; mais tous les épiciers, tous les chandeliers, tous les ciriers du monde, n'y arriveraient pas en allumant toute leur marchandise.

— Et dans quel ordre, demanda Ernest, peut-on placer les moyens divers que nous avons pour nous éclairer ?

— 1° Les chandelles de huit, de six, de cinq à la livre ; 2° les bougies de stéarine ; 3° les bougies de spermaceti ou blanc de baleine (substance qu'on retire du cerveau du cachalot) ; 4° les lampes Carcel ; 5° la lumière du gaz, et 6° celle obtenue par l'électricité.

— Et comment obtient-on ce gaz qui éclaire maintenant nos grandes villes ?

— Plusieurs matières peuvent donner ce gaz : la houille, les tourbes, les résines, mais surtout la houille, qui est la plus économique. On la distille dans des tubes en fer de grande dimension, qu'on appelle *cornues*. Le gaz qu'elle produit d'abord étant chargé d'acide carbonique, doit être purifié, soit avec de la chaux, soit avec certaines dissolutions métalliques, ou même en passant dans de l'eau. Après cette épuration, qui lui ôte ses propriétés malfaisantes, il est introduit dans un vaste réceptacle nommé *gazomètre*, et de là refoulé, par le poids même du couvercle du gazomètre qui descend graduellement, dans des tuyaux qui le distribuent à tous les becs de gaz de la ville. Vous savez que le charbon qui reste après la combustion de cette houille s'appelle *coke* et sert encore au chauffage. Un kilogramme de houille donne près de trois cents litres de gaz d'éclairage.

— Puisque nous en sommes à l'éclairage, continua Ernest, je ne serais pas fâché de savoir quelque chose sur les huiles.

— Ah ! oui, dit Pierrot, et la manière de distinguer l'huile à brûler de l'huile à manger ; car il m'est arrivé une fois de me tromper en assaisonnant de la salade.... Dieu ! c'était-il mauvais !

— L'huile, reprit Eugène, est un corps gras hydrogéné, c'est-à-dire inflammable, qui se tire de la semence des végétaux, et s'extrait aussi des matières animales. Trois arbustes la tiennent renfermée dans leur fruit, le laurier, le cornoullier et surtout l'olivier.

« On appele huiles *fixes* celles qui se transforment en savon par les alcalis; on range dans cette catégorie les huiles animales de poisson, de baleine, et de pied de bœuf.

« On appelle huiles *siccatives* celles qui servent à la préparation des vernis et des couleurs propres à la peinture; ce sont spécialement les huiles de lin, de noix, de chènevis et d'œillette.

« Et enfin les huiles *grasses* sont celles que l'on utilise pour la préparation des aliments; c'est en première ligne l'huile d'olive, puis celle de navette, de colza et de faîne

« La médecine, la toilette et les arts emploient diverses autres huiles qu'il serait trop long de vous énumérer. En voici cependant quelques-unes :

« L'huile de *croton*, qui vient du pignon d'Inde, est employée comme purgative, ainsi que l'huile de *ricin*, qui a la même propriété, mais à un degré moins énergique. L'huile d'*amandes* sert à la fois aux parfumeurs et aux médecins. Le beurre de *cacao* est une huile concrète adoucissante, employée aussi pour la parfumerie. Enfin l'huile de *foie de morue....*

— Pouah!.. s'écria Pierrot, voilà une affreuse drogue dont je n'ai que trop goûté, il y a trois ans, et comme nous voici à la porte de Mahonbonne, je me sauve pour ne plus en entendre parler.

— Au fait, dit Ernest, rien que le nom de cette huile en dit l'origine, et je suis un peu comme Pierrot, moi, je trouve que la pensée même de cette huile vous donne des nausées abominables.

— Alors, dit le commandant en riant, je ne vous dirai pas : restons sur notre bonne bouche ; mais entrons et allons rendre compte de notre mission à ces dames. »

Rosine était, on le pense bien, très-impatiente, ainsi que ses cousins, d'avoir des renseignements plus précis sur cette tante qu'ils ne connaissaient pas encore et sur cette charmante jeune fille dont il y avait déjà tant de bien à penser.

Mme de Monterey les rassembla donc autour d'elle :

« M. Dermont, mon beau-frère, dit-elle, était secrétaire de la préfecture maritime de Toulon. Cette position était honorable ; mais M. Dermont, quelque peu ambitieux, rêvait un avenir plus brillant, non pour lui, mais pour sa femme et sa fille. Un heureux hasard vint lui faire faire un premier pas vers la réalisation de ses espérances. Un vieil oncle, qui habitait Odessa, vint à mourir, laissant sa fortune à M. Dermont. Cet héritage consistait en une fort belle maison d'un rapport assez important, et de plus en un bateau à vapeur d'un prix considérable, qui faisait un service de messagerie entre Odessa et Constantinople.

« Mon beau-frère, tout enthousiasmé de cette bonne fortune qui lui arrivait si inopinément, donna sa démission, s'embarqua avec sa femme et sa fille et arriva bientôt à Odessa, où il fut mis en possession de son héritage. Il s'installa donc immédiatement dans sa maison et alla visiter son magnifique bateau à vapeur, dont un commis intelligent et probe avait la direction.

« Dans la maison qu'habitait ma sœur, logeait, à titre de locataire, une ancienne inspectrice de l'Université, dame fort bonne, fort obligeante et d'une instruction solide ; elle ne tarda pas à devenir l'amie intime de la famille et l'institutrice d'Alice, qui, douée d'une vive intelligence et d'un sincère amour du travail, ne tarda pas à faire de rapides progrès, surtout dans les sciences naturelles, qui lui plaisaient par-dessus tout.

« Cette bonne et utile liaison dura dix années ; j'étais tenue au courant de tous ces détails et de la position toujours florissante de la famille par les lettres de ma sœur, qui venaient me trouver partout où nous étions, car vous savez que mon mari, à cette époque-là, explorait pour le compte du gouvernement les mines de fer de l'Europe, et que je le suivais dans toutes ses excursions.

« Enfin des raisons majeures, qu'il serait inutile de vous rapporter, rappelèrent cette excellente inspectrice en France. Il fallut donc se quitter, et vous jugez combien la séparation fut cruelle.

« M. Dermont, voyant le chagrin profond qu'en ressentaient sa femme et sa fille, cherchait tous les moyens possibles de les distraire. Un jour, hélas ! jour fatal, une affreuse catastrophe vint briser la douce sécurité, l'heureuse existence dont jouissait cette sœur bien-aimée. Permettez-moi d'en abréger les détails, dit Mme de Monterey avec des larmes dans la voix. Un jour mon beau-frère avait ménagé à sa femme et à sa fille une promenade en canot sur ces eaux perfides de la mer Noire.... Les flots étaient calmes, le ciel magnifique ; mais à peine en haute mer, la frêle embarcation fut assaillie par un affreux coup de vent qui, malgré les efforts de M. Dermont et du matelot qui était au gouvernail, l'em-

Ce·fut sur un rivage désert et hérissé de rochers qu'elle alla enfin se briser.

porta en haute mer à plus de dix lieues des côtes. En vain un bâtiment russe, qui se rendait de Crimée à Odessa, et qui aperçut ces quatre personnes faisant des signaux de détresse, essaya-t-il de leur porter secours; il lui fut impossible d'accoster la barque en dérive; le matelot seul, qui s'était jeté à la nage et qui avait pu suivre la bouée de sauvetage du bâtiment, eut la chance d'être recueilli et sauvé.

« Les Russes, malgré leurs efforts généreux, eurent donc le regret de voir cette barque et ceux qui la montaient, suivre, parmi les vagues furieuses, sa course désordonnée et bientôt disparaître.

« Ce fut sur un rivage désert et hérissé de rochers qu'elle alla enfin se briser.... Ma sœur et Alice furent lancées au loin sur des algues où elles restèrent sans connaissance; M. Dermont eut la tête brisée contre un des rochers du village.

« Vers le soir seulement, des pêcheurs recueillirent ces trois corps dont un privé de vie.... Je renonce à peindre le désespoir de ces deux pauvres femmes quand elles revinrent à elles....

« Cependant le bruit de leur mort, répandu dans Odessa par leur matelot, mit tous leurs amis en émoi.

« Quelques jours après cet affreux événement, le commis principal de M. Dermont, qui savait que nous étions aux mines de Fahlun, en Suède, nous écrivit la nouvelle, qu'il croyait certaine, de la mort de ces trois personnes si chères.

« Hélas! tout devait m'accabler à la fois, car le jour même où je reçus cette triste nouvelle, mon mari périssait, vous le savez, victime d'une explosion de feu grisou dans une mine qu'il visitait.

« Accablée de la plus poignante douleur, je n'eus qu'une pensée : ce fut de fuir ces fatales contrées, et je vins retrouver, au sein de cette bonne famille où je suis maintenant, des consolations et cette vie douce et tranquille qu'on ne trouve que près de vrais amis.

« Mais je reviens à ma pauvre sœur. Lorsqu'elle fut en état de m'écrire, elle m'envoya le récit de l'affreuse catastrophe qui la plongeait dans le deuil ; mais, ne recevant pas de réponse, puisque moi-même je la croyais morte, elle eut encore ce nouveau chagrin à ajouter à tous ceux qu'elle venait d'éprouver.

« Cependant Mme Dermont, dont l'âme énergique et fortement trempée ne pouvait s'abattre facilement, songea qu'elle avait une fille à laquelle il fallait assurer un avenir. Elle se remit donc toute aux affaires.

« Quatre ans s'écoulèrent ainsi ; Alice grandissait, la fortune de ma sœur était suffisante alors pour qu'elle pût songer à retourner dans sa patrie. Elle mit en vente sa maison et son bateau à vapeur. La maison se vendit, mais il ne se présenta aucun acquéreur sérieux pour le navire. On lui conseilla d'aller à Constantinople, en lui faisant espérer que quelque riche capitaliste le lui achèterait.

« Mais je m'arrête ici, mes enfants, dit Mme de Monterey ; demain soir nous lirons en famille le journal d'Alice, et là vous entendrez le récit d'événements, sinon plus tristes, du moins plus tragiques, plus terribles encore, et vous verrez si cette courageuse enfant n'a pas hérité de l'énergie et des vertus de sa mère. »

CHAPITRE VII.

Le lendemain, tout le monde était impatient d'aller voir la bonne tante Dermont et sa charmante fille et de les ramener à Mahonbonne. M. de Saint-Martin, à qui toutes ces circonstances avaient été racontées et qui avait autrefois beaucoup connu et surtout beaucoup aimé cette famille, mit avec empressement à la disposition de la malade sa vieille berline, qui, bien lavée, bien époussetée, fut munie d'un bon matelas, ce qui la convertissait en une *dormeuse* sur laquelle la malade pouvait être ramenée sans fatigue et sans danger.

On partit à pied, la voiture suivait au pas derrière, et en fort peu de temps on fut arrivé chez Guillaume.

Mme Dermont était debout, et paraissait beaucoup mieux portante; aussi ce fut avec une joie inexprimable qu'on se revit de part et d'autre.

Après une bonne heure passée en conversation intime, toute la petite caravane se mit en route pour Mahonbonne, où l'on arriva sans encombre. Grâce à la délicate prévoyance de Mmes B**** et de Monterey, la toilette de Mme Dermont avait été mise en rapport avec sa nouvelle position.

En attendant le soir, où tout le monde devait se réunir pour lire en famille le journal d'Alice, les dames se rendirent au salon pour causer encore : que n'a-t-on pas à se dire, en effet, après une si longue séparation? et les enfants, y compris Alice, allèrent s'installer dans leur salle de verdure pour y reprendre leurs entretiens familiers.

Pierrot ne tarda pas à venir les rejoindre; il avait fait, un peu auparavant, un petit tour dans son jardin réservé pour ménager une surprise de sa façon à la société, et, en effet, il apporta bientôt une corbeille de raisin *précoce*. On le remercia beaucoup de cette attention et chacun se mit à mordre à sa grappe.

« Eh bien ! que dites-vous de mon raisin? demanda le petit jardinier, qui, tout en parlant, ne pouvait dissimuler une affreuse grimace que lui faisait faire son raisin non mûr.

— Je réponds à cela, fit Eugène, en repoussant tout doucement sa grappe entamée, qu'on pourrait, comme le renard de la Fable, dire : *ils sont trop verts, et....* tu sais le reste.

— Ah ! ça, c'est vrai ! reprit Pierrot, i'ai été trop pressé de huit jours au moins pour vous les apporter, ces malheureux raisins : c'est acide, mais acide comme du vinaigre !

— Tiens, fit Ernest, mais voilà un mot, je crois, sur lequel nous n'avons pas encore beaucoup causé,.... acide! Qu'est-ce donc qu'un acide?

— Ce sujet est en effet assez intéressant, répondit le jeune bachelier, pour que nous en causions un peu longuement, et si vous voulez bien me prêter votre attention, je vais vous dire quelques mots de cette importante classe de composés. Et d'abord, on appelle *acide* tout corps qui peut se combiner avec un oxyde ou s'unir à une base susceptible de former un sel.

— Ainsi, reprit Ernest, le vinaigre est parfaitement un acide, puisqu'on en fait ce *sel anglais* ou *sel de vinaigre* qu'on fait respirer aux personnes qui tombent en défaillance.

— Oui, c'est alors de l'*acide acétique* (*acetum* signifie vinaigre), mais non concentré et même considérablement affaibli. On trouve, du reste, cet acide dans tous les produits de fermentation spiritueuse : dans le vin, le cidre, le poiré, la bière, etc. On le retrouve même dans le bois : c'est le *vinaigre de bois* ou *acide pyroligneux* (du grec *pyr*, feu, et du latin *lignum*, bois).

— Eh bien ! continua Eugène, si vous voulez bien, nous allons passer en revue les acides les plus importants, et si j'en oublie ou si je me trompe, nous avons là notre bonne cousine Alice pour m'aider.

— Ou plutôt pour écouter et s'instruire, dit la jeune fille en riant, car je ne suis ici qu'une bien modeste écolière, tout heureuse de pouvoir ajouter quelque chose au peu que je sais à peine.

— Je reprends donc ma série : l'*acide oxalique* s'extrait principalement de l'oseille. Il donne ce *sel d'oseille* dont on se sert pour ôter du linge certaines taches tenaces formées par l'encre ou la rouille. Il fournit encore l'*eau de cuivre*, avec laquelle les cuisinières font si bien reluire leur batterie de cuisine.

« L'*acide tartrique* s'extrait de cette croûte vineuse, nommée *tartre*, qui s'attache à l'intérieur des tonneaux dans lesquels a séjourné longtemps du vin. On s'en sert encore pour le nettoyage de l'argenterie. La médecine l'emploie sous le nom de *crème de tartre*, comme purgatif léger.

« L'*acide citrique*....

— Oh ! celui-là, je le devine, interrompit Ernest, son nom vient de *citron*, et c'est probablement avec cela qu'on fait cette excellente limonade rafraîchissante qu'on boit avec tant de plaisir l'été.

— Effectivement, reprit Eugène ; deux grammes de cet acide cristallisé suffisent pour aciduler un litre d'eau. On extrait l'acide citrique non-seulement du citron, mais des oranges, des framboises, des groseilles. Il est encore très-souverain pour enlever les taches sur le drap écarlate.

« L'*acide malique* (de *malum* pomme) est contenu dans les pommes aigres et dans tous les fruits verts. On devine la présence de cet acide combiné, avec l'acide carbonique, en buvant du cidre ou du poiré.

« L'*acide tannique* (de tan) se trouve principalement dans l'écorce du chêne : c'est cet acide qui, s'unissant à la peau des animaux dans l'opération du tannage, l'empêche de se putréfier et en fait le cuir, que vous connaissez.

« L'*acide gallique* est contenu dans la noix de galle, et en se combinant avec des sels de fer, tels que le sulfate de fer (ou couperose verte), il donne à l'encre sa teinte noire. Il est aussi fort souvent employé par les teinturiers pour la composition des couleurs noires.

« L'*acide lactique* se produit de lui-même dans le

fait aigri, dans les extraits fermentés du chou (la choucroute), dans ceux du riz et de la chair des animaux
fraîchement tués. On compose avec cet acide des pi-
lules dites de *lactate de fer,* ordonnées pour les cas d'ap-
pauvrissement du sang.

« L'*acide fulminique*.... Oh! maître Pierrot, tu dois
connaître cela, toi, car tu en fais un usage immodéré
dans toutes les fêtes de village où tu te trouves; c'est
principalement à cela que passe tout ton pauvre argent.

— Je ne devine pas,... dit Pierrot, en interrogeant
ses souvenirs...; mais si!... cela doit être ces drôles de
petits pétards en papier qu'on tire et qui éclatent si
bruyamment. Ah! dame, j'avoue que ça m'amuse joliment, et que je fais des folies pour me procurer ce
plaisir-là.

— Eh bien! ces pétards ou bonbons chinois sont
composés d'acide fulminique, extrait d'une combinaison
de sels de carbone, d'oxygène et d'un métal; on colle
une parcelle de ce produit (ou poudre fulminante) entre
deux bandes de parchemin, avec quelques grains de
verre pilé, et c'est en tirant vivement les deux bouts
de ce pétard qu'on fait détoner cet acide.

« L'*acide prussique* (qui peut aussi s'extraire du bleu
de Prusse) est le plus violent et le plus vénéneux des
corps qu'ait encore composés la chimie. On l'extrait de
l'eau distillée du laurier-rose, de l'huile essentielle des
amandes amères, des noyaux de pêche, etc. Les pepins
de pomme ou de poire en contiennent une certaine quantité.

« L'odeur seule de cette acide peut tuer un oiseau;
une goutte mise sur la langue d'un animal le foudroie
instantanément. L'homme en éprouve les mêmes effets.

— Voyez un peu, dit Pierrot, cela va se fourrer jusque dans les noyaux de pêche! Oh! je réponds bien que je n'y toucherai plus. Quant aux pepins de pommes ou de poires, ça me sera plus difficile; mais faut croire qu'il y en a bien peu de cet acide, car depuis que je mange des pommes avec leurs pepins, je n'en suis pas encore mort.

— Tout ce que tu viens de nous décrire là, mon cher frère, dit Ernest, appartient à la boutique du pharmacien; mais je voudrais bien savoir quelque chose de ce qui se trouve chez les marchands de comestibles, ou mieux avoir quelques détails sur nos aliments.

— Si c'est un cours de bonne cuisine bourgeoise que tu veux, répondit en riant le jeune bachelier, adresse-toi à notre cousine Alice, qui sait si bien faire les canards aux navets....

— Et qui les laisse attacher à la casserole, répondit la jeune fille du même ton. Oh! en fait de cuisine, je suis un peu brouillée avec les ragoûts français, surtout depuis qu'à Constantinople je mangeais tout à l'eau de rose.

— Comment cela? s'écria-t-on de toutes parts.

— Les malheureux, là-bas, ne connaissent pas autre chose, et l'eau de rose y pleut dans tous les plats : mouton, poulet, poisson, crêpes au miel, citrouille au sucre, salsifis à la menthe, rien n'est épargné, rien n'échappe à l'inévitable eau de rose, et j'en ai été tellement saturée, que tout ce que je mange, depuis que je suis en France, me semble sentir la rose. Je ne serais pas fâchée d'entendre un peu parler du régime que l'on suit ici.

— Nous n'abusons pas à ce point, il est vrai, de ce parfum des roses, qui doit finir, je le comprends, par lasser quand on en fait un tel abus, dit Eugène, et nous sommes un peu plus raisonnables dans nos assaisonnements que messieurs les Turcs. On peut diviser ici les aliments en catégories bien tranchées. Premièremet, les aliments *rafraîchissants;* tels sont nos salades, notre oseille, puis nos fruits rouges : groseilles, framboises, cerises et fraises, nos melons si savoureux, nos oranges et nos citrons du Midi. Secondement, les aliments *excitants* ou *échauffants;* ce sont principalement les épices, le poivre, le girofle, le gingembre, la cannelle, le thym, etc. Troisièmement, les aliments *toniques;* ce sont ceux où la gélatine, la fibrine, l'osmazome abondent, tels que la chair des animaux, les œufs où l'on trouve l'albumine, le pain où l'on trouve le gluten, etc. Enfin les aliments *mixtes,* parmi lesquels on range les poissons. Tout cela, du reste, contient tous les principes qui concourent à notre alimentation, l'oxygène, l'hydrogène, l'azote et le carbone.

— Les poissons! hum! faut pas toujours s'y fier, dit Pierrot, témoin cette carpe que Nanette a jetée hier au fumier, et à laquelle le chat n'a même pas voulu toucher.... Et voyez comme c'est drôle! Cette carpe, qu'on lui avait vendue pour fraîche, était peut-être pêchée d'hier, tandis qu'on mange tous les jours au dessert des confitures qui ont un an et plus.

— Pierrot soulève là une double question sur laquelle je vais vous donner quelques détails. Sa carpe gâtée nous rappellera la *fermentation* et la *putréfaction,* et ses confitures la *conservation des aliments.*

« La fermentation est une décomposition qui se produit naturellement dans les matières organiques; elle n'est pas toujours, comme la putréfaction, un inconvénient. Ainsi la fermentation *vineuse* convertit le jus du raisin en vin ou celui des pommes en cidre, etc. La fermentation *saccharine* (de *saccharum*, sucre) est celle où il se produit du sucre dans certaines substances, dans l'orge, dans les gommes, par exemple. La fermentation *acide* donne le vinaigre, et enfin la fermentation *putride*, que l'on nomme plutôt *putréfaction*, est celle qui dégage ces gaz infects qui sentent d'une lieue l'ammoniaque, le soufre, l'acide carbonique, etc.

— Et qu'est-ce qui détermine ainsi la putréfaction? demanda Ernest.

— Tout corps organique, que ce soit un animal privé de vie, ou un végétal arraché de terre, ne tarde pas à entrer en décomposition; il suffit d'une température de 18 à 25 degrés, d'un peu d'humidité et surtout du contact de l'air.

— Alors, demanda Alice, ces conditions supprimées, il ne peut donc plus y avoir de désorganisation, de décomposition dans les corps?

— L'observation, la science, le hasard même ont fait découvrir de nombreux moyens d'empêcher ou du moins de retarder la putréfaction. Nous entrons ici dans la question de la conservation des aliments. Voici donc quelques-uns des moyens employés :

« Le *froid* : des viandes, des poissons surtout, enveloppés de glace, se conservent assez longtemps. Vous savez du reste qu'en été une bonne ménagère a son garde-manger à la cave.

« La *cuisson* : les fruits cuits, les confitures par

exemple, peuvent rester plusieurs années sans se gâter, témoins ces conserves de goyave que papa a reçues d'Amérique il y a douze à quatorze ans et dont il lui rsete encore une boîte parfaitement intacte.

« La *privation de l'air* : les pois, haricots, etc., conservés par le procédé Appert, ont été préalablement renfermés dans des boîtes hermétiquement closes, et soumis à une ébullition qui en a chassé l'air.

« L'*alcool* : les fruits à l'eau-de-vie s'y maintiennent intacts fort longtemps ; dans les cabinets d'histoire naturelle, des reptiles, des mollusques, des viscères très-corruptibles se conservent pendant de nombreuses années dans l'esprit-de-vin.

« Le *sel* : les viandes salées, marinées, la choucroute, ne se corrompent pas, tant qu'elles sont dans le saloir.

« Les *aromates* : c'est avec des substances de cette nature que les Égyptiens embaumaient les corps, et on voit au musée de Paris des momies qui ont plus de trois mille ans.

« La *fumée* même, témoin les harengs saurs, les jambons et toutes les viandes boucanées.

« Et enfin, si les marchands de vin *soufrent* leurs tonneaux pour conserver le vin, c'est qu'ils savent que l'acide sulfureux désoxygène les matières fermentescibles.

— Dans tout cela, dit Pierrot, je ne vois pas de drogue pour empêcher le lait de tourner. Ça me ferait pourtant bien plaisir d'en connaître, car j'ai encore déjeuné ce matin avec du lait caillé.

— Mets-y un peu de bi-carbonate de soude, ton lait ne tournera plus. Ou plutôt n'en mets pas, et veille un peu mieux à ton déjeuner, car, comme tu le dis, c'est par l'addition de véritables drogues, dont les laitières de Paris abusent souvent, qu'il arrive de tels accidents au lait.

— Ah ! les laitières font des tours comme cela ! Voyez un peu ! qui l'aurait cru ? exclama Pierrot.

— Et elles se disent sans doute, ajouta Eugène, pour l'acquit de leur conscience, qu'elles ne sont pas les seules dans le commerce qui fraudent dans la marchandise.

— Ah ! oui, reprit Alice, comme les bouchers qui donnent de la *réjouissance* qui ne réjouit pas du tout.

— Ceci n'est point une fraude, car on ne reçoit ces gracieusetés de leur part qu'à son corps défendant ; mais ceux qu'on peut appeler falsificateurs, ce sont les meuniers, marchands de farine ou boulangers qui introduisent de la fécule de pomme de terre dans leur farine ; les fermières qui pétrissent de cette même fécule avec leur beurre qu'elles colorent avec du safran ; ce sont les épiciers qui rajeunissent leurs huiles rances avec des oxydes de plomb, qui mettent des acides malfaisants, des préparations de cuivre ou de plomb dans le vinaigre pour lui donner du montant ; ce sont les fabricants de chocolat qui, au lieu de nous donner pur le produit de cette fève parfumée et onctueuse qui se nomme cacao, y glissent de la farine avec du sucre et du beurre ; ce sont.... mais je m'arrête, voici assez de fraudes dévoilées ; j'aurais l'air du reste, si je fouillais dans toutes les boutiques, d'un commissaire de police en tournée. »

A ce moment on entendit le tambour du village qui rappelait pour faire quelque annonce.

« J'y cours, j'y cours, s'écria Pierrot, en s'élançant vers la grille, je vous dirai ce qu'il aura chanté.

— C'est sans doute pour les contribuables en retard ou pour quelque charmant griffon répondant au nom d'Azor, dit en riant le petit écolier.

— Non, fit Pierrot en revenant presque aussitôt; c'est le *ban* des vendanges qu'on va délibérer.

— Oh! quel bonheur, s'écria Ernest; nous pourrons aller en vendanges avant de rentrer au collége.

— Voilà encore un sujet qui m'est à peu près étranger, car en Turquie on ne boit que de l'eau, dit Alice en souriant.

— De l'eau de rose, sans doute, ma cousine?

— Non, pas tout à fait; les riches boivent, il est vrai, de l'eau de cerise. Il y en a toujours un pot tout plein sur la table et chaque convive a le droit d'y puiser avec une sorte de cuiller creuse.

— Eh bien! à propos de vendanges, si nous disions un mot sur le vin? reprit Eugène.

— J'en sais déjà pas mal long là-dessus, ajouta Pierrot; c'est avec le raisin noir qu'on fait le vin rouge, et avec le raisin blanc qu'on fait le vin blanc.

— Et si je vous disais,, monsieur le bavard, qu'on fait parfaitement du vin blanc avec du raisin noir ou rouge, comme tu voudras! Vous allez voir comment : on ne prend que le moût des raisins noirs, c'est-à-dire les grains dépouillés de leur enveloppe ou peau, et l'on obtient ainsi du vin blanc.

« Quant à la fabrication du vin, rien n'est plus simple : lorsque les vignerons ont jugé que le raisin est assez mûr, ils le cueillent et le portent dans de grandes cuves où on le foule, puis on attend quelques jours qu'il ait fermenté, c'est-à-dire qu'il ait en quelque sorte bouilli tout seul et ait rendu la plus grande quantité possible d'acide carbonique. On porte alors le *marc* au pressoir; le liquide ainsi remanié fermente encore un peu, puis s'éclaircit. On le recueille ensuite dans des tonneaux où il fermente de nouveau, mais faiblement, pendant quelques mois; tout le tartrate tombe au fond (c'est ce qu'on nomme la *lie*) et l'on peut alors le mettre en bouteille et le boire.

— Mais, dit Ernest, j'ai entendu dire qu'on *collait* le vin; qu'est-ce donc que cette opération ?

— Elle consiste à brasser dans le tonneau quelques blancs d'œuf (albumine) ou de la gélatine; ces matières se coagulent, s'étendent en petits filets et finissent par tomber au fond du tonneau, en entraînant avec elles les impuretés qui seraient restées en suspension dans le vin.

— Et d'où vient la différence de goût ou de fumet dans les vins ? demanda Alice.

— Cela tient au cru, ou terroir; ce fumet est un prin-- cipe qu'on n'a pu encore ni définir ni reconnaître au- trement qu'au goût. On l'appelle *éther œnantique*, dé- nomination du reste assez vague.

— Et comment obtient-on le vin *mousseux* ou vin de Champagne? demanda encore la jeune fille.

— Bien que le vin, en fermentant dans la cuve, ait déjà perdu une grande quantité d'acide carbonique, il lui en reste toujours un peu, surtout si on le met en bouteilles avant que la fermentation soit tout à fait terminée.

— Ah! je comprends, reprit vivement Alice; c'est ce gaz ainsi emprisonné, qui, travaillant encore à l'intérieur, pétille et jaillit avec le vin quand on débouche la bouteille.

— De même que la limonade gazeuse et l'eau de Seltz, reprit Eugène.

— Et les vins liquoreux, dit Ernest, tels que le malaga, le frontignan, le lunel, comment donc les obtient-on ?

— C'est en faisant évaporer, après la fermentation, une portion du *moût* jusqu'à ce qu'il soit presque en sirop.

— Certains marchands de vin, demanda Alice, n'ont-ils pas à leur service quelques petites ruses plus ou moins innocentes ?

— Les ruses innocentes, c'est-à-dire qui ne font de mal à personne, c'est de mettre un peu de craie dans les vins trop rudes, comme les vins du Nord ; cela en adoucit l'aigreur. Les ruses coupables, c'est d'ajouter au vin de la *litharge* ou de la *céruse* pour les rendre plus doux, plus agréables au palais ; ces sels sont sucrés, il est vrai, mais aussi ils sont toujours fort dangereux. En général les vins faibles en alcool désaltèrent bien, mais sont peu convenables aux estomacs faibles ; ceux qui sont riches en alcool aident puisamment à réparer les forces, mais à condition qu'on en boive modérément.

— Ainsi, dit Ernest, il y a de l'alcool, c'est-à-dire de l'esprit dans les vins. Au fait, je devrais le savoir, puisque c'est par la distillation du vin qu'on obtient l'esprit-de-vin, et par suite l'eau-de-vie.

— Les vins en contiennent plus ou moins. Ainsi, sur 100 litres de madère, il y en a 22 d'alcool. Le bordeaux en a 14, le bourgogne 13,40, le champagne 12,69.

— Le cidre contient sans doute aussi de l'alcool ? demanda Alice.

— Certainement. Le cidre ordinaire en contient 6 pour cent, le poiré 8, la bière 6,25.

— Mais comment peut-on connaître la quantité d'alcool contenue dans une liqueur donnée ? dit Ernest.

— C'est, répondit son frère, avec un instrument nommé *pèse-liqueur*, ou aréomètre, qu'on constate le degré de concentration, le plus ou moins de force de l'alcool. Ainsi l'eau-de-vie ordinaire marque 19°, le trois-six 33°, l'alcool concentré 37 $\frac{1}{2}$, et l'alcool sans eau 47,2. Ainsi, avec de l'alcool ou esprit-de-vin, on fait de l'eau-de-vie à un degré voulu, en y ajoutant plus ou moins d'eau. Enfin, c'est en enlevant à l'alcool la moitié de l'eau qu'il contient, et en le distillant avec de l'acide sulfurique, qu'on obtient l'*éther*. — Voilà à peu près tout ce que j'ai à vous dire sur le vin et l'eau-de-vie.

— Mais, interrompit Pierrot, il y en a un, de vin, dont je ne vous ai pas entendu parler, monsieur Eugène.

— Il est vrai que j'en ai cité bien peu

— Et le *petit-bleu* donc ? Le jardinier dit que son plus grand bonheur est d'aller en boire le dimanche, là-bas, vous savez, à l'enseigne du *Grand Vainqueur*.

— Ah ! ah ! fit Eugène, en riant du *petit-bleu ;* mais, en vérité, je lui refusais l'honneur d'une mention.... En tout cas ce ne sera pas une mention honorable ; car c'est une triste boisson dont on ne saurait trop se méfier. Ce vin, en effet, doit sa couleur louche et violacée à une fermentation.... putride, retenez bien ce mot, et dans laquelle une partie de son tartrate s'est transformée en carbonate, et tout ce mêli-mêlo a constitué en fin de compte une détestable et fort malsaine boisson. Tiens-toi donc pour averti, et dis cela de ma part à ton jardinier. Je doute cependant que tu le convertisses, car certains estomacs s'habituent même au poison, et si tu peux le faire renoncer à son cher petit-bleu, tu auras fait un fameux miracle. »

Ici finit l'entretien; car Rosine, qui était restée avec sa mère « pour affaire de ménage, » dit-elle, vint toute joyeuse chercher sa cousine pour lui faire voir la jolie petite chambre qu'elle venait de lui arranger et de parer tout près de la sienne.

CHAPITRE VIII.

Le journal d'Alice.

Le soir, lorsque toute la famille fut réunie, Mme de Monterey commença la lecture du journal qu'Alice avait rédigé, à partir du jour où sa mère et elle étaient venues s'installer à Constantinople, dans l'espoir d'y trouver un acquéreur pour le bateau à vapeur qu'elles ne pouvaient plus exploiter.

JOURNAL D'ALICE.

18 mai 186.... — Il est trois heures. Notre bateau, qui vient d'accomplir vaillamment sa traversée d'Odessa à Constantinople, double la *Corne d'Or*, cette jetée circulaire qui forme le port de cette capitale de la Turquie, et va s'embosser à sa station ordinaire.

Nous sommes reçus à la descente et conduits à notre nouvelle habitation par notre obligeant commis, qui s'était occupé de nous trouver un gîte convenable.

Notre nouvelle maison est propre et commode, ce

qui est assez rare ici, nous dit-on. Elle est bâtie sur
l'escarpement même de la jetée, et les fenêtres de ma
chambre à coucher donnent sur le port. De là les regards se reposent doucement sur les bords azurés et
limpides du Bosphore, et plus loin, sur la côte d'Asie,
où la charmante ville de Scutari, enveloppée d'arbres
verts, élève ses blancs minarets sur un beau ciel bleu.

La vue sur la ville est plus ravissante encore, car
Constantinople, s'élevant en amphithéâtre, laisse embrasser d'un seul coup d'œil tout ce qu'elle a de grandiose, de gracieux, de féerique. Là est le somptueux
palais de Séraï-Bournou, avec ses murailles crénelées,
ses kiosques tout bariolés, tout parfumés de fleurs en
guirlandes. Ici c'est la mosquée Suleimanieh, dont le
dôme métallique ressemble à un immense casque d'acier
poli qui reflète les rayons du soleil couchant. Plus loin
est la célèbre mosquée de Sainte-Sophie, soutenue par
des contre-forts en assises blanches et roses et entou-
rée d'un cercle de minarets sveltes et élancés, d'une
exécution si délicate et si parfaite qu'on dirait de loin
des clochetons à jour en ivoire et en nacre. Puis çà et
là des palais splendides, des tours, des colonnades,
comme on n'en pourrait pas voir dans ses plus beaux
rêves et qui semblent donner une réalité aux magnificences des *Mille et une Nuits*.

Tout cela est beau, tout cela est merveilleux..., mais
vu de loin et dans son ensemble; car si l'on met le
pied dans la ville, toute illusion est aussitôt détruite :
ce sont des rues tortueuses, étroites, sales à soulever
le cœur. C'est aux orages et aux pluies torrentielles que
les habitants remettent le soin de les balayer; c'est
aux chiens qui y pullulent et qui élisent domicile dans

les trous ou les ornières, qu'est confié l'emploi de les débarrasser des ordures qu'on y jette sans cesse.

Voilà Constantinople: de loin, cité splendide; de près, égoût infect.

Notre maison, située dans le quartier d'Eyoub, et battue par les flots du Bosphore, me semble toutefois agréable et commode. Elle a de plus un assez beau jardin, au bout duquel est un pavillon tout meublé, bâtiment qui nous est tout à fait inutile, si ce n'est qu'il nous donne au besoin une sortie sur une rue où se trouvent des bains et un fort beau bazar.

24 mai. — Aujourd'hui s'est présenté un acquéreur pour notre bateau; mais ma mère n'a rien terminé avec lui, parce qu'il ne peut, dit-il, entrer en possession que dans six ou huit mois: terme en effet bien long pour deux femmes isolées dans ce pays demi-barbare, et que la nostalgie commence à tourmenter grandement; car bien que nous ne sachions pas où retrouver nos parents, nos amis, après quinze ans d'absence, nous sentons bien que nous ne jouirons véritablement d'un peu de bonheur que dans notre chère et belle France.

25 mai. — Il vient de nous arriver à ma mère et à moi une petite aventure qui du reste n'a aucune importance, et qui ne nous a laissé que de douces émotions de pitié. Nous revenions du bazar, causant comme toujours de nos projets d'avenir et ne nous apercevant pas que nous étions suivies par une jeune femme turque accompagnée d'une esclave. Lorsque nous fûmes arrivées à la petite porte qui donne entrée dans notre maison par le pavillon du jardin, la jeune femme s'arrêta comme nous et poussa une exclamation de surprise et de joie.

Je me retournai vivement, et je vis la jeune femme,

immobile et pensive, tenant ses regards fixement attachés sur le pavillon du jardin, qui pourtant était trop simple pour attirer l'attention.

Cette femme était d'une rare beauté, son costume était celui des classes riches. Une sorte de turban de mousseline brochée d'or et relevé par des torsades de perles donnait à sa tête un air de noble distinction ; sept longues nattes de cheveux blonds enroulés d'un cordon d'or retombaient par-derrière et s'y balançaient sous le poids de riches joyaux attachés à l'extrémité. Elle avait pour vêtements un feredjé (sorte de robe légère) à raies mauves sur un fond légèrement rosé, puis par-dessus un magnifique yachmach, ou pelise ouverte en soie, tout diapré d'or et garni d'hermine.

Nous étions si émerveillées, ma mère et moi, de l'élégance, de la grâce noble et touchante de cette jeune femme, que nous restions sur le seuil de notre porte entr'ouverte sans songer à faire un pas. Enfin elle leva son voile, après s'être assurée qu'il n'y avait pas d'autre personne dans la rue, et, venant vivement à nous et nous prenant les mains :

« *La prière*, nous dit-elle, en langue turque que nous comprenions assez toutes deux, *nous conduit à moitié chemin du palais d'Allah* (Dieu), *un bienfait nous y fait entrer* ; je vous sais bonnes l'une et l'autre, me refuserez-vous de m'aider à sauver mon père, pauvre vieillard qui gémit et se meurt loin de sa fille ?

— Françaises et chrétiennes, lui répondit ma mère, ne devons-nous pas compatir à tous les malheurs ? Parlez, parlez, madame. »

A ces mots les traits de cette jeune femme étincelèrent d'une joie inexprimable.

« Eh bien ! ce pavillon, dit-elle, si convenablement placé à la porte de ma demeure que vous voyez là en face…. »

Mais à peine avait-elle commencé cette phrase, qu'un bruit de voix se fit entendre précisément à cette porte qu'elle nous montrait et dont on entendit aussitôt tirer les verrous.

Ce fut comme un coup de foudre pour la jeune femme ; elle abaissa vivement son voile et se précipita à cette porte, à laquelle elle frappa.

De notre côté, craignant de la compromettre, bien que nous ne pussions nous douter en aucune façon de quel danger elle était menacée, nous rentrâmes précipitamment dans notre jardin, et regagnâmes notre domicile, assez préoccupées d'une aventure qui nous semblait encore si inexplicable et si mystérieuse.

26 mai. — Voilà deux fois que nous retournons au bazar, dans l'espoir d'y revoir la jeune femme, mais nous ne l'avons pas rencontrée. Ma mère s'est informée des habitants de cette maison d'en face et surtout de la jeune femme turque. « Cette maison, lui a-t-on répondu, est celle d'un parent du sultan, homme fort riche, fort puissant, mais d'un caractère ombrageux, et redouté pour ses violences. »

On savait en outre qu'il avait épousé récemment une jeune Égyptienne, à qui il accordait de temps en temps, et à grand'peine, la liberté de sortir une heure avec une esclave pour aller soit au bain, soit au bazar.

Ce furent là tous les renseignements que nous pûmes recueillir.

27 mai. — Notre premier commis vient de nous mettre sous les yeux l'état de nos affaires financières ; elles

sont dans la meilleure situation possible. Ce serait
pourtant le moment de traiter de la vente de notre bateau à vapeur, car de jour en jour nous sentons plus
d'impatience de retourner en France. Ma mère a voulu
attendre jusqu'à présent. « Il me faut l'avenir de mon
enfant assuré, disait-elle; après je mourrai tranquille. »
Pauvre mère! c'est uniquement pour moi qu'elle pro-
longe ainsi ce dur exil loin de notre pays!

29 mai. — J'ai revu aujourd'hui au bazar notre mystérieuse inconnue; mais, sur un coup d'œil qu'elle m'a
jeté, j'ai compris qu'il y aurait danger pour elle à ce
que je l'abordasse. En effet, j'ai aperçu près d'elle,
outre sa jeune esclave, deux ou trois hommes à l'air
rébarbatif, qui épiaient ses moindres mouvements.

Cependant, en passant près de moi, elle m'a jeté
tout bas ces mots : « Attendez.... peut-être pourrai-je
tout à l'heure.... »

Je m'éloignai donc d'elle, mais sans la perdre de
vue.

Il y a énormément à butiner dans ces bazars turcs :
brimborions en or, en argent, en ivoire, capricieuses
inutilités, petites friandises en sucre, confitures et pâtisseries, tout y sollicite l'acheteur; s'il n'y avait pas la
partie sérieuse, c'est-à-dire les marchands de comestibles, les magasins de meubles et d'ustensiles annexés
à l'une des extrémités de ce bazar, ce ne serait qu'un
lieu de rendez-vous pour les oisifs, les enfants ou les
gens qui aiment à dépenser leur argent en futilités.

J'examinais cependant de loin le petit manége auquel se livrait la jeune femme; elle chargeait alternativement les trois esclaves qui l'accompagnaient d'une
foule de petits riens dont elle embarrassait leurs mains;

c'étaient des petites cassolettes ou brûle-parfums en filigrane d'or ou d'argent, des corbeilles à fruits d'un travail précieux, des chapelets turcs à quatre-vingt-dix-neuf grains ; car Allah, m'a-t-on dit, a autant de noms

J'aperçus deux ou trois hommes à l'air rébarbatif.

qu'il y a de grains à un chapelet musulman : il s'ap-pelle le bon, le grand, le savant, le bienfaisant, le mi-séricordieux, etc., etc., etc. ; des coffrets en bois odo-rant, des flacons d'essence de rose, des éventails de plumes de faisan-argus, et mille autres objets d'un travail précieux.

La jeune femme achetait de tout cela indistinctement.

« Portez cela au harem, dit-elle à ses esclaves, quand ils en eurent assez, et revenez, si on vous l'a ordonné. »

Les esclaves hésitèrent d'abord à s'éloigner de leur maîtresse ; mais, voyant la suivante qui restait près d'elle, ils prirent leur course et disparurent.

Ma mère était venue me rejoindre au moment où la jeune femme accourait à moi.

Elle paraissait avoir tant de choses à nous dire, et surtout en si peu de temps, que les paroles arrivèrent d'abord confuses et inintelligibles sur ses lèvres.

« Oh ! Allah ! Allah ! s'écria-t-elle enfin, donnez-moi le temps et la force de leur tout dire et d'implorer leur pitié.

« Ah ! ce n'est pas pour moi que je vous implore, ajouta-t-elle avec des larmes dans la voix ; l'ange Israël à ma naissance m'a donné au moins pour vertu la patience et la résignation.

« Mais les minutes s'écoulent, ajouta-t-elle, écoutez-moi et ayez pitié. Je me nomme Amena,... je suis l'épouse de l'émir Véby-Mohammed ; cet homme,... mais non, je ne vous parlerai pas de sa tyrannie ; il n'y a que moi qui en souffre ; mais je vous dirai quel est son manque de foi.... Au jour même où je fus unie à lui, il me promit devant l'uléma qui nous mariait que mon vieux père m'accompagnerait dans son palais, que je pourrais le voir et le soigner... ; mais à peine arrivés ici, ces barbares et ridicules lois turques qui éloignent du harem des femmes leurs parents et jusqu'à leur père, ont prévalu dans son esprit, et mon bon père qui, pour **ne** pas me quitter, avait abandonné sa chère Égypte, a été inhumainement repoussé et....

« Mais, ô ciel! s'écria Amena avec effroi, voici les esclaves qui accourent! oh! ne pourrai-je donc achever! »

Éperdue, tremblante, elle nous attira comme dernière ressource derrière un pilier, puis d'une voix entre-coupée :

« Ismaël, dit-elle,... au faubourg d'Eyoub,... la dernière maison;... là, c'est là qu'il se meurt peut-être. Oh! si je pouvais me jeter à vos pieds, continua la pauvre jeune femme qui· étouffait de douleur. Oh! si j'osais;... ce pàvillon,... dans votre jardin,... le malheureux vieillard y serait près de.... »

Elle ne put achever, car un des esclaves se jetant brusquement entre elle et nous lui fit un geste impératif en lui montrant le chemin de la demeure de l'émir.

Amena ne dit pas un mot et obéit.

Cependant ma mère avait eu le temps de lui saisir la main et de la lui serrer.

C'était une réponse.

29 mai soir. — Nous arrivons du faubourg d'Eyoub.... Non, ce n'est point Ismaël que devrait s'appeler cet homme, mais bien Abraham; car c'est ce vénérable patriarche, le bien-aimé du Seigneur, que nous avons en vérité cru voir; noblesse, gravité, bonté, toutes les vertus sont peintes sur son front, et sa présence commande le respect et la vénération.

Si cet homme est courbé vers la terre, ce n'est pas sous le poids de l'âge, mais sous l'excès du chagrin. Le cœur chez lui est ulcéré, mais le corps est encore vert ; s'il semble si abattu, ce n'est que par la douleur d'être séparé de sa fille.

Ma mère a voulu qu'aujourd'hui même il vînt habiter, avec la vieille négresse qui le sert, ce tant désiré pavillon dont les murs sont distants de quelques mètres de ceux où vit Amena.

Je ne parlerai pas de sa reconnaissance ; c'est par des larmes d'attendrissement et de bonheur qu'il a pu seulement nous l'exprimer.

1er juin. — Nous n'apercevons pas Amena. Elle ne vient ni au bazar, ni au bain. Les esclaves auraient-ils eu quelques soupçons? L'émir lui ferait-il payer par une cruelle réclusion les quelques minutes de trop qu'elle a passées hors de chez lui? Cette crainte nous tourmente affreusement, Ismaël, ma mère et moi.

On sait comment sont à l'extérieur les maisons turques, de même que les maisons arabes : une porte d'entrée très-basse ; point de fenêtres, ou, s'il y en a, grillées d'un treillage en fer tellement serré et du reste percées si haut qu'on ne peut de là rien voir dans la rue.

3 juin. — Toujours même inquiétude. Aucune nouvelle d'Amena. Nous allons plusieurs fois par jour voir le vénérable et bon Ismaël ; mais nous avons tous le cœur tellement serré que nous échangeons à peine quelques paroles. Et pourtant la conversation du vieillard paraît devoir être, sous une forme toute biblique, des plus instructives et des plus intéressantes.

4 juin. — Une heureuse idée vient de surgir à l'esprit ou plutôt au cœur du bon Ismaël. Il avait vu appendu dans un angle du pavillon un *rebeb* turc, espèce

de mandoline, et en avait touché les cordes qui rendaient sous les doigts des accords sonores et puissants.

« Oh! me dit-il, vous en qui je devine tant de talents, si vous pouviez, avec cet instrument et à cette fenêtre ouverte, faire résonner à cette heure même, car c'est l'heure de la prière, c'est le moment du silence absolu dans la demeure des vrais croyants, si. vous pouviez, dis-je, faire vibrer dans cet air calme et pur quelques notes d'un chant que je vais essayer de moduler, et avec lequel je charmais jadis l'heureuse enfance de mon Amena!... »

Et le vieillard, se recueillant un instant, se mit ensuite à psalmodier une cantilène sur un rhythme si doux, si suave, qu'on eût dit le murmure des anges chantant dans l'espace un cantique céleste.

J'étudiai un instant ce chant aussi simple que naïf; puis me penchant à la fenêtre, je l'exécutai sur l'instrument.

Quelques minutes après que j'eus cessé, nous écoutâmes tous trois.... Était-ce une illusion, était-ce un écho merveilleux ou plutôt était-ce une réalité?... nous crûmes entendre dans le lointain et au delà de ces murs, comme la reproduction faible et fugitive des sons qu'avait rendus mon rebeb.

Elle a entendu, elle a compris! s'écrièrent Ismaël et ma mère;... au moins c'est un peu de bonheur qui lui est arrivé; car elle sait son père près d'elle.

« *Del al-kerim al-rhoman el-rahim* (à la volonté de Dieu clément et miséricordieux), » ajouta le vieillard en se prosternant du côté de l'orient.

Cette journée fut heureuse pour nous trois. Ismaël sembla reprendre confiance et courage; ma mère était

radieuse de la tournure que prenaient les choses. Moi,
je l'avoue, je suis bien heureuse aussi, mais je ne sais
pourquoi j'ai de vagues pressentiments.... Du reste on
est souvent ainsi : quand la joie est trop forte, elle
effraye.

6 juin. — Rien de nouveau. sma est calme et con-
fiant ; je commence à chasser les sombres idées qui
m'avaient un instant attristée. J'espère aussi.

7 juin. — Un grand bonheur nous arrive. Un certain Abada-ben-Yousef, gros capitaliste de Scutari,
vient de traiter avec ma mère, il ne regarde pas au prix.
Ce bateau à vapeur, dit-il, est destiné à donner une oc-
cupation à son fils que le désœuvrement et l'ennui con-
sument. L'argent sera versé dans cinq jours,... et dans
six jours, a ajouté ma mère, nous serons embarquées
pour la France !

8 juin. — Je n'ai pas dormi de joie et avant le lever
du soleil j'étais debout. Du reste, nous avons, ma mère
et moi, à nous occuper de notre départ : aussi sommes-
nous sorties dès le matin pour faire quelques emplettes
indispensables au bazar.

A notre retour, et comme j'allais ouvrir la porte du
jardin, quelle est notre surprise ! Amena sortait de chez
elle, accompagnée seulement d'une jeune esclave.

L'heureuse fille d'Ismaël se jeta dans nos bras.

« Oh ! merci, merci ! s'écria-t-elle en pleurant de
bonheur, je vous ai entendue, j'ai tout deviné. Qu'Allah vous rende un jour au centuple tout le bonheur que
je vous dois. »

Elle n'en dit pas davantage, car, s'échappant de nos
bras, elle s'élança dans le pavillon près de son père.

Nous les laissâmes ensemble jouir de leur félicité.

9 juin. — Amena est revenue encore. Son mari, nous a-t-elle dit, est parti pour un voyage de quelques jours; elle n'a donc pour surveillant que la jeune Grecque qui l'accompagne et dont, ajoute-t-elle, elle est parfaitement sûre.

10 juin. — Amena a passé près de trois heures ce matin avec son père, elle doit revenir ce soir.... Est-ce bien prudent? Ma mère, qui lui a donné la clef de la petite porte, voulait lui faire quelques observations à ce sujet; mais à quoi bon? a-t-elle pensé. Pourquoi lui ôter ce bonheur du moment? Peut-être, au retour de son mari, en sera-t-elle privée pour longtemps.

C'est demain qu'on signe l'acte de vente. Notre beau bateau à vapeur, si somptueusement aménagé, si coquet sous voiles, si rapide sous le mouvement de ses aubes, notre cher bateau, qui demain appartiendra à un nouveau maître, semble se douter que bientôt nous allons le donner à un autre, car il s'impatiente, il frémit de colère, il bondit sur ses amarres....

J'ai vu aussi,... mais je m'arrrête ici.... Il se fait tard.... Dans quelques heures se lèvera pour nous l'aurore de la délivrance. Nous reverrons donc enfin, ma mère et moi, notre belle patrie où tant de cœurs nous appellent.

A demain notre dernier jour d'exil.

. . . .

CHAPITRE IX.

20 juin, à bord de la tartane turque *Ibrahim-Bey.* — Depuis dix jours, je n'ai pas goûté un instant de repos. Ma mère, ma pauvre mère, tristement couchée dans un hamac de cette tartane turque, où **nous** nous sommes jetées à la hâte, était entre la **vie et la** mort. Enfin le chirurgien du bord la dit sauvée. Il vient de lui ordonner quelques aliments, qu'elle a pris sans trop de répugnance ; c'est pour moi, pour sa fille bien-aimée, dit-elle, qu'elle veut vivre encore. Enfin, à son calme, à son teint qui a repris quelque couleur et à ce sommeil doux et tranquille qu'elle goûte en ce moment, je reprends espoir et courage moi-même, et pendant qu'elle dort, je veux continuer ces notes.

Par quelle épreuve, mon Dieu! par quelle terrible épreuve deux pauvres femmes viennent-elles de passer!... Mais pourquoi pleurer encore? Ma mère revient à la vie, je n'ai plus rien perdu.

Racontons donc avec ordre et détai., si c'est possible, les événements de cette scène épouvantable.

C'était le 10. Je venais de passer dans la chambre de ma mère pour l'embrasser, selon mon habitude, avant de me coucher. Nous étions folles de joie toutes les deux, et nous nous répétions sans cesse : « C'est demain que nous partons pour la France. »

Tout à coup ma mère se tait,... écoute.... et pâlit.

« On frappe à coups redoublés à la porte du jardin, me dit-elle,... entends-tu?... ils cherchent à l'enfoncer. »

Elle avait à peine dit ces mots, qu'Amena, entraînée par son père, se précipite dans la chambre.

« Nous sommes perdus! s'écrie-t-elle. Veby-Mohammed avec ses esclaves est là,... là à cette porte;... il m'appelle, il me cherche, il crie trahison et vengeance!... Il nous tuera tous s'il nous trouve.

« Mais tenez, ajouta-t-elle en nous montrant par la fenêtre le pavillon déjà envahi où scintillait le feu de plusieurs torches, ses esclaves fouillent ce logement, et lui, lui le cruel Mohammed, le voilà dans le jardin, un poignard à la main, conduit par cette perfide esclave grecque, qui me trahissait indignement. »

Que faire, que faire, ô mon Dieu, dans cette affreuse perplexité? Le vieux Ismaël était atterré, et trop faible du reste pour nous défendre; ma mère n'avait qu'une pensée, c'était de se jeter au-devant du coup qu'on pourrait me porter Quant à Amena, elle était folle de douleur et de désespoir...

Moi seule je conservais ma présence d'esprit; je me sentais quelque énergie, parce que je voulais à tout prix sauver ma mère. « S'il en est temps encore, me

dis-je, courons fermer la porte d'entrée…. » C'était
un étage à descendre. Je me précipitai,… mais il était
trop tard. Mohammed, précédé de la perfide esclave,
montait déjà les escaliers…. Je me jetai vivement dans
l'ombre, et en ce moment ma mère eut l'heureuse pensée d'éteindre les lumières de la pièce où ils étaient
tous réunis. Cela nous sauva.

Mohammed et l'esclave se touvant tout à coup dans
une obscurité complète s'arrêtèrent un moment. L'émir,
plus impatient, plus furieux que jamais, appela ses esclaves.

« Voici une porte ouverte, dit enfin la jeune Grecque, qui en tâtonnant avait trouvé l'entrée de ma chambre. C'est par ici qu'elle a dû fuir ; venez, venez, sidı
(seigneur), il y a au bout de cette pièce, je crois, une
terrasse sans issue…. »

La malheureuse fille se trompait complétement : elle
prenait ma chambre, qui donnait sur le Bosphore, pour
le salon, à la suite duquel était effectivement une terrasse.

Saisissant donc Mohammed par la main pour le gui-
der, elle courut, s'élança avec lui.

Aussitôt deux cris affreux se firent entendre. Ils
étaient tombés l'un et l'autre dans la mer.

Mais déjà l'escalier était plein d'esclaves ;… au cri
de détresse de leur maître, ils se rejetèrent précipitamment dans la cour, puis de là au bord de l'eau, où
leurs cris appelèrent à leur secours toute la population
du quartier.

En un instant, tout le faubourg d'Eyoub était en
rumeur, et les versions les plus absurdes, les accusa-
tions les plus graves couraient déjà sur notre compte.

« Ce sont ces Françaises qui ont commis ce crime,...
elles ont précipité le puissant, l'éminent Veby-Mohammed dans la mer.... elles ont.... »

Mais nous n'en pûmes entendre davantage, car nous
avions profité du tumulte pour nous jeter aussi dans la
rue, à la suite des esclaves.... Hélas! il n'était que
temps, car la populace, envahissant bientôt notre
maison, la mit au pillage, brisant, fouillant,
et surtout enlevant tout ce qui était à enlever, et pro-
férant contre nous des menaces de mort.

Nous nous enfuîmes tous les quatre en suivant le bord de la mer. Ismaël nous conduisit à
son ancienne maison, à l'extrémité du faubourg,
où sa vieille esclave était heureusement retournée
dès le matin. Là nous pûmes reprendre un peu
haleine.

Ils étaient tombés dans la mer.

Amena cependant ne s'y arrêta pas; car tout en
fuyant avec nous, elle paraissait en proie à une grave
et irrésistible pensée.

« Mon père est sauvé, dit-elle; maintenant j'ai un
autre devoir à remplir, et dût-il me tuer, je ne puis le
fuir en ce moment.... Veby est mon époux devant Allah. »

Et aussitôt elle disparut dans la direction du lieu où venaient de s'accomplir ces tragiques événements.

Mais ma mère et moi, nous pensâmes qu'en restant chez Ismaël nous nous exposions au plus grand danger. Nous n'avions en effet, dans toute la ville, qu'un seul refuge où notre vie pouvait être sauve : c'était chez notre ambassadeur.

Nous reprîmes donc aussitôt le chemin de Péra, quartier franc, où se trouvait son hôtel ; mais pour cela il fallait longer encore quelque temps le rivage.... Hélas ! qu'on juge de notre douleur à la vue du nouveau malheur qui venait encore nous assaillir. En passant non loin de l'embarcadère où notre bateau à vapeur était amarré, nous vîmes de loin cette même populace qui venait de piller notre maison, nous la vîmes briser les cordages qui retenaient le navire au port, et le livrer ainsi à la merci des flots.

A l'épouvantable fracas que nous entendîmes bientôt, bien que nous fussions déjà loin, nous ne pûmes douter que notre navire ne fût allé se briser contre les rochers du rivage.

Enfin nous arrivâmes chez l'ambassadeur de France, qui nous accueillit avec empressement et bonté, et lorsque nous l'eûmes instruit de la cruelle position où nous plongeaient de si fatales circonstances :

« Cette affaire est très-grave, nous dit-il, très-fâcheuse pour vous, et je ne vous cache pas qu'il me sera très-difficile, pour ne pas dire impossible, de vous soustraire à la vindicte de ce peuple, déjà si mal prévenu contre tout ce qui a la qualité de chrétien. Dès demain même la police turque viendra réclamer celles qu'elle croira être les coupables, et mon hôtel n'est pas un asile inviolable, car nous sommes tous ici soumis aux lois du pays.

— Que faire ? que faire donc? s'écria ma mère, qui savait combien la justice turque est cruellement expéditive.

— Un seul moyen d'échapper au danger vous reste encore, reprit l'ambassadeur , et rendez grâce à Dieu de ce secours inespéré. Au point du jour, la tartane *Ibrahim-Bey* met à la voile, elle emporte mes dépêches pour la France. Voici deux mots pour le capitaine, ma voiture va vous conduire à l'instant au port d'embarquement.

— Mais,... fit ma mère,.., nous sommes....

— Vous êtes sans ressources, reprit l'ambassadeur, mais, mesdames, vous n'êtes pas sans protection,... et partout où il y a un ambassadeur français, il y a un protecteur pour les malheureux. »

A ces mots, il mit un rouleau d'or dans les mains de ma mère et, afin de se soustraire aux témoignages de notre reconnaissance, il se hâta d'aller donner des ordres pour notre départ.

Au lever du soleil, notre bâtiment levait l'ancre et faisait voile pour Malte.

Ma mère semble bien abattue, mais je le vois clairement, ce n'est ni la perte de sa fortune, ni la profonde misère dans laquelle elle nous sent toutes deux plongées, qui la préoccupent le plus; car aux regards pleins de mélancolie et de tristesse qu'elle jette sur moi à la dérobée, je devine bien que c'est mon sort qui l'inquiète.... Je suis pourtant résignée, forte et confiante dans l'avenir; je le lui dis sans cesse, mais je ne parviens pas à le lui persuader.

28 juin. — Nous sommes à Malte, logées dans un modeste hôtel sur le port. Notre tartane n'avait pas mission d'aller plus loin. Il faut donc que nous attendions qu'un bâtiment français en destination pour la France passe par ici et nous prenne à son bord. Je tremble que ce ne soit long encore.

30 juin. — Un petit bâtiment grec qui arrive en droite ligne de Constantinople, vient de relâcher ici. Les matelots qui sont entrés au restaurant de notre hôtel, sont là sous mes fenêtres. Je les entends parler du grand événement qui met toute la capitale en émoi ; c'est, disent-ils, « l'horrible attentat de deux Françaises, qui ont jeté dans le Bosphore le haut et puissant seigneur Veby-Mohammed. » J'apprends en outre, toujours en me cachant derrière mes rideaux, que ni l'émir, ni l'esclave grecque n'ont péri. Le sultan, à qui l'affaire a été rapportée, a pris des informations, et, bien convaincu qu'Amena n'avait manqué aux ordres de Veby que pour un motif respectable, a exigé que Veby-Mohammed lui donnât une somme considérable, et la laissât immédiatement partir avec son père. Amena, en digne et noble femme, a refusé le bénéfice de ce divorce imposé ; mais les volontés du sultan sont immuables, et elle a dû prendre avec son père le chemin de l'Égypte.

J'aurais bien voulu savoir encore des nouvelles de notre maison pillée, incendiée, et surtout de notre cher bateau à vapeur ; mais ces gens n'en ont rien dit, si ce n'est que l'ambassadeur français se donne beaucoup de mouvement et a de fréquents entretiens à ce sujet avec le cheif-el-belad (le gouverneur de la ville).

Ces renseignements que j'ai transmis à ma mère ont paru la calmer et lui ont rendu quelque espoir.

5 juillet. — Nous partons pour la France ; mais la traversée sera longue, car le bâtiment marchand qui nous prend à son bord doit faire escale pour son commerce à Messine, à Ajaccio, et de là passer par le détroit de Gibraltar pour vendre une partie de sa cargaison à Lisbonne et remonter alors à Brest par l'Océan.

8 juillet. — Nous sommes en mer depuis trois jours ; ma pauvre mère est horriblement fatiguée du bâtiment voilier qui nous cahote péniblement de port en port ; moi-même je me sens bien faible, par suite de la fatigue que j'éprouve de passer les nuits près de ma chère malade. Heureusement que ce n'est que la fatigue : ma santé est toujours bonne et mon courage ne faiblit pas, car c'est Dieu qui me vient en aide.

25 juillet — Nous sommes à Brest enfin. J'en rends grâce à la Providence. Ma mère en touchant le sol chéri de la patrie, se trouve, dit-elle, rajeunie de dix ans et semble avoir repris tout à la fois force et santé.

Mais qu'allons-nous faire, hélas ! Nos ressources en argent sont presque épuisées.

« Ma sœur, mon frère ! dit en soupirant ma pauvre mère, où sont-ils ? où les retrouver ? Et nos bons amis M. et Mme B***, M. de Saint-Martin ? Sont-ils à Paris ? sont-ils dans notre chère Lorraine ? Mais où leur écrire ?... Quelle position ! Oh Dieu ! quelle position ! »

J'écrivis à Marseille à quelques amis qui, au temps de notre prospérité, étaient souvent nos hôtes. Plusieurs ne répondirent pas ; d'autres dirent « qu'ils compatissaient à nos malheurs. » Partout une froide sympathie, partout de stériles témoignages d'intérêt. Toute ma vie, je me reprocherai ces humiliantes démarches.

Il nous restait une centaine de francs environ. « Partons pour la Lorraine, me dit ma mère, nous avons assez d'argent pour gagner Metz, Nancy, ou Lunéville en chemin de fer. Une fois là, la Providence nous conduira peut-être à la porte de ma bien-aimée sœur. »

Nous partîmes aussitôt.

2 septembre. — Depuis six semaines, je n'ai pas écrit un mot sur ce journal. En ai-je le loisir? En ai-je le courage?

Arrivées à Châlons, nous nous sommes trouvées sans ressources. Je proposai à ma mère de nous arrêter, au moins pour un certain temps, dans cette ville; je me serais présentée dans quelque maison comme ouvrière, domestique, journalière, que sais-je? Ma mère n'a pas voulu.

« Marchons, me dit-elle. Allons encore en avant; mon cœur me dit que c'est là-bas, à Nancy ou à Lunéville, que je trouverai ma sœur.»

Nous vendîmes quelques bijoux qui nous restaient, nous échangeâmes nos vêtements pour d'autres beaucoup plus modestes, et nous partîmes à pied pour Lunéville ou Nancy.

Ma mère marchait comme on marche à dix-huit ans. Mais c'était la fièvre qui la soutenait, et qui la poussait, ainsi vers le but qu'elle envisageait comme le terme de ses peines.

Nous allâmes ainsi jusqu'à Bar-le-Duc. Là cette fiévreuse animation commença à se calmer; ma pauvre mère ne m'en disait rien, mais je voyais bien qu'elle s'affaissait sous la rude fatigue d'une marche sans trêve et sans merci.

25 septembre. — Je ne sais si nous arriverons au

but; mais je le vois encore bien loin;... nous faisons maintenant à peine trois lieues par jour. Nous nous sommes arrêtées dans une ferme. J'ai demandé de l'ouvrage, et comme à cette époque les travaux ne manquent pas à la campagne, on m'accepte presque partout; ma mère se repose, moi je sarcle, je moissonne ou je glane. C'est ainsi que d'étape en étape nous payons notre gîte et notre nourriture.

Enfin nous atteignons Nancy.

Une boulangère, qui veut bien m'accepter pour porter son pain en ville, nous donne une petite chambre sous les toits.

En courant ainsi par la ville, je m'informe dans toutes les maisons où j'ai à faire, d'une dame de Monterey, d'un M. B*** : personne ne les connaît.

Enfin un mécanicien du chemin de fer, chez qui je viens de porter du pain, me dit qu'il y a quelque temps de bons et courageux jeunes gens l'ont sauvé d'un grand danger en le retirant de dessous sa locomotive brisée par une explosion. Il ajoute qu'il lui semble avoir entendu prononcer par l'un d'eux le nom de B***; mais il n'affirme rien, il n'est sûr de rien.

Sur cet indice encore vague, je vole à la maison, je raconte tout à ma mère.

Nous partons pour Lunéville.... Que Dieu cette fois nous conduise à bon port !

Ici finit le journal.

CHAPITRE X.

Clôture des vacances. — Conclusion.

Nous n'essayerons pas de décrire l'impression vive et profonde que fit sur les auditeurs la lecture de ce journal. La bonne et excellente Alice fut plus que jamais comblée d'éloges et de caresses par tout le monde, et la pauvre enfant, dont la modestie était si rudement mise à l'épreuve, était désolée de ne pouvoir se soustraire à cette ovation.

« Quelle fille, dit-elle, n'en aurait pas fait autant pour sa mère ? C'est une chose si simple et si naturelle ! Ma force était en ma mère et en Dieu. Quel mérite me reste-t-il donc ? »

M. de Saint-Martin, aussi ému que les autres, mais voulant faire diversion à cette émotion même et sécher les larmes d'attendrissement qu'il voyait dans tous les yeux, se leva vivement, et déployant une grande pancarte qu'il tira de sa poche : « Alllons, allons, dit-il, j'en conviens avec notre chère Alice, une telle conduite

n'a pas besoin d'éloges. Taisons-nous et admirons....
J'ai du reste une communication très-importante à vous
faire, une communication officielle qui vous intéresse
au suprême degré. Écoutez-moi bien tous.

« Demain Riguier commence ses vendanges. Il lui
faut des vendangeurs, beaucoup de vendangeurs.... »

A ces mots tous les enfants se levèrent spontanément
en poussant de joyeuses exclamations.

« Moi! moi! moi! s'écria-t-on.

— C'est bien! reprit le bon professeur. J'y comptais,
mais un instant. Procédons avec ordre, s'il vous plaît.
Voici, si vous voulez bien le permettre, l'ordre du jour
pour demain, et jours suivants, s'il y a lieu.

« Article 1er. A partir de demain 1er octobre, tout le
monde sera sur pied dès six heures du matin; on se
contentera d'une légère tasse de café ou de thé, à volonté, et l'on partira immédiatement après, ayant au
bras un *vendangeux*, et en poche une paire de ciseaux
ou une serpette,... encore à volonté.

« Arrivé à la vigne, chacun est tenu de faire preuve
de zèle, d'activité et de tout le courage dont l'a doué la
nature, et surtout de laisser le moins possible de raisins aux grapilleurs, leur part étant faite dans l'article 4
ci-dessous énoncé.

« Article 2. A onze heures, on déjeunera. — Chaque
vendangeur aura à se munir d'avance d'une cuiller quelconque. On sera servi dans de belles assiettes de
faïence brune. — Le menu du repas sera une excellente
soupe aux choux, du lard, du fromage et du pain bis à
discrétion.

« Article 3. La journée de travail durera de neuf heures du matin à quatre heures de relevée. Tout vendan-

geur qui n'aura pas rempli au moins trois fois sa *ba-chou*[1] payera une amende qui ne sera pas de moins de trois francs, et qui ne pourra en excéder cinq, au profit des pauvres.

« Article 4. Ceux qui auront utilement et bravement employé leur temps, — outre les éloges mérités qu'ils recevront publiquement, — n'en payeront pas moins trois ou cinq francs — toujours à leur volonté — pour indemniser les grapilleurs qu'ils auront frustrés de leur légitime provende.

« Fait et arrêté à Mahonbonne, le 30 septembre. »

Ce dernier article provoqua une explosion d'hilarité.

« Ainsi, s'écria-t-on, il faudra payer quand même?

— Quand les riches moissonnent, dit M. de Saint-Martin, il faut que les pauvres trouvent à glaner. Du reste, vous aurez le droit de manger autant de raisins que votre appétit le comportera, à condition qu'on ne touchera qu'aux plus mûrs et aux meilleurs.

— Ça va sans dire, » dit d'une seule voix toute l'assemblée.

Puis les enfants appelant la cuisinière :

« Vite, Nanette, Nanette! des paniers, des *vendangeux*, des ciseaux, des serpettes; mettez tout ce qu'il y a ici de paniers et de ciseaux en réquisition.

— Mais,... fit Ernest, après quelques minutes de réflexion, la partie serait bien plus complète encore, si....

— Tout est prévu, interrompit M. de Saint-Martin, les Bouville y seront.

---

1. *Bachou*, sorte de hotte en bois dans laquelle les vendangeurs vont vider leurs paniers.

— Quel bonheur! quel bonheur! fit la joyeuse assemblée en frappant des mains.

— A neuf heures ils seront à l'ouvrage, le panier au bras et la serpette à la main, et vers six heures les grands parents se réuniront avec vous tous pour,... mon Dieu je n'ose pas dire le mot.

— C'est bien sûr encore quelque chose de bon, s'écria Pierrot, quelque chose qui va nous faire joliment rire.

— Pour un dîner d'adieu, reprit M. de Saint-Martin; car voici les vacances finies, et il faut nous séparer.

— Et moi qui croyais, dit Pierrot, que les vacances ne finiraient jamais! »

Avouons qu'il ne fallait pas moins que ce malencontreux mot *d'adieu* pour rembrunir tous ses petits visages épanouis. Aussi se fit-il à l'instant même un silence profond.

« Eh bien! l'on ne rit plus! fit en souriant Mme B***, et en regardant l'un après l'autre les enfants.

— C'est égal! dit Ernest, en s'efforçant de faire le brave; j'étais bien content et bien heureux ici, mais enfin il faut bien se faire une raison.... Et puisque c'est fini, n'en parlons plus. Au lieu de faire de la chimie à la campagne, nous en ferons au cours, et j'espère que les leçons de mon frère et les expériences de M. de Saint-Martin ne seront pas perdues pour leurs élèves. Quant à moi, je sais bien qui aura le prix de chimie.

— Mais moi, reprit Pierrot, en essuyant deux grosses larmes qui perlaient dans ses yeux, qu'est-ce que je peux espérer dans cette *Ferme-École* où l'on va m'enrégimenter? On ne gagne pas là de beaux livres dorés sur tranche.

— Non, lui répondit le commandant, mais on y apprend un bon et solide état, et si l'on en revient avec un diplôme d'aptitude et de capacité, on est accueilli, reçu et recherché partout avec honneur et profit. Je trouve donc, mon cher Pierrot, que ta part est encore assez belle.

— Et vous, mon cher neveu, dit Mme Dermont, en s'adressant à Eugène, vous ne parlez pas de votre avenir.

— Que ma carrière soit honorable et digne, comme l'a été celle de mon excellent père, répondit le jeune bachelier, c'est là toute mon ambition, c'est là que tendront tous mes efforts.

— Et je réponds d'avance, interrompit M. B***, en serrant fortement la main de son fils, que le courage ne lui faillira pas, soyez-en sûre, chère madame Dermont. »

La soirée se passa ainsi en conversations intimes, après quoi chacun alla se coucher en attendant les vendanges du lendemain, cette délicieuse et dernière partie de plaisir des vacances.

CONCLUSION.

Le temps nous presse. Octobre est arrivé. Déjà de toutes parts maîtres et écoliers font leurs paquets pour retourner à ces ruches du travail qu'on appelle colléges ou pensions, et pour y apporter chacun, selon sa spécialité, science et dévouement, application et sagesse.

Les enfants B*** et de Bouville fêtaient donc leur dernier jour de vacances dans la vigne du fermier Riguier. Nous ne donnerons pas le détail des jeux, des folies et de la bruyante joie qui signalèrent cette délirante journée. Tout le monde sait ce que sont les vendanges, et quel charmant laisser-aller y règne. On y rit, on y chante, on y travaille un peu, mais si peu, — je ne parle bien entendu que des petits amateurs comme nos jeunes gens, — si peu, disons-nous, qu'on n'y gagne même pas la soupe aux choux qu'on y mange, et pourtant qu'on trouve si bonne. Puis on se fait des niches, on se barbouille de ce raisin dit *noireau*, dont le jus laisse de magnifiques empreintes lie de vin sur les joues et sur les cols de chemise. Enfin on rentre faits comme de petits bandits, mais on rit de si bon cœur que les mamans n'ont pas le courage de gronder.

Quelques jours après cette partie, les enfants des deux familles B*** et de Bouville étaient tous à *piocher* grec, latin, mathématiques, histoire, etc..., dans leurs pensions respectives, et maître Pierrot, sous sa blouse d'uniforme, menait de front, dans la ferme de Roville, la grammaire et l'agriculture.

Rosine et Alice continuaient leurs études sous la direction de Mme de Monterey, et enfin les trois familles de Saint-Martin, B*** et de Bouville, en continuant de répandre des bienfaits parmi les malheureux, faisaient de plus en plus bénir leurs noms.

Maintenant c'est à nous, en historien exact et consciencieux, à régler nos comptes avec ceux de nos jeunes lecteurs qui ont bien voulu nous suivre dans nos récits. Disons donc un mot sur chacun des personnages qui ont joué un rôle dans cette histoire, en nous reportant à des époques plus ou moins éloignées.

Commençons par les plus infimes, pour monter ensuite progressivement.

Petit-Jacques avait quitté sa maison de commerce de mouron et de fagots, et par son intelligence, sa probité et son dévouement, était devenu un des meilleurs ouvriers de M. de Bouville.

André le spahi, dont les blessures s'étaient parfaitement guéries, est aujourd'hui maréchal des logis chef dans les carabiniers, et est porté sur le tableau d'avancement pour passer prochainement officier.

Catiche, qui aime toujours un peu la toilette, a pu enfin s'acheter une grosse chaîne en véritable or; elle a réalisé pour cela le rêve de la Perrette du bon La Fontaine, c'est-à-dire qu'avec le prix de son lait elle a eu des œufs, avec des œufs elle a eu un porc, avec un porc elle a eu une vache, des veaux, des moutons, etc..., et enfin avec tout cela une chaîne, moins éclatante peut-être, mais de meilleur aloi que celle de la camarera mayor de la Reine de toutes les Espagnes.

Jean le Têtu, qui est bien toujours un peu tapageur sans cesser d'être un loyal et brave garçon, a succédé au vieux Schabrack le garde champêtre, qui est aux Invalides. Jean cumule même son emploi avec ceux de tambour de ville et de sonneur de la paroisse. Décidément Jean le Têtu était destiné à faire du bruit dans le monde.

Enfin Marcel, on se rappelle sans doute ce voleur de pommes, la bête noire de Réguier, Marcel est devenu presque un honnête homme, car il a une petite métairie à Blidah, en Algérie, et il ne fait rien dire de mal de lui.

Maintenant revenons à Mahonbonne, et vidons une question importante : c'est celle de la fortune de Mme Dermont, la mère d'Alice.

Sitôt que cette dame fut installée dans la famille B***, elle le fit savoir à l'ambassadeur français à Constantinople, et entra en correspondance avec lui. Mais l'incurie, l'incapacité, la mauvaise foi même des juges de Constantinople, traînèrent cette affaire en longueur d'une façon désespérante. Toutefois l'ambassadeur ne se lassa point, et fut admirable de persévérance et de dévouement. Enfin un jour Mme Dermont reçut l'avis et le décompte suivant :

« 1º Maison d'habitation de la dame Dermont.

« Somme saisie entre les mains des envahisseurs de cette maison : 45 000 fr., sur lesquels 5000 fr. ont été alloués au propriétaire pour indemnité de dégâts ; reste : 40 000 fr.

« 2º Bateau à vapeur.

« Estimé 200 000 fr. ; mais pour cause d'avaries graves lors de son échouement sur les rochers, ladite somme a été réduite à 120 000 fr., lesquels ont été versés entre les mains de S. Exc. l'ambassadeur de France, par Sidi Abada-ben-Yousef, acquéreur dudit bateau.

« Ci-joint un mandat de 160 000 francs au profit de la dame Dermont. »

Le résultat si heureux de ce procès, quoique s'étant fait longtemps attendre, constituait donc une fortune très-convenable à la mère et à la fille ; et à la première nouvelle qu'en eut Mme Dermont, elle ne put que s'écrier : « Oh! merci, mon Dieu! ma fille sera donc heureuse! »

Nous terminons ici avec bonheur l'histoire des habitants de cette maison, qui, dans le naïf patois lorrain, signifie la *bonne maison*. Nous la terminons, non pas comme ces drames après la lecture desquels il reste toujours de pénibles regrets, mais heureusement comme une douce et innocente idylle qui laisse la satisfaction de voir que le courage moral, l'honnêteté du cœur, la pitié filiale et toutes les vertus de la famille trouvent enfin la récompense qu'ils ont méritée.

FIN

TABLE DES CHAPITRES.

PREMIÈRE PARTIE.

CORPS INORGANIQUES.

DEUXIÈME PARTIE.

CORPS ORGANIQUES.

FIN DE LA TABLE DES CHAPITRES.

3821. — Paris. Imp. Lahure fils et Guillot, 7, rue des Canettes.

www.ingramcontent.com/pod-product-compliance
Ingram Content Group UK Ltd.
Pitfield, Milton Keynes, MK11 3LW, UK
UKHW020118130726
13696UKWH00001B/105